"十四五"职业教育国家规划教材

计算机组装与维护

主　编　高海波　韩桂林
参　编　张洪彬　杨印国　曹福力
　　　　李　强　王　磊　陆　郁

北京理工大学出版社
BEIJING INSTITUTE OF TECHNOLOGY PRESS

内 容 简 介

本书以实训项目为中心，逐步分解任务，采取"任务分析、知识储备和任务实现"的方法介绍计算机组装与维护工作岗位所需的知识、技能。本书主要包括以下几方面内容：计算机组装与维护基础，硬件组装，BIOS 设置与硬盘分区、格式化，操作系统的安装，安装驱动程序，安装应用软件，路由器与网卡，主板、CPU、内存，存储设备，显示器与显卡，打印机与扫描仪，键盘与鼠标，电源与机箱，让计算机更安全，以及综合训练。任务设计贴近实际，语言通俗易懂，知识呈现图文并茂、深入浅出、可操作性强等特点，具有较高的实用性。

本书既可作为职业院校计算机与相关专业的教材，也可以作为培训教材及计算机爱好者的参考用书。

版权专有　侵权必究

图书在版编目（CIP）数据

计算机组装与维护 / 高海波，韩桂林主编. —北京：北京理工大学出版社，2023.7 重印
ISBN 978-7-5682-5519-6

Ⅰ.①计⋯　Ⅱ.①高⋯　②韩⋯　Ⅲ.①电子计算机-组装 ②计算机维护　Ⅳ.①TP30

中国版本图书馆 CIP 数据核字（2018）第 079126 号

出版发行 / 北京理工大学出版社有限责任公司	
社　　址 / 北京市海淀区中关村南大街 5 号	
邮　　编 / 100081	
电　　话 /（010）68914775（总编室）	
（010）82562903（教材售后服务热线）	
（010）68944723（其他图书服务热线）	
网　　址 / http://www.bitpress.com.cn	
经　　销 / 全国各地新华书店	
印　　刷 / 定州启航印刷有限公司	
开　　本 / 787 毫米 ×1092 毫米　1/16	
印　　张 / 16.75	责任编辑 / 张荣君
字　　数 / 380 千字	文案编辑 / 张荣君
版　　次 / 2023 年 7 月第 1 版第 8 次印刷	责任校对 / 周瑞红
定　　价 / 39.50 元	责任印制 / 边心超

图书出现印装质量问题，请拨打售后服务热线，本社负责调换

"计算机组装与维护"是计算机大类专业的一门基础课,主要解决计算机的组装维护维修人员必备的基本计算机维护知识、方法和技能,提升学生操作技能和综合素质。

本书采用面向工作过程的编写体例,选择典型的工作项目作为教学实例,按照任务的实际需求匹配知识点,将陈述性知识有机地嵌入到工作过程中。同时,本书在项目题材的选择上注重切实贯彻党的育人精神,实现德技并修。本书结合编者多年从事计算机组装与维护教学实践和社会服务的积累,根据实际问题解决设计任务,依据工作需求将任务分解为任务分析、知识储备和任务实现三个层次,从认识、认知到行动,递进式呈现学习过程,在任务实现中体验和掌握计算机组装与维护知识和技能,完成岗位需求培养。

本书分为15个项目,各个项目之间相互独立,读者可以根据所遇到的问题直接阅读相关内容,各学校可根据不同专业的要求选学。另外,本书还为读者提供了课件、项目实训参考方案,既方便教师的教学又方便读者学习。

本书由高海波和韩桂林担任主编,张洪彬、杨印国、曹福力、李强、王磊、陆郁参与编写工作，全书由高海波和韩桂林统稿。另外，本书的编写工作还得到相关教育专家的指导和支持，在此编者对上述同志表示衷心的感谢。

全书内容通俗易懂，图文并茂，重点突出，既可作为职业院校计算机相关专业教材，也可作为计算机维修工的考证培训教材，对从事计算机硬件行业的人而言也是一本基础实践参考书。

由于编者水平有限，书中难免存在不足之处，敬请读者批评指正。

编 者

CONTENTS 目录

项目1 计算机组装与维护基础	1
1.1 计算机组装与维护基础概述	2
1.2 计算机连接	8
1.3 计算机开机信息	14
巩固练习	19

项目2 硬件组装	20
2.1 防呆设计体验	21
2.2 计算机组装	23
巩固练习	38

项目3 BIOS设置与硬盘分区、格式化	39
3.1 BIOS 设置	40
3.2 硬盘分区与格式化	51
巩固练习	60

项目4 操作系统的安装	61
安装 Windows	62
巩固练习	81

项目5　安装驱动程序 …… 82

安装驱动程序概述 …… 83

巩固练习 …… 89

项目6　安装应用软件 …… 90

6.1　安装常用应用软件 …… 91

6.2　安装工具软件 …… 96

巩固练习 …… 100

项目7　路由器与网卡 …… 101

7.1　路由器 …… 102

7.2　网卡 …… 110

巩固练习 …… 117

项目8　主板、CPU、内存 …… 118

8.1　主板 …… 119

8.2　CPU …… 128

8.3　内存 …… 133

巩固练习 …… 140

项目9　存储设备 …… 141

9.1　硬盘 …… 142

9.2　移动存储 …… 146

9.3　光驱与光盘 …… 150

巩固练习 …… 157

项目10　显示器与显卡 …… 158

10.1　显示器 …… 159

10.2　显卡 …… 167

巩固练习 …… 174

项目11　打印机与扫描仪　175

11.1　打印机　176
11.2　扫描仪　186
巩固练习　192

项目12　键盘与鼠标　193

12.1　键盘　194
12.2　鼠标　198
巩固练习　201

项目13　电源与机箱　202

13.1　电源　203
13.2　机箱　212
巩固练习　216

项目14　让计算机更安全　217

14.1　数据备份/恢复　218
14.2　病毒的防治与清除　226
14.3　系统加固　232
巩固练习　240

项目15　综合训练　241

15.1　计算机综合采购　242
15.2　计算机综合组装　250
15.3　计算机综合维护　253
巩固练习　258

参考文献　259

项目 1

计算机组装与维护基础

- ■ 计算机组装与维护基础概述
- ■ 计算机连接
- ■ 计算机开机信息

> 🔍 **知识学习目标**
> 1. 掌握计算机组装与维护技术员操作规范；
> 2. 掌握计算机系统基本知识；
> 3. 掌握计算机连接基本知识。
>
> 🔍 **技能实践目标**
> 1. 正确对各种计算机（兼容机、品牌机）设备（系统）进行连接；
> 2. 正确开机、关机，并对计算机系统进行常规的测试与验收；
> 3. 了解计算机开机信息，为计算机维护提供检测信息。

1.1 计算机组装与维护基础概述

1.1.1 任务分析

若一颗螺钉不小心掉入机箱内，没有被发现，计算机会发生什么状况？短路，计算机不能正常开机；被灰尘覆盖的计算机会发生什么状况？静电，烧毁电源；未切断电源就开始拆卸主机会发生什么状况？触电，伤害维修人员。

良好的个人素质和道德品质是计算机组装与维护人员的基础；专业的技术水平是计算机组装与维护的关键。计算机组装与维护人员必须符合以下条件。

（1）维护人员必须具备的良好习惯。
（2）维护人员必须掌握维护与维修的基本方法。
（3）维护人员必须掌握维护与维修的基本思路。
（4）能完成实践能力的培养任务。
（5）能完成基本维护任务训练

1.1.2 知识储备

1. 维护的概念

计算机维护的目标就是使计算机能正常使用。在实际工作中，必须对计算机维护的概念有一个明确与系统的认识。维护的基本问题、技术要求与解决方法如图 1-1 所示。

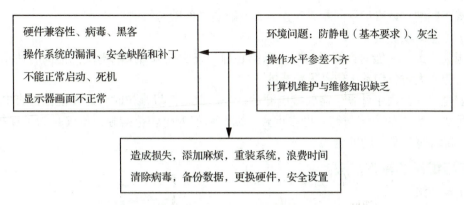

图 1-1 维护的基本问题、技术要求与解决方法

其实,只要注意日常的维护和保养,并"防患于未然",就可确保计算机系统长期稳定工作。

据统计,计算机的故障70%~90%来自"非习惯"的操作,即缺乏使用常识、保养常识;而真正的计算机维护、维修工作比例是很少的,占10%~30%。

也就是说,计算机维护主要是指在稳定的工作环境中,对计算机的硬件系统的正确使用与保养,对硬件系统与软件系统进行科学的安装、分配、管理和整理,做到以"护理"为主,以"维修"为辅。

2. 维护人员必须具备的良好习惯

对技术操作人员来说,有时候养成一种良好的习惯比拥有一种好的技术更重要,良好习惯的培养是计算机组装与维护技术必备的基础,也是计算机组装与维护工作成功的关键,具体体现在以下几方面。

(1) 五个了解。维护计算机前,应做到以下五个了解,从而为维护奠定基础。

① 了解故障计算机的工作性质,以及所用的操作系统和应用软件。

② 了解故障计算机的工作环境和条件。

③ 了解故障计算机的配置情况和工作要求。

④ 了解系统近期发生的变化,如移动、安装软件、卸载软件等。

⑤ 了解诱发故障的配置情况或间接原因与死机时的现象。

(2) 四个步骤。

① 先静后动:先冷静对待出现的问题,静心分析,然后动手处理,注意要有足够的耐心和信心,否则会影响技术的发挥。

② 先假后真:确定系统是否真有故障,操作过程是否正确,联机是否可靠。排除假故障可能性后再考虑检查真故障。

③ 先外后内:先检查机箱外部,然后考虑打开机箱。另外,能不拆机时尽可能不要盲目拆卸部件。

④ 先软后硬:先分析是否存在软故障,然后考虑硬故障。

(3) 三个环节。

① 注意观察:通过识别环境、开机信息浏览、看图像、听声音、闻气味等线索找到潜在故障原因。

② 对策科学:运用已有的知识或经验,将问题或故障分类,寻找方法和对策。

③善于归纳：认真记录问题或现象，并及时总结经验与教训。

（4）注意事项。

①胆大心细：不能对计算机故障有恐惧心理，查明故障后果断解决，但同时注意维修计算机不可粗心大意，细致工作是很重要的。

②安全第一：由于计算机需要接电源运行，因此在拆机维护时一定要记住检查电源是否切断。另外，静电的预防与绝缘也很重要，因此做好安全防范措施，不仅是为了保护自己，还可以保障计算机部件的安全。

3. 维护与维修的基本方法

（1）清洁法。

①使用前提：环境较差或使用时间较长的机器。

②具体操作：主板、外设上的灰尘用毛刷轻轻刷去；而对于一些易于氧化的插卡或芯片用橡皮擦擦去表面氧化层，重新插接好后开机检查故障。

（2）直接观察法，即"看、听、闻、摸"。

①"看"主要包括以下几方面。

a. 看系统板卡的插头、插座是否歪斜。

b. 看电阻、电容引脚是否相碰，表面是否烧焦。

c. 看芯片表面是否开裂，主板上的铜箔是否烧断。

d. 看板上是否有烧焦变色的地方，以及印刷电路板上的走线（铜箔）是否断裂等。

e. 看是否有异物掉入主板的元器件之间（造成短路）。

②"听"主要包括以下几方面。

a. 听电源风扇、光驱、硬盘、显示器和内存等设备的工作声音是否正常。

b. 听一般情况下系统发生短路故障时伴随的异常声响。

c. 听可以及时发现一些事故隐患，并帮助在事故发生时实时采取措施。

③"闻"。闻主机、板卡中是否有烧焦的气味，便于发现故障和确定短路所在位置。

④"摸"主要包括以下几方面。

a. 用手按活动芯片，看芯片是否松动或接触不良。

b. 在系统运行时用手触摸或靠近CPU、显示器、硬盘等设备的外壳，根据其温度判断设备运行是否正常。

c. 用手触摸一些芯片的表面，若发烫，则可认为该芯片可能损坏。

（3）拔插法。

①使用条件：主板自身故障、I/O总线故障、各种插卡故障导致的系统运行不正常；一些芯片、板卡与插槽接触不良。

②具体操作：关机并将插件板逐块拔出，每拔出一块插件板就开机观察机器运行状态，如果拔出某块插件板后主板运行正常，则故障原因就是该插件板故障或相应I/O总线插槽及负载电路故障；若拔出所有插件板后系统启动仍不正常，则故障很可能就发生在主板上；对于板卡与插槽接触不良的，将这些芯片、板卡拔出后再重新正确插入，这样可以解决因安装接触不当引起的计算机部件故障。

（4）交换法。

①使用条件：用于易拔插的维修环境，如内存、显卡或网卡。

②具体操作如下。

a. 将同型号插件板以及总线方式一致、功能相同的插件板或同型号芯片相互交换，根据故障现象的变化情况判断故障所在。

b. 此法多可交换相同的内存芯片或内存条判断故障部位，无故障芯片之间进行交换，故障现象依旧，若交换后故障现象发生变化，则说明交换的芯片中有一块是发生故障的，可进一步通过逐块交换确定部位。

③如果能找到相同型号的计算机部件或外设，使用交换法可以快速判定是否是组件本身的质量问题。

④交换法也可以用于以下情况：没有相同型号的计算机部件或外设，但有相同类型的计算机主机，则可以把计算机部件或外设插接到该同型号的主机上判断其是否正常。

（5）振动敲击法。

①使用条件：接触不良或虚焊造成的故障问题；工作环境较差或使用较长时间的机器。

②具体操作：用手指轻轻敲击机箱外壳，插卡或芯片用橡皮擦去表面氧化层，重新插接好后开机检查故障。

（6）升温降温法（烤机）。

①使用条件：新购买的计算机；检验计算机各部件（尤其是CPU）的耐高温情况；检验接触不良或虚焊造成的故障问题；工作环境较差或使用较长时间的机器。

②具体操作：使计算机连续长时间工作12 h、24 h或72 h，考察计算机的工作情况是否正常。

（7）程序测试法（新购机）。

①使用条件：用于检查各种接口电路故障和具有地址参数的各种电路；CPU和总线基本运行正常，能够运行有关诊断软件，能够运行安装于I/O总线插槽上的诊断卡等。

②具体操作：运行随机诊断程序、专用维修诊断卡及根据各种技术参数（如接口地址），自编专用诊断程序。

4. 维护与维修的基本思路

分析查找故障点总的原则是先软后硬、先外后内，具体分析包括以下几方面。

（1）先调查，后熟悉。无论是对自己的计算机还是别人的计算机进行维护与维修，首先要弄清故障发生时计算机的使用状况以及之前的维修状况，然后才能对症下药。另外，在对计算机进行维修前还应了解清楚计算机的软件、硬件配置和已使用年限，以及是否在保修期内等，做到有的放矢。

（2）先机外，后机内。对于出现主机无反应或显示器不亮等故障的计算机，应先检查机箱与显示的外部件，特别是机外的一些开关、旋钮是否调整，以及外部的引线和插座有无断路、短路现象等，实践证明许多用户的计算机故障都是由此而引起的。当确认机外部件正常时，再打开机箱或显示器进行检查。

（3）先机械，后电气。对于光驱及打印机等外设而言，先检查其有无机械故障再检查其有无电气故障，是检修计算机的一般原则。例如，CD光驱不读盘，应当先分清是机械原因引起的（如是否光头的问题），还是由电气问题造成的。当确定各部位转动机构及光头无故障时，再进行电气方面的检查。

（4）先软件，后硬件。先排除软件故障再排除硬件问题是计算机维修中的重要原则。例如，Windows 系统软件的损坏或丢失可能造成死机故障的产生，因为系统启动是一步一个脚印的过程，哪一个环节都不能出现错误，如果存在损坏的执行文件或驱动程序，系统就会僵死在这一环节。但计算机各部件的本身问题、插接件的接口接触不良问题、硬设备的设置问题（例如 BIOS 设置）、驱动程序是否完善、与系统的兼容性、硬件供电设备的稳定性，以及各部件间的兼容性、抗外界干扰性等也有可能引发计算机硬件死机故障的产生。在维修时应先从软件方面着手再考虑硬件。

（5）先清洁，后检修。在检查机箱内部配件时，应先着重机内是否清洁，如果发现机内各组件、引线、走线及金手指之间有尘土、污物、蛛网或多余焊锡、焊油等，应先加以清除，再进行检修，这样既可减少自然故障，也可取得事半功倍的效果。实践表明，许多故障都是由脏污引起的，一经清洁故障往往会自动消失。

（6）先电源，后机器。电源是机器及配件的心脏，如果电源不正常，就不可能保证其他部分的正常工作，也就无从检查别的故障。根据经验，电源部分的故障比例最高，许多故障往往就是由电源引起的，因此先检修电源常能收到事半功倍的效果。

（7）先普遍，后特殊。根据计算机故障的共同特点，先排除带有普遍性和规律性的常见故障，再检查特殊的故障，以便逐步缩小故障范围，由面到点，缩短修理时间。

（8）先外围，后内部。在检查计算机或配件的重要元器件时，不要急于更换或修理其内部重要配件，而应先检查其外围电路，确认外围电路正常后，再考虑更换配件或重要元器件。若不分情况，一味更换配件或重要元器件解决问题，只会造成不必要的损失。由维修实践可知，配件或重要元器件外围电路或机械的故障远高于其内部电路。

5. 计算机组装与维护人员的要求

作为一个具有良好素质的计算机组装与维护人员，除了具备良好的维护与维修习惯，掌握基本的维修方法、维修思路外，还应该具备以下几方面素质。

（1）动手能力。计算机组装与维护是一项技术工种，较强的动手能力是其基本素质。训练动手能力，应该从以下两方面入手。

①明确目标，激发兴趣：兴趣是最好的老师，目标明确，具有浓厚的学习兴趣是训练动手能力的根本。

②具体实践，加强训练：学习计算机组装与维护必须勤动手，熟能生巧。

（2）扎实的专业知识。计算机系统既简单又复杂，简单是从结构而言；复杂是指其系统内容知识庞杂，组装与维修涉及面较宽。因此，扎实的专业知识是学好计算机组装与维护的前提。

（3）学习能力。计算机组装与维护人员面临诸多挑战：计算机系统硬件产品及技术更新换代速度较快，各种配件产品种类繁多；而操作系统每年都有变化；计算机网络病毒、黑客的威胁；各种纷繁复杂的应用系统。总之，无论是新的、旧的、好的、坏的、有用的、没用的，各方面的相关知识计算机组装与维护人员都应该了解甚至掌握。因此，学习能力的高低对于技术员十分重要。

（4）快速反应。良好的反应能力是计算机组装与维护技术人员的基本素质之一。面对计算机组装中出现的问题，技术人员必须反应迅速，并及时做出解决方案；在面对计算机故障时，技术人员应沉着冷静，思路敏捷，能快速、准确地给出解决方案。

（5）语言表达。作为技术员，接触的是用户，工作性质是服务性的。因此，良好的亲和力十分重要。语言表达能力是一项基本功,良好的沟通会给计算机的组装与维护工作带来良好的效果。

例如,常用的沟通用语包括"您好!""您是否满意?""故障发生之前,您的操作是什么?有什么现象?""再见!""有问题,请及时反馈!"等。

(6)计算机系统操作规程。要想正确、高效地使用与维护计算机,减少事故发生率,除了为计算机提供良好的运行环境外,还应当严格遵守计算机的操作规程,不能因为操作失误而损坏机器,扩大故障,造成不必要的损失。另外,计算机组装与维护人员还应当掌握一些通用的操作规程。

①开机前务必快速浏览一下计算机的周边环境情况。

②检查计算机系统的电源是否安全、正确、合理、可靠和良好。

③注意计算机的通电、关电顺序:启动计算机时,应先开稳压电源,待输出稳定后,再开启外部设备(如显示器、打印机等),最后开主机。关机时则相反,先关主机,再关外部设备,最后关稳压电源。

④不要在带电的情况下插拔任何与主机、外部设备相连的部件、插头、板卡等,虽然目前有些设备声明可以热插拔,但为了安全起见,还是尽量在断电的情况下进行插拔。带电操作是计算机维护与维修过程中禁止的,不能因为心态急躁、急于求成,而引起无法挽回的损失。

⑤在计算机工作过程中,不得随意移动和振动机器。

⑥计算机运行过程中,如果出现死机,一般应采用系统热启动和系统复位方式,不要采用关闭电源,再开电源的方式重新启动系统。在迫不得已时,必须在关闭电源至少一分钟后再开启电源。

⑦在计算机操作中,不得频繁地关闭或打开电源,开关机的时间间隔应在 1 min 以上。

⑧长期不用的计算机在使用前应加电运行若干个小时,以防内部受潮或发霉。

⑨进行键盘操作时,动作要轻,点到为止,以减小键座的压力。

1.1.3 任务实现

1. 实践能力的培养

(1)经常去计算机综合市场,多听、多看、多问。到附近的计算机市场考察,了解计算机的配件情况,并填写表 1-1。

表 1-1 市场考察计算机配件情况表

配件名称	型号	厂家	作用	参考价格	备注

（2）阅读计算机相关书籍，学习计算机的相关知识。

（3）通过网络，如在中关村在线（www.zol.com.cn），了解计算机的配件情况，并填写表1-1；学习和了解计算机的硬件知识与常见维护经验。

（4）经常阅读和记录各种计算机杂志的计算机组装与维修知识。

2. 计算机日常维护保养训练

（1）维护计算机中的风扇。计算机电源盒中的风扇和CPU的风扇等起通风散热的作用，防止局部温度升高损害零部件或引起工作程序的紊乱。有时风扇会出现故障，如线圈烧毁、扇叶卡死、轴承缺油等。如果发现不及时就会使计算机工作时温度过高，时间长了轻则烧毁电源，重则损坏芯片部件；CPU的风扇发生故障则会经常死机甚至烧毁CPU。另外，有时风扇会由于轴承间隙过大而引起噪声偏高。

（2）为风扇除尘、换线圈、换风扇、轴承加油。

3. 维修思路训练

（1）对频繁死机进行分析。某系统只要打开网页就会出现死机现象，建议解决步骤如下。

【Step1】了解计算机的配置与软硬件安装情况。

【Step2】进入安全模式（在即将进入系统时按下"F8"键，然后选择安全模式），用杀毒软件查毒。

【Step3】断开网络，检查是否有木马病毒。如果有，应及时处理。

【Step4】检查网卡是否损坏，更换或添加网卡。

（2）某计算机在搬动位置后出现显示器不亮（主机风扇也不转）的故障，建议解决步骤如下。

【Step1】将主机的电源插头换一个电源插孔，无效。

【Step2】将正常使用的显示器电源线取下连接主机，主机恢复正常。

【Step3】将问题线接上显示器，显示器不亮，证明问题来自电源线（内部断路）。

（3）识别报警声，排除相关故障：一台计算机在一次打开机箱安装新显卡后，出现重新开机后显示器黑屏，同时机内喇叭发出连续的长声"嘀嘀"蜂鸣报警声，请排除故障；典型的内存报错故障，清洁或更换内存，故障排除。

1.2 计算机连接

1.2.1 任务分析

计算机连接是计算机组装与维护的基础性工作，快速、标准地实现计算机连接是本节训练的目标。

（1）掌握计算机连接的基本知识。

（2）掌握品牌计算机购买后的连接操作。

（3）练习正确的开关机步骤。

1.2.2 知识储备

1. 计算机系统的组成

计算机系统由硬件系统和软件系统组成，它们相辅相成，缺一不可。

（1）计算机硬件系统。如图 1-2 所示，从外观看，计算机系统由主机、显示器、键盘、鼠标、音箱等组成。计算机被使用前，需要对它们进行正确的连接，计算机硬件系统各部分的作用见表 1-2。

图 1-2 电脑系统外观

表 1-2 计算机硬件系统各部分的作用

部件名称	作用
主机	主机是计算机最重要的组成部分，是计算机组装的主要内容，内部有主板、CPU、内存、电源、光驱、硬盘、风扇等
显示器	显示计算机处理的信息
键盘	输入设备，不可缺少
鼠标	常用的输入设备，通过移动指针选定对象或执行命令
音箱	输出设备，播放计算机处理后的声音，是多媒体计算机的重要组成部分
耳机	输出设备，等同于音箱，多用于公众场合
麦克风	输入设备，录入声音至计算机存储
打印机	输出设备，将信息内容输出到纸上
摄像头	输入设备，将实时拍摄的图像作为连续画面输入计算机
扫描仪	输入设备，可将纸张上的内容处理后输入计算机进行处理

（2）计算机软件系统。

计算机的硬件配置再好，如果没有与之相称的软件，计算机同样不能实现预期的功能。例如，操作系统 Windows/UNIX 是计算机正常工作的最基本的系统软件；Office/WPS 是计算机系统最常用的文字编辑和信息处理软件，使用者可以用它输入文章、编辑排版、设计表格、制作幻灯片、设计和使用数据库、处理邮件等。计算机软件是计算机系统必不可少的组成部分。

通常情况下，计算机系统的软件分为系统软件和应用软件两大类。软件系统分类见表 1-3。

表 1-3 软件系统分类

软件	作用	示例	
操作系统	管理整个计算机系统的软件资源和硬件资源，使计算机各部分协调工作	Windows /Unix/Linux/ 华为鸿蒙系统等	
语言处理软件	用于设计软件、编写程序	Visual Studio/Java/Python	
数据库管理系统	进行数据存储、检索等	SQL Server/PB（Power Builder）	
应用软件	在系统软件的基础上针对某个实际问题而设计的程序	通用	Office /WPS
		专用	信息管理系统

2. 计算机系统的连接知识

正确地连接计算机是使用计算机的关键，连接计算机要认真观察计算机的接口。计算机主板的外部设备由大小不一的接口连接，并且有统一的规范，即由 Microsoft 和 Intel 共同制定的电脑接口规范（PC'99 规范），该规范已经在信号线设计中被广泛采用，在连接设备方面足以表现其便捷的易用性。

PC'99 规范规定：外设产品的信号线应由不同颜色进行区分，PC 主机的接口也同样由相应的颜色来对应。因此，用户在设备连接时，只要将颜色相同的插线和接口相连就可以了。

计算机主板连接接口如图 1-3 所示，各接口颜色对照简表见表 1-4。

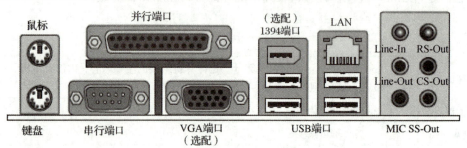

图 1-3 计算机主板连接接口

表 1-4 各接口颜色对照简表

接口名称		颜 色	备 注	接口名称	颜 色	备 注
PS/2 键盘接口		紫色	6 针	PS/2 鼠标接口	绿色	6 针
USB 接口		白色		并行接口	红色	25 针
COM1/COM2 口			9 针	电源接口	黑色	
声卡接口	Line Out	淡绿色		显卡接口	蓝色	15 针
	Line In	蓝色		电话线输入/输出接口	黑色	
	MIC	粉红色				

各接口的使用说明如下。

（1）PS/2 键盘接口：颜色为紫色，现在的键盘接口基本上采用 PS/2 接口，一般被称为小口键盘。之所以被称为小口键盘，主要是因为一些 586 或更早的计算机主板键盘接口均为大口，主要区别是 PS/2 键盘接口为 6 针，大口键盘接口为 5 针。

【注意】
比较早的计算机的键盘损坏后可以购买大口转小口的转换头使用小口键盘。

（2）PS/2 鼠标接口：颜色为绿色，现在的鼠标接口基本上采用 PS/2 接口，一般被称为小口鼠标。之所以被称为小口鼠标，主要是因为一些 586 或更早的计算机主板鼠标接口均为大口，区别在于 PS/2 鼠标接口为 6 针，大口鼠标接口为 5 针。

【注意】
比较早的计算机鼠标损坏后可以购买大口转小口的转换头使用小口鼠标。

（3）USB 接口：目前绝大部分的计算机主板都有此接口，白色为通用串行接口（Universal

Serial Bus）。

（4）并行接口：红色，有 25 针，主要用于打印机、扫描仪等设备的数据连接。

（5）COM1/COM2 口：也称串行接口，它是 9 针的 RS-232 接口，通常用于鼠标、外置 Modem、手写板等设备的数据接口。

> 【注意】
> 在对一些旧主板维修时，它们提供的串行接口有 9 针和 25 针两种形式，在维修时经常遇到。

（6）电源接口：均为黑色。

（7）声卡接口：Line Out 接口，淡绿色，是计算机声音输出接口，一般接音箱；Line In 接口，蓝色，是外部设备声音信号输入接口；MIC 接口，粉红色，是计算机的麦克风输入接口。

（8）显卡接口：蓝色，是计算机显示信号输出接口，15 针。

（9）电话线输入/输出接口：黑色，用于接电话线的接口，一般在 Modem 设备上使用。

（10）游戏/MIDI 接口：黄色，是一个 15 针接口，主要用于连接 MIDI 键盘、电子琴等电子乐器上的 MIDI 接口，以实现音乐信号的传送，同时还可以作为计算机连接专业的游戏操纵杆、游戏手柄、方向盘等游戏控制器的接口。

另外，还有很多其他形式和接口，如网卡接口、红外线（IrDA）、S 端子、Video 端子（用于计算机同电视机的连接口）。

3. 计算机开机与关机的常识和方法

（1）开机操作。计算机电源开关一般都有特定标志，如按钮上有"Power"的标志，开机前应该检查计算机的连接是否正确，放置是否稳定。

①打开显示器，如果有打印机、音箱等其他外部设备，则先打开它们的电源。

②打开计算机主机的电源。这样做的目的是避免在先打开主机后打开显示器时产生的瞬间电流变化对 CPU 产生影响。

（2）关机操作。计算机不同于普通电器，在关机之前，首先需要让操作系统识别即将要关机，然后计算机会把需要保存的信息都保存在磁盘上，再执行正确的关机命令。当确认操作系统关机操作之后，目前的计算机（ATX 结构）在保存相关信息后就自动把电源切断，然后关闭周围设备的电源完成关机操作。

①在 Windows 操作系统中，正常关闭打开的应用程序后，从"开始"菜单中选择"关闭系统"。

②等到主机电源自动关闭后再关闭显示器、打印机等设备电源。

> 【注意】
> 计算机死机的关机操作为电源开关一直按下约 5 s 后自动关闭。

4. 计算机系统的验收

计算机连接以后，应对计算机的各项运行情况进行验收，主要内容如下。

（1）按照计算机配件清单当面核准数量、规格，避免型号和数量错误。例如，目前很多计算机对系统软件的配置中没有操作系统，而用户认为其有时，则容易引起服务偏差。

（2）计算机的开机硬件验收。例如，目前的计算机一般配有配置表，应对计算机的配置表与开机信息进行核对，核对方法如下：计算机开启时，当屏幕显示信息时按下"Pause"键，使信息停留，观察内存信息、CPU 信息、硬盘信息等，具体内容见后续章节。

（3）计算机的软件运行测试与简单使用。

①操作系统的正常启动与简单使用。

②常用软件的运行测试，如播放软件、文字处理系统。

③网络连接测试，如登录网站。

④能正常地将计算机关闭。

1.2.3 任务实现

1. 计算机安装

一套功能齐全的台式计算机系统包括主机、液晶显示器、键盘、鼠标、音箱等，并装有操作系统，同时需要对其进行连接并开机检验。

【Step1】拆开计算机主机包装。

①比照清单清点与核对数量。

②检查计算机有无外部损坏。

【Step2】安装显示器。

①打开包装，清点配件。配件如图 1-4 所示。

②安装底座：阅读安装说明，了解安装机械结构，如图 1-5 所示。

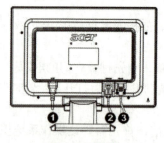

图 1-4　配件

图 1-5　安装机械结构

①—电源线；②—DVI 信号线，一般可选；
　　③—VGA 信号线

③连接电源线和信号线，如图 1-6 所示。

④面板按钮使用，如图 1-7 所示。

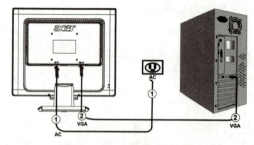

图 1-6　连接电源线和信号线
　　①—电源线；②信号线

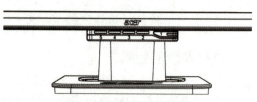

图 1-7　面板按钮使用

1—电源；2—菜单；3—菜单移动上；
4—菜单移动下；5—自动识别

⑤通电测试，揭开保护膜。

【Step3】规划连接。

①确定计算机放置位置，注意电源位置和采光。

②显示器、主机、鼠标、键盘、音箱、打印机等的位置与线路走向要干净利落。

【Step4】连接。连接的顺序是先非电源线，即键盘、鼠标和显示器数据线，打印机数据线，以及音箱线等，然后连接电源线，即主机电源线、显示器电源线、打印机电源线。

①将键盘插头接到主机的 PS/2 或 USB 插孔上，注意接键盘的 PS/2 插孔是靠向主机箱边缘的那一个插孔。

②将鼠标插头接到主机的 PS/2 或 USB 插孔中，鼠标的 PS/2 插孔紧靠在键盘插孔旁边。如果是 USB 接口的键盘或鼠标，只需要把该连接口对着机箱中相对应的 USB 接口插上即可。

③连接显示器的信号线。信号线的接法也有方向规定，接的时候要和插孔的方向保持一致。连接时不要用力过猛，以免弄坏插头中的针脚，只需要把信号线插头轻轻插入显卡的插座中，然后拧紧插头上的两颗固定螺栓即可。

④连接显示器的电源线。根据显示器的不同，有的显示器将插头连接到主机电源上，有的显示器则直接连接到电源插座上，有的显示器还要连接一根主机电源线，再连接到电源插座上。

⑤连接主机的电源线。

⑥连接音箱，该连接有两种情况。通常有源音箱则接在"LineOut"口上，无源音箱则接在"SPK"口上。

【Step5】开机。启动电脑后，可以听到 CPU 风扇和主机电源风扇转动的声音，还有硬盘启动时发出的声音；显示器开始出现开机画面（亮机），并且进行自检。连接完成。

2. 测试

【Step1】测试各个接口。

① USB 接口：可以用 U 盘或移动硬盘等移动存储设备连接前后 USB 接口，进行文件复制与删除操作。

② RJ45 接口：测试网络连接是否正常。

③显示器连接接口：测试显示信号是否正确。

④其他接口：麦克风接口、PS/2 鼠标接口等。

【Step2】测试显示器。在后续章节讲解，可以用一些检测软件（如 DisplayX、鲁大师）检测，检查屏幕显示颜色的质量和有无坏点或亮点等。

【Step3】无线网测试。配备无线网卡的计算机进行此项操作。连接无线网络，验证是否可用。

【Step4】系统软件测试。检查计算机操作系统序列号的位置，并做好记录存档（存档记录对日后的工作很重要，因此需要详细记录）。

【Step5】系统软件使用测试。对计算机安装的常用软件进行简单应用操作，如 Word、Excel 等。

1.3 计算机开机信息

计算机开机信息的获取，是计算机故障确认和计算机信息获取的第一手段，而计算机开机信息包括声音信息、显示信息等。这些都是计算机组装与维护时获取故障信息的重要渠道，为故障的诊断和判处提供依据。

1.3.1 任务分析

利用计算机的开机过程计算机组装与维护人员可以得到很多信息，根据这些信息计算机组装与维护人员在不打开机箱的情况下就能把计算机的配置信息了解得一清二楚，同时为计算机维护和维修提供解决思路，能够方便地判断机器故障（特别是硬件故障）。

（1）掌握计算机基本信息的内容。
（2）掌握计算机开机的一些基本操作。

1.3.2 知识储备

1. 计算机启动的知识

计算机启动分为冷启动和热启动，冷启动即加电启动，热启动是开机状态下按开机键重新启动。启动过程实际上是计算机自检、初始化，并将操作系统从外存调入内存的过程，也是计算机为下一步程序执行、完成用户任务做准备的过程。

2. 计算机启动的步骤

（1）开机自检。计算机加电后，主机电源立即产生"Power Good"（电源好）低电位信号，该信号通过时钟产生器（驱动）输出有效的 Reset 信号，使 CPU 进入复位状态，并强制系统进入 ROM-BIOS 程序区。系统 BIOS 程序区的第一条指令是"jump star"，即跳转到硬件自检程序"start"。

为了方便实现 BIOS 的功能，BIOS 运行时要用到一些 RAM，因此，大多数 BIOS 要做的第一件事就是检测系统中的低端 RAM。如果检测失败，那么大多数 BIOS 信息将无法调入 RAM 中，从而导致开机后无任何反应，计算机黑屏。

自检程序允许必要的附加卡上的 BIOS 程序首先进入它们自己的系统并初始化，但在此之前，主板上的 BIOS 必须找到附加卡上的 BIOS 程序，才能在主板 BIOS 和操作系统之前运行。如果显示卡本身就带有启动程序的 BIOS 芯片，则该芯片内的程序负责启动显示卡，为显示其他信息做准备，并在屏幕上显示显示卡的版本和版权信息。因此，开机引导时，在检测键盘和其他驱动器之前，首先看到的是屏幕上显示的有关显示卡的信息。

（2）显示 ROM-BIOS 的版本、版权信息，以及检测出的 CPU 型号、主频和内存容量。在这个过程中，自检程序还要测试 DAM 控制器及 ROM-BIOS 芯片的字节数。这些检测如果出现错误，则为致命性错误，会导致死机或死循环；如果正常，继续检验中断控制器、定时器、键盘、扩展 I/O 接口、IDE 接口、软驱等设备并进行初始化。检测中如果出现错误，作为一般性错误，显示错误信息；如果正常，则继续进行下一步。在这之前，机器一直判断用户是否按了"Delete"键或"Ctrl+Alt+Esc"键，如果用户按了"Delete"键或"Ctrl+Alt+Esc"键机器就进入 ROM-BIOS 中的系统设置程序，将系统的配置情况（如软盘和硬盘型号）以参数的形式存入 CMOS RAM 中，然后重新启动。如果系统设置有密码，这中间还需要输入正确的密码，否则拒绝修改 CMOS RAM 参数。

（3）密码检测。判断系统是否有开机密码，如果有开机密码，需要输入正确的开机密码才能顺利通过，否则系统拒绝开机。

（4）硬件 CMOS 设置参数识别与初始化。自检程序将根据 CMOS RAM 中的内容识别系统的一些硬件配置，并对这些部件进行初始化。如果遇到 CMOS RAM 中的设置参数与系统实际存在的硬件不符就会导致错误甚至死机。

（5）扫描附加 BIOS 程序。ROM-BIOS 还要扫描其他附加卡上的 BIOS 程序。由于计算机中的 BIOS 并不能支持所有硬件设备，如网卡、声卡等，因此系统生成和初始化这些硬件单元的重要功能还要在其他地方实现，这就是为什么许多附加卡上常常有 ROM 的原因。自检程序就是根据这些卡上的 ROM 程序进行初始化的。当所有附加卡上 ROM 中的程序完成了各自的任务，也就是其 ROM 中的程序都已正确地运行完毕，并把系统控制权交还给主板上的 BIOS 以后，主板 BIOS 就会生成它控制附加卡的选项，这些选项随系统的变化而不同。

（6）从磁盘、光盘或网卡引导操作系统。ROM-BIOS 完成自检和初始化，也就完成了系统的生成，然后开始从硬盘引导操作系统。第一段读硬盘的程序就在 ROM-BIOS 中，就是这些程序告诉 CPU 如何与硬盘通信并将操作系统引导程序调进内存来引导操作系统的。

热启动是按复位键后，键盘中断程序置复位标志，使系统直接跳转到自检程序，与冷启动的区别仅仅是热启动取消了对内存的测试。

对用户来讲，计算机的启动是一个硬件软件化的过程，在这个过程中 ROM-BIOS 作为硬件与软件的转换器、接口、连接器，把所有其他程序与硬件的详细工作过程相隔离。它直接控制硬件以及响应硬件产生的所有请求，并利用端口在最近的计算机硬件层次上工作，为用户操作计算机提供良好的界面。一块主板性能优越与否，在很大程度上取决于主板上的 BIOS 管理功能是否先进。

3. 计算机开机信息的含义

【注意】
计算机的开机信息因 BIOS 厂商、版本和机器配置不同而不尽相同，但内容大同小异。

（1）开机显示的第一信息：显卡的信息。计算机启动后，首先是一闪而过的显卡信息，如图 1-8 所示，要看清楚它的内容比较困难。显卡信息主要提供主显示芯片的品牌、型号、总线类型、缓存容量及可能的功能，当然也包括显卡 BIOS 的版本信息。在显卡提示信息之后，是系统 BIOS 信息，在此过程中，可随时按"Pause Break"键暂停信息显示，以便看清内容。显卡信息的含义见表 1-5。

```
GeForce 7300GT VGA BIOS
Version 5.73.22.51.45
Copyright (C) 1996-2006 NVIDIA Corp.
128 MB RAM
```

图 1-8 显卡信息

【提示】
在显卡驱动程序丢失的情况下，可以从这些信息中找到显卡驱动的型号等信息，以便从网上下载正确的显卡驱动程序。

表 1-5 显卡信息的含义

项目	内容	项目	内容
显卡 BIOS 芯片	GeForce	显卡型号	7 300 GT
显卡制造商	NVIDIA	显存	128 MB
显卡 BIOS 版本	Version 5.73.22.51.45		

（2）开机信息。图 1-9 为开机信息，具体含义见表 1-6。

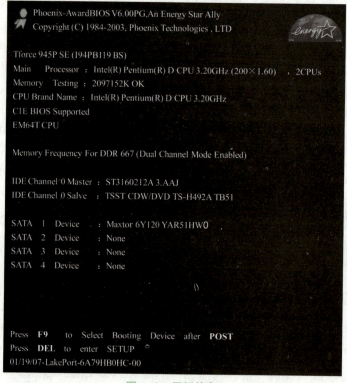

图 1-9 开机信息

表 1-6 开机信息含义

项目	内容	项目	内容
BIOS 的公司与版本	Phoenix Technologies，6.00	光驱信息	CDW/DVD
CPU 类型	Intel（R）Pentium（R）D	进入 BIOS 设置方法	DEL
CPU 频率	3.20 GHz（200×1.60）	主板序列号	LakePort-6A79HB0HC-00
内存大小	2 097 152 K（2 G）	内存速率	DDR 667（支持双通道）
硬盘厂家与大小	ST：希捷；Maxtor：钻石	主板	Tforce 945P SE

4. 观看并记录第三屏幕信息

观看并快速按下"Pause Break"键，使屏幕暂停，开机第三屏幕信息如图 1-10 所示。开机信息列表见表 1-7。

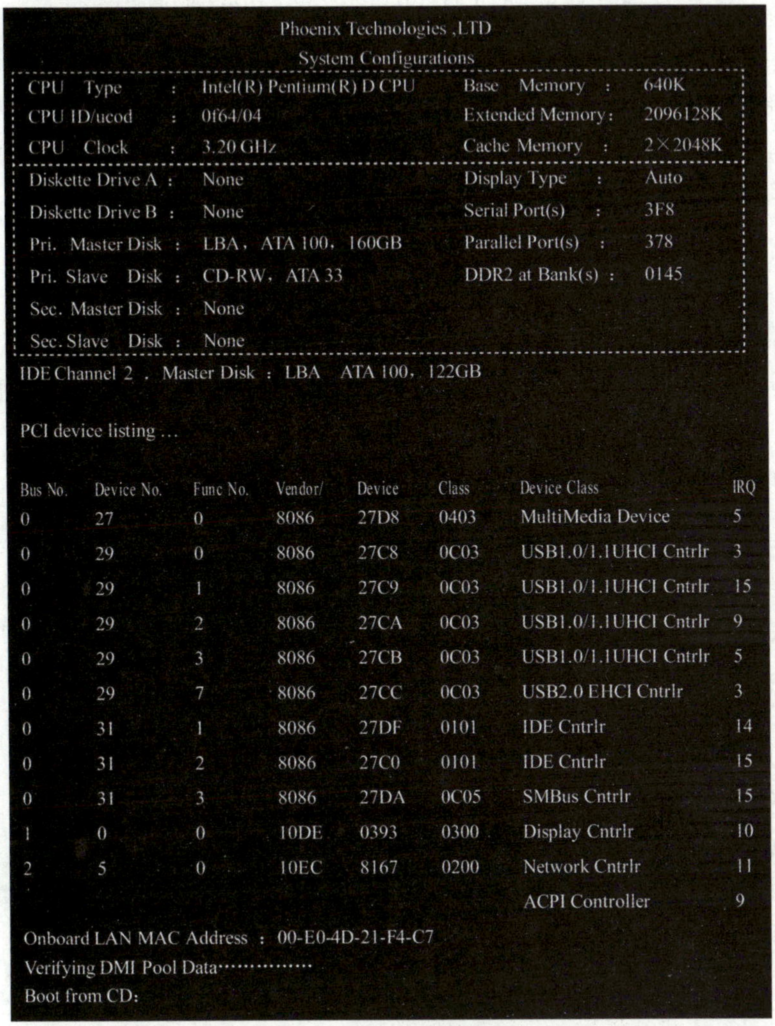

图 1-10　开机第三屏幕信息

表 1-7　开机信息列表

行 号	第 1 列	第 2 列	第 3 列	第 4 列
1	CPU 类型	Intel（R）Pentium（R）D CPU	基本内存	640 KB
2	CPU ID/UCod	0f64/04	扩展内存（内存总数）	2 096 128 KB
3	CPU 主频	3.20 GHz，重要	高速缓存	2 × 2 048 KB
4	软驱 A	None：没有配置	显示类型	AUTO（自动）
5	软驱 B	None：没有配置	串行口占用的地址	3F8
6	第一个 IDE 接口连接的主硬盘	LBA，ATA 100，160 GB，	并行口地址（可在 BIOS Setup 中修改）	378

续表

行 号	第 1 列	第 2 列	第 3 列	第 4 列
7	第一个 IDE 接口连接的从设备	CD-RW，ATA 33：CD	DDR2 at Bank（s）	0145
8	第二个 IDE 接口连接的主设备	None：没有配置		
9	第三个 IDE 接口连接的从设备	None：没有配置		
10	IDE Channel 2 .Master Disk：		LBA ATA 100，122 GB	
11	PCI device listing...		PCI 设备列表	
12	Onboard LAN MAC Address：		00-E0-4D-21-F4-C7：网卡 MAC 地址	
13	Verifying DMI Pool Data	Desktop Management Interface 的缩写，也就是桌面管理界面，它含有关于系统硬件的配置信息。校验桌面管理界面数据		
14	Boot from CD：	从光盘引导系统		

需要重点关注和记忆的信息主要包括以下几点。

（1）CPU 的类型：Intel（R）Pentium（R）D CPU，主频 3.20 GHz，缓存 2×2 048 KB=4 MB。

（2）内存：2 096 128 KB =2 GB，DDR2。

（3）硬盘：两块 160 GB IDE 和 120 GB 串口。

（4）光驱：CD 刻录，DVD 光驱。

（5）CPUID：可以从互联网上查询，如输入 "0f64"。

（6）00-E0-4D-21-F4-C7：网卡 MAC 地址。

1.3.3 任务实现

（1）记录计算机开机第一屏幕信息，填写表 1-8。

表 1-8 开机第二屏幕信息

项目	内容	项目	内容
显卡 BIOS 芯片		显卡型号	
显卡制造商		显存	
显卡 BIOS 版本			
其他信息			
其他信息			
其他信息			

（2）记录计算机开机第二屏幕信息，填写表 1-9。

表 1-9 开机第二屏幕信息

项 目	内 容	项 目	内 容
BIOS 的公司与版本		光驱信息	
CPU 类型		进入 BIOS 设置方法	
CPU 频率		主板序列号	
内存大小		内存速率	
硬盘厂家与大小		主板	

巩固练习

1. 填空题

（1）维修环境的最基本要求是_____。

（2）分析查找故障点应按_____顺序进行。

（3）灰尘可能会使插槽与板卡之间的_____接触不良。

（4）计算机故障维修中"替换法"适合_____故障的判断。

2. 简答题

（1）简述日常应注意的计算机习惯性维护操作。

（2）利用网络查询笔记本电脑收货时应该注意什么？

项目 2

硬件组装

- ■防呆设计体验
- ■计算机组装

项目 2　硬件组装

> 🔍 **知识学习目标**
> 1. 防呆设计知识；
> 2. 计算机硬件初认识；
> 3. 掌握各种配件的安装要领、技巧；
> 4. 掌握基本组装工具的知识。
>
> 🔍 **技能实践目标**
> 1. 熟记配件防呆设计位置；
> 2. 掌握机箱结构认识与规划技能；
> 3. 掌握配件初识别与安装要领；
> 4. 掌握计算机硬件的组装技能（如 CPU 和风扇的安装、内存的安装、主板的固定、电源的安装、主板的安装、各种扩展卡的安装、机箱面板线的连接、显示器的连接、键盘与鼠标的连接、测试）；
> 5. 掌握计算机硬件拆卸技能。

2.1　防呆设计体验

计算机组装过程配件多、接口多，属于搭积木的操作，各配件之间如何有效地防止安装错误是关键，如图 2-1 所示，若按照左侧则容易接错，而右侧则避免了接错的可能。

图 2-1　防安装错误

防呆设计最高目标：避免错误，无须思考。

2.1.1　任务分析

配件的安装与连接经常会出现各种失败的教训：CPU 的针被损坏；机箱面板线接错，导致面板按键不准确；键盘接口被损坏；等等。其实各种配件的设计已经考虑了这种情况的解决方法，即防呆设计。

2.1.2　知识储备

为了让普通用户在组装电脑时不会出错，相关零组件大都有形状相符的防呆设计。

防呆（Fool-proofing）是一种预防矫正的行为约束手段，运用避免产生错误的限制方法，让操作者不需要花费注意力，也不需要经验与专业知识即可准确无误地完成正确的操作。在工业设计上,为了避免使用者的操作失误造成机器或人身伤害(包括无意识的动作或下意识的误动作或不小心的肢体动作),针对这些可能发生的情况制定预防措施,称为防呆。

防呆设计的目的主要包括以下几方面。

(1)具有即使有人为疏忽也不会发生错误的构造——不需要注意力。

(2)具有外行人来做也不会发生错误的构造——不需要经验与直觉。

(3)具有不管是谁或在何时工作都不会发生错误的构造——不需要专门知识与高度的技能。

2.1.3 任务实现

1. 识别 CPU 的防呆设计

CPU 可以说是计算机中最昂贵的部件,也是最脆弱的部件,稍有不慎就有可能损坏。

如图 2-2 所示,无论是 Intel 还是 AMD 的 CPU 都是方形,一面有针脚(Intel 针脚在主板上,AMD 针脚在 CPU 上),另一面是金属盖。Intel 的 CPU 的两侧各有一个凹槽,帮助区分方向。从正面看,CPU 一个角印刷一个三角形,安装人员只要把这个三角形对准主板上同样位置的三角形就可以正确安装。

图 2-2 CPU 的防呆设计

①—CPU 的标志;②—CPU 安装针脚;③—CPU 的安装防呆缺口

2. 识别内存的防呆设计

如图 2-3 所示,内存金手指上有一个不在中心位置的凹槽,使内存条变成了不对称的形状,在插入插槽时,要和插槽上的凸起对应,若安装反向则无法插入,这样就不会发生插反的情况。另外,每一代内存的缺口位置都是不同的,这样可以避免不同代的内存插错。

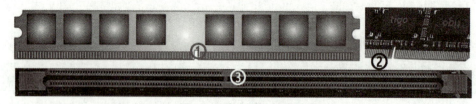

图 2-3 内存的防呆设计

①、②—内存条凹槽(一般不在中心位置);③—主板内存插槽的内存条凹槽对应点

3. 识别硬盘的防呆设计

如图 2-4 所示,注意观察硬盘的防呆设计,主板上 L 型插槽,若安装时反方向则插不进去,固态硬盘与内存类似,同样有一个不在中心位置的凹槽,可以帮助区分方向。

图 2-4 硬盘的防呆设计

①—凹槽（不在中心位置）；②—L 型插槽

4. 识别外部接口的防呆设计

如图 2-5 所示，观察这些不同形状的接口，USB、VGA、HDMI、DP、PS/2 等，它们有一个共同点，即它们都属于非中心对称图形。也就是说，若把插头换个错误的方向是插不进去的。

图 2-5 外部接口防呆设计

2.2 计算机组装

2.2.1 任务分析

计算机组装是一项看似简单，实则十分严谨的一项工作，需要完成以下几方面工作。
（1）配件与安装要领的识别。
（2）基本组装工具的认识。
（3）安装流程的熟悉。
（4）硬件组装。
（5）硬件拆卸。

2.2.2 知识储备

1. 配件的初识别与安装要领

主机是计算机的核心，主机内部有 CPU、主板、内存、硬盘、显卡、电源、光驱、网卡等配件。计算机配件的识别是计算机组装的基础工作，目前市场上计算机的配件品牌繁多，主机内的配件及功能见表 2-1，其详细内容将在后续内容中介绍。

表 2-1 主机内的配件及功能

配件名称	功　　能	操作提示
CPU	CPU 在计算机中的作用就等同于人体内的心脏，因此，CPU 直接影响整台计算机的运行情况，目前最常使用的是双核处理器芯片	图 2-6、图 2-7 分别为 Intel AMD CPU，关注安装方向、斜角
主板	主板是计算机的中枢，是计算机结构中最重要的部分，主要由 CPU 插座、芯片组、扩展槽、BIOS 芯片、内存插槽、电源插座、电池和各种主板功能芯片（集成显卡、声卡、网卡）等部件组成	图 2-8 为主板，注意 CPU 插槽、安装孔和芯片组
内存	内存在计算机中的重要地位仅次于 CPU，其品质对计算机性能有至关重要的影响	图 2-3 为 DDR、DDR2、DDR3，有安装防呆口设计
硬盘	电脑的标准配件之一，主要承载计算机操作系统及软件的运行、数据存储	图 2-9 为硬盘，有 IDE、串口硬盘、容量、转速
显卡	显示信息的处理、输出	图 2-10 为显卡，有集成、独立、显存、接口 AGP、PCIE
电源	电源提供软盘驱动器、硬盘、光盘驱动器、显示器和主板所需的电源，而主板又提供 CPU、内存、板卡和键盘所需的电源	图 2-11 为电源，有 AT、ATX，注意功率、重量
数据接口	实现主板与硬盘、光驱的数据传递	颜色、方向
电源接口	实现给主板与硬盘、光驱、风扇的供电	颜色、方向

图 2-6　Intel
①—三角形标识；②—防呆凹角

图 2-7　AMD
①—三角形标识

图 2-8 主板
①—CPU 安装位置；②—主板芯片组；③—内存插槽

（a） （b）

图 2-9 硬盘
（a）机械硬盘；（b）固态硬盘

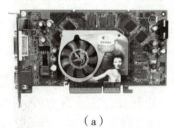 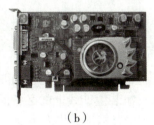

（a） （b）

图 2-10 显卡

图 2-11 电源

2. 计算机组装与维护的工具

组装与维护计算机时需要使用以下几种工具。

（1）螺丝刀，又称起子，一般要求同时准备两把，一把是一字形的螺丝刀，另一把是十字型的螺丝刀或者选择多功能螺丝刀，如图 2-12 所示。一般情况下应选择使用带磁性的螺丝刀，以便于组装与维护操作。

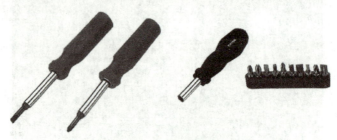

图 2-12　螺丝刀

【注意】
不要长时间将带有磁性的螺丝刀放在硬盘上，以免破坏硬盘上的数据。

（2）尖嘴钳。如图 2-13 所示，尖嘴钳主要用来拔一些小元件，如跳线帽、主板支架（金属螺柱、塑料定位卡）或机箱后部的挡板等。

（3）导热硅脂。导热硅脂俗称散热膏，用于功率放大器、CPU、电子管等电子元件的导热及散热，从而保证电气性能的稳定性。

（4）清洁工具。清洁工具主要用于清洁计算机部件。一般常用的工具有以下几种。

①小毛刷：专门为主板准备的，主板虽然安装在机箱内，但由于静电的原因常常会积累许多灰尘，主板可能由此出现故障，因此在清理灰尘时可以用小毛刷清理。

②棉签：主要用于清理边角的灰尘，如光驱的死角、主板的死角。

【注意】
必须断电后再进行相关的清洁。

（5）防静电手腕带。防静电手腕带如图 2-14 所示。防静电手腕带是防静电装备中最基本、最普通的计算机组装生产线上的必备品，设计操作上十分方便，同时价格也比较便宜。其原理是，通过手腕带及接地线将人体身上的静电排放至大地。使用手腕带必须确定与皮肤接触，接地线直接接地，以确保接地线畅通无阻，发挥最大功效。

图 2-13　尖嘴钳　　　　　　　　　　图 2-14　防静电手腕带

（6）操作系统盘及相应的工具软件，支持光盘或 U 盘启动电脑，安装和维护操作系统。

（7）一些常见的应用软件，如 Office、WPS 等。

（8）常用的维护类工具软件，如解压缩软件、杀毒软件等。

3. 计算机组装前的注意事项

计算机系统是由各种高度集成的电子器件构成的，能够承受的电压、电流比较小，一般电压均在 ±5V 或 ±12V 之间。

（1）防止静电，不要带电操作。静电易对电子器件造成损伤，在安装前，应先消除身上的静电，方法包括用手摸一下自来水管等接地设备；如果有条件，可以佩带防静电手腕带，以提高安全水平。

（2）在组装计算机的过程中不要连接电源线。

（3）不要在通电后触摸机箱内的任何部件。

（4）对各个部件要轻拿轻放，不要碰撞，尤其是硬盘。

（5）在紧固部件、接插数据线和电源线时，要适度用力，不要动作过猛。

（6）保存好随机附送的软盘或光盘及相关资料。

（7）安装主板一定要稳固，同时要防止主板变形，否则会对主板的电子线路造成损伤。

（8）在安装主板时，应该拧上所有的螺钉，散热器和电源也应全部拧好，安装螺钉的正确方式是先固定好硬件，然后将所有螺钉安装到对应孔位，最后逐个拧紧螺钉，不要为了省事而只安装两颗螺钉，避免长时间使用之后晃动甚至掉落。

（9）安装散热器时还应该注意不要拧得太紧，因为主板的弹性有限，一旦将散热器安装得过紧就会压迫主板，导致其发生形变，产生不可逆的损坏。另外，散热器的重量通常较大，如果装机时主板没有拧上全部的螺钉则会受到更大的影响。

一般情况下，卡扣式连接的散热器将其扣上即可，用螺钉紧固的散热器在拧螺钉时有较大阻力即可，安装之后散热器不会晃动或旋转，主板未变形也是判断散热器安装合理的依据。

（10）在连接硬件和接线时要看清接口再接，不要强行接入，在背线时也不要用力拉扯线材，避免硬件和接口的损坏。

（11）定期清灰。风扇上的灰尘如图 2-15 所示，机箱内的定期清灰是非常必要的，除了散热器、显卡和电源风扇上的灰尘外，一些角落的灰尘也应该清理干净。

图 2-15　风扇上的灰尘

（12）注意散热器不要阻挡内存。考虑到大尺寸的散热器会影响周边硬件，散热器应该优先于内存条的安装，在安装散热器时也可以先把风扇的供电接好，安装后理顺线材。

（13）防止大散热器和机箱不兼容。先将散热器安装在主板上再装机就可以省去在机箱内安装散热器背板的工作，但要注意这种安装顺序只适合在大机箱配大主板的情况下使用。

（14）小机箱内可以先连接 CPU 供电和跳线。在安装主板之前要先安装主板的挡板，还有一些小尺寸的机箱内部空间小，安装主板会挡住 CPU 供电的走线孔，因此需要先布局好线材再安装主板。

小尺寸的机箱和主板会使机箱跳线与一些前置面板的接线受到较大的影响，因此应该先连接线材再安装显卡，从而避免空间不足无法走线。

2.2.3 任务实现

1. 组装前的准备工作

【Step1】配件检查。

①数量检查：CPU、主板（X299 GAMING M7 ACK）、内存、显卡、硬盘、光驱（可选件）、机箱电源、键盘、鼠标、显示器、各种数据线/电源线、风扇等。

②质量检查：检查各部件是否有明显的外观损坏。

③附件检查：机箱所附送的配件，如螺钉、机箱后挡板等数量是否足够。

【Step2】阅读主板说明书，了解主板安装的情况；阅读 CPU 安装说明。

【Step3】工具准备。

①基本工具：尖嘴钳、一字形的螺丝刀、十字形的螺丝刀（带磁性）、镊子。

②机箱中附带的各种螺钉、垫片等。

③容器：用于放置在安装和拆卸的过程中随时取用的螺钉及一些小零件，以防止丢失。

④工作台：为了方便进行安装，应使用一个高度适中的工作台，无论是专用的电脑桌还是普通的桌子，只要能够满足使用需求就可以。

⑤准备电源插座：多孔型插座一个，以方便测试机器时使用。

⑥创可贴：用于处理安装中的一些划伤。

⑦捆绑带：用于捆绑各电源接口线、数据线和机箱面板接口线，使机箱内部干净利落、整齐美观、散热效果好。

2. 拆卸与规划机箱

【Step1】观察机箱的外部结构，从如图 2-16 所示的机箱上寻找拆卸位置，实施拆卸。

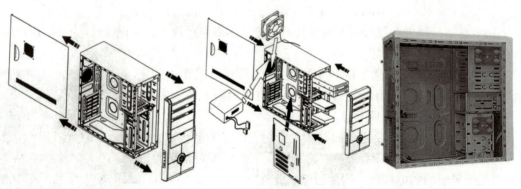

图 2-16 机箱规划

【Step2】整体观察机箱内部与外部结构，并对计算机配件组装做出筹划，做到安装位置心中有数。

【Step3】明确电源、主板、硬盘、光驱、面板的安装位置与先后顺序。

【Step4】清点机箱附带的配件，对配件使用做到心中有数。

3. 安装电源

【Step1】明确机箱电源的形状、安装位置和方向，如图 2-17 所示。电源末端四个角上各有一个螺丝孔，它们通常呈梯形排列，安装时要注意方向性。

【Step2】先将电源放置在电源托架上，将四个螺丝孔对齐，然后拧紧螺钉。

【Step3】螺钉不要一次全拧紧,要逐步拧紧,确保平衡。

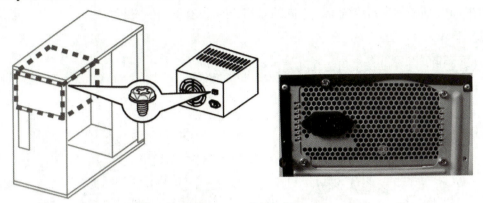

图 2-17　电源安装

4. 安装 CPU 与风扇

可以参考主板说明书的示意图进行安装（安装视频:http: //v.youku.com/v_show/id_XOTE5NzkwMDMy.html）。

【Step1】准备一块绝缘的泡沫,将主板放置在上面。

【Step2】开启 CPU 保护盖,如图 2-18 所示,①②按箭头方向拉起 CPU 拉杆;③左手轻按左侧拉杆 CPU 槽的保护盖弹起;④同时右手轻轻拉起保护盖。

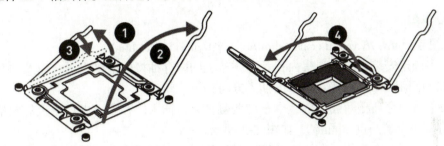

图 2-18　开启 CPU 保护盖

【Step3】放入 CPU,如图 2-19 所示,观察 CPU 的安装对应标识,保证平放进入 CPU 插槽⑤。

【Step4】固定 CPU,如图 2-20 所示,按照⑥⑦指示的方向分别按下 CPU 固定拉杆,CPU 保护盖会按照⑧所指示的方向自动弹出。

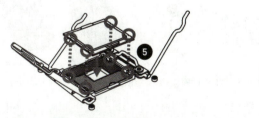

图 2-19　CPU 放入

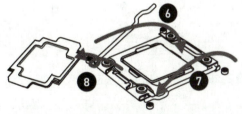

图 2-20　固定 CPU

【Step5】为 CPU 加散热硅胶,如图 2-21 所示,在⑩ CPU 上添加少许硅胶。在 CPU 的核心上涂上散热硅胶或散热硅脂,不需要太多,涂抹均匀。主要的作用是保证 CPU 与散热器接触良好。

【Step6】安装 CPU 风扇，如图 2-22 所示。将风扇与 CPU 接触在一起，不要用力压；将扣子扣在 CPU 插槽的突出位置上。不同的 CPU 与主板有不同的安装方法。

【注意】
　　风扇是用一个弹性铁架固定在插座上的。

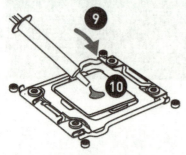
图 2-21　为 CPU 加散热硅胶

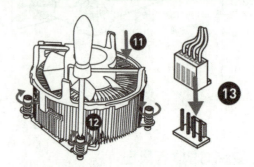
图 2-22　安装 CPU 风扇

【提示】
　　CPU 的拆卸方法与安装 CPU 的过程相反。先取下散热器与 CPU 插座一边的扣子，把散热风扇取下；把 CPU 插槽的拉杆撬起来就可以取出 CPU。

5. 安装内存条

（安装视频：http://v.youku.com/v_show/id_XNzUyMTI5ODI4.html）

【Step1】确定安装方向。观察内存条与主板上的内存插口的防呆设计，以及内存金手指和插槽缺口的间距与数量，确定内存的插入方向。

【Step2】将内存插槽两端的白色卡子向两侧扳开，插入内存条。内存条上的凹槽必须直线对准内存插槽上的凸点（隔断），如图 2-23 所示。

【Step3】向下按内存条，在按的时候需要稍稍用力，直至两端的固定杆自动卡住内存条两侧的缺口，如图 2-24 所示。

【Step4】紧压内存的两个固定杆，确保内存条被固定住，如图 2-25 所示。

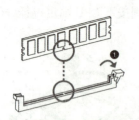
图 2-23　向两边扳开白色卡子

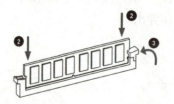
图 2-24　向下按内存条

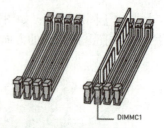
图 2-25　固定内存

【注意】
　　内存条的拆卸非常简单，只需要向外扳动两个白色的卡子，内存条就会自动从 DIMM 插槽中脱出。

6. 安装主板

【Step1】拆卸和安装 I/O 接口的密封片。如图 2-26 所示,将机箱上 I/O 接口的密封片取下。用户可根据主板接口情况,将机箱后相应位置的挡板去掉。这些挡板与机箱是直接连接在一起的,需要先用螺钉旋具将其顶开,然后用尖嘴钳将其扳下,最后将 I/O 接口板装上。

【Step2】确定主板安装位置。如图 2-27 所示,打开机箱的侧板,把机箱平放在桌子上,观察机箱结构和主板放置位置,确定后安装主板固定螺丝杆。将主板和机箱上的螺丝孔对准,把机箱自带的螺钉拧上,但不要拧得太紧,能达到稳固即可。

【注意】
现在很多机箱 I/O 接口是免撬的,只需要将相应的螺钉去掉就可以实现挡板的安装与拆卸。

【Step3】安装主板定位螺钉。将机箱或主板附带的固定主板用的螺钉柱和塑料钉旋入主板与机箱的对应位置,并保证对应的螺钉柱水平高度相同,防止主板被拉变形。安装主板如图 2-27 所示。

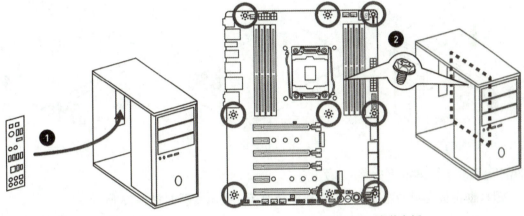

图 2-26　安装 I/O 挡板　　　　图 2-27　安装主板

【Step4】将主板对准 I/O 接口放入机箱,如图 2-28 所示。

【Step5】固定主板。如图 2-29 所示,将主板固定孔对准螺钉柱和塑料钉,然后用螺钉将主板固定好。

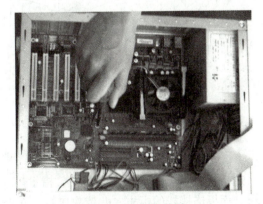

图 2-28　主板对准 I/O 接口放入机箱　　　　图 2-29　固定主板

7. 安装显卡与各种扩展卡

（安装视频：http://v.youku.com/v_show/id_XNDkyOTc3MzQ4.html）

显卡及各种扩展卡的安装分硬件安装和驱动安装。硬件安装就是将卡正确地安装到主板上的对应插槽中，需要掌握的要点是注意插槽的类型。下面以显卡的安装为例。

【Step1】拆除扩充挡板及螺钉。如图 2-30 所示，从机箱后壳上移除对应扩展插槽上的扩充挡板及螺钉。

【Step2】安装显卡。如图 2-31 所示，搬开显卡插槽卡子（②），然后将显卡按照③所指示的方向对准显卡插槽并且插入显卡插槽中。

【注意】
务必确认将卡上金手指的金属触点与扩展插槽接触在一起。

【Step3】固定显卡。如图 2-32 所示，用螺钉⑤旋具将螺钉拧紧，使显卡固定在机箱壳上。
显卡安装完成后，并不能立即工作，还需要在 Windows 操作系统中安装显卡的驱动程序后才可以使用；如果现在有的主板显卡是集成的，则可以省去显卡的安装。

图 2-30　拆除扩充挡板及螺钉　　图 2-31　安装显卡　　图 2-32　固定显卡

8. 将机箱前面板的线连接到主板上

一般根据主板说明书连接即可。主板前置面板连接示意图如图 2-33 所示。

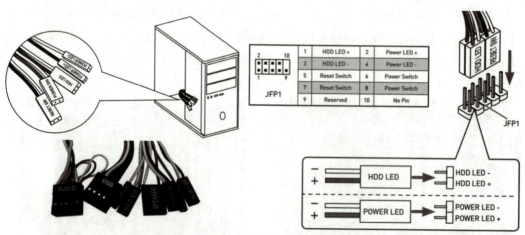

图 2-33　主板前置面板连接示意图

连接主板与机箱面板上的开关、指示灯、电源开关等，连接时请参照说明书或主板标记字母与面板连接线的标志，并依次接好。面板连接标志及作用见表 2-2。

表 2-2 面板连接标志及作用

面板指示或开关名称	作　用
Power SW（ATX SW）	电源开关，和机箱上最大按钮相连
RESET SW	复位键，和机箱上复位键相连
POWER LED	电源指示灯，和机箱上电源指示灯（绿色）相连
H.D.D. LED	硬盘指示灯，和机箱上硬盘指示灯（红色）相连
SPEAKER	喇叭连线，和喇叭相连

【Step1】安装 POWER LED，具体如下。

①电源指示灯的接线只有 1、3 位，如图 2-34 所示，1 线通常为绿色，在主板上接头通常标为"POWER LED"。

②连接时注意绿线对应第 1 针。

③连接好后，电脑一打开，电源指示灯就一直亮着，为绿色，表示电源已经打开。

【Step2】安装 RESET SW，具体如下。

① RESET SW 连接线有两芯接头，如图 2-35 所示，连接机箱的"RESET"按钮，它接到主板的"RESET"插针上。

图 2-34　POWER LED 接口

图 2-35　RESET SW 接口

②此接头无方向性，只需短路即可进行"重启"动作。

主板上"RESET"针的作用如下：当其处于短路时，电脑就会重新启动。"RESET"按钮是一个开关，按下时产生短路，松开时又恢复开路，瞬间的短路就可以使电脑重新启动。

【Step3】安装 SPEAKER，具体如下。

①如图 2-36 所示，PC 喇叭的 4 芯接头实际上只有 1、4 两根线，主要接在主板的"SPEAKER"插针。

②连接时注意红线对应"1"的位置，但该接头具有方向性，严格意义上讲，按照正负连接上才可以正常工作，正负方向在主板上有标记。

【Step4】安装 H.D.D.LED，具体如下。

①如图 2-37 所示，硬盘指示灯为两芯接头，一线为红色，另一线为白色，一般红色（深颜色）表示为正，白色表示为负，主板上的接头通常标注"IDE LED"或"H.D.D.LED"。

②连接时红线要对应第 1 针。

图 2-36　安装 SPEAKER 连线

图 2-37　H.D.D.LED 接口

【注意】

H.D.D.LED 线接好后,当电脑在读写硬盘时,机箱上的硬盘指示灯会亮,但此指示灯可能只对 IDE 硬盘起作用,对 SCSI 硬盘将不起作用。

图 2-38　ATX SW 接口

【Step5】安装 POWER SW,具体如下。

① 如图 2-38 所示,ATX 结构的机箱上有一个总电源的开关接线,是一个两芯的接头。

② 此接头无方向性,只需短路即可进行"开机/关机"动作。

③ 可以在 BIOS 设置为关机时必须按电源开关 4 s 以上才能关机,或者根本不能靠开关关机,而只能靠软件关机。

9. SATA 硬盘与光驱的安装

(安装视频:http://v.youku.com/v_show/id_XNDkzODU5MTky.html)

硬盘与光驱的安装方法基本相同。

【Step1】确定硬盘、光驱安装位置,如图 2-39 所示。

【Step2】数据线主板接口连接示意图,如图 2-40 所示。

【Step3】确定硬盘、光驱端电源与数据连接,如图 2-41 所示。

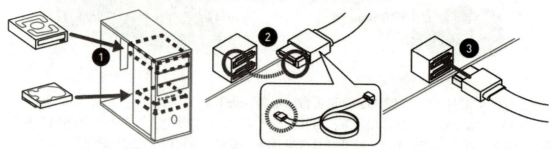

图 2-39　硬盘、光驱安装位置　　　　图 2-40　数据线主板接口连接示意图

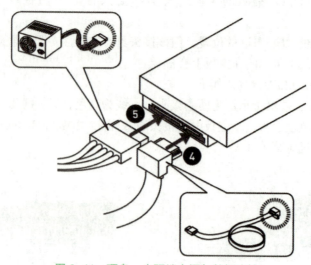

图 2-41　硬盘、光驱端电源与数据连接

10. IDE 硬盘与光驱的安装

【Step1】认识 IDE 设备数据线，如图 2-42 所示。

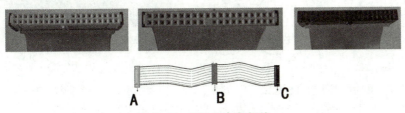

图 2-42　IDE 设备数据线

A—蓝色（或黄色），接主板；B—灰色，接从 IDE 设备；C—黑色，接主 IDE 设备

【Step2】安装光驱。

①确定光驱安装位置。为散热顺畅，应尽量把光驱安装在最上面的位置。

②取下挡板，放入光驱。首先从机箱的面板上取下槽口的塑料挡板，用于安装光驱，然后把光驱从机箱前面放进去。

③固定光驱。在光驱的每一侧用两颗螺钉初步固定，先不要拧紧，这样可以对光驱的位置进行细致的调整，然后把螺钉拧紧，这一步是考虑面板的美观，等光驱面板与机箱面板平齐后再上紧螺钉，如图 2-43 所示。

图 2-43　硬盘、光驱及其他 IDE 设备安装位置

A—光驱安装位置；B—硬盘装位置

【Step3】安装硬盘。

①设置跳线。通常计算机的主板上只安装两个 IDE 接口，而每条 IDE 数据线最多只能连接两个 IDE 硬盘或其他 IDE 设备，因此，一台计算机最多便可连接四个硬盘或其他 IDE 设备。但是在 PC 机中，只可能用其中的一块硬盘启动系统，因此如果连接了多块硬盘则必须将它们区分开来，为此硬盘上提供了一组跳线用于设置硬盘的模式。硬盘的这组跳线通常位于硬盘的电源接口和数据线接口之间。

跳线设置有三种模式，即单机（Spare）、主动（Master）和从动（Slave）。单机就是指在连接 IDE 硬盘之前，必须先通过跳线设置硬盘的模式。如果数据线上只连接了一块硬盘，则需要设置跳线为 Spare 模式；如果数据线上连接了两块硬盘，则必须分别将它们设置为 Master 模式和 Slave 模式，通常第一块硬盘用于启动系统的硬盘并设置为 Master 模式，而另一块硬盘则设置为 Slave 模式。

在设置跳线时，只需要用镊子将跳线夹出，并重新安插在正确的位置即可。

②确定安装位置。在机箱内找到硬盘驱动器舱（硬盘可以选择舱位进行安装，一般原则是靠中间，这样可以保证更多位置散热），再将硬盘插入其中，并使硬盘侧面的螺丝孔与驱动器舱上的螺丝孔对齐，如图 2-44 所示。

图 2-44 硬盘、光驱安装

A—硬盘、光驱数据线与主板连接；B—硬盘、光驱电源线连接；C—数据线；D—主硬盘；
E—从硬盘；F—硬盘固定螺钉；G—固定螺钉位置；H—硬盘舱

③固定硬盘。用螺钉将硬盘固定在驱动器舱中，在安装时尽量把螺钉上紧，保证其稳固，因为硬盘经常处于高速运转状态，这样可以减少噪声并防止震动。

【注意】

通常机箱内都会预留装两个硬盘的空间，假如只需要装一个硬盘，则需要把硬盘装在离光驱较远的位置，这样更加有利于散热。

④SATA（串行）接口设备安装。串行 ATA 接口，如图 2-45 所示，类型很多。此接口是高速传输的 Serial ATA、SATA 界面端口。每个接口可以连接 1 个硬盘设备。

图 2-45 串行 ATA 接口

SATA 接口设备连接安装，如图 2-46 所示。

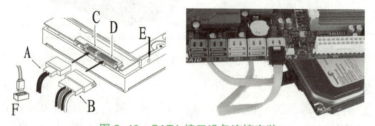

图 2-46 SATA 接口设备连接安装

A—硬盘数据线；B—硬盘电源线连接；C—数据线连接接口；
D—电源连接接口；E—硬盘固定螺钉；F—硬盘数据线与主板连接

为方便安装设计，串行 ATA 接口磁盘驱动器正常工作无须设置任何跳线、端接器或进行其他设置。串行 ATA 接口上的每个驱动器通过点对点配置与串行 ATA 主机适配器连接。由于在点对点关系中每个驱动器都被认为是主驱动器，因此驱动器之间没有主从关系。如果两个驱动器连接到一个串行 ATA 主机适配器上，则主机操作系统将把两个设备看作两个单独端口上的"主"设备，这意味着两个设备均作为设备 0（主设备）运行。另外，每个驱动器有其自己的线缆。

通常机箱内都会预留装两个硬盘的空间，假如只需要装一个硬盘，则应该把它装在离软驱较远的位置，这样更加有利于散热。另外，请勿将串行数据线对折成 90°，这会造成在传输过程中的数据丢失；串行 ATA 接口磁盘驱动器的安装设计简易方便。使用驱动器正常工作无须设置任何跳线、端接器或进行其他设置；一根串行 ATA 数据线只能接一块硬盘。

⑤安装主板电源。只需要将电源上同样外观的插头插入该插口即可完成对 ATX 电源的连接口，如图 2-47 所示。

【注意】
　　I/O 接口的密封形式多样，目前常用的是免拆卸的；扩充插卡位置的挡板可根据需要决定，不要将所有的挡板都取下。

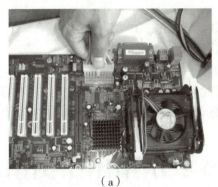
（a）

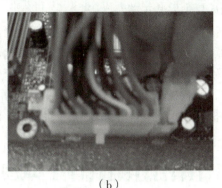
（b）

图 2-47　安装主板电源线

11. 完成最后的装机工作

【Step1】连接数据线与电源线。

①先确认 1 号线。如图 2-48 所示，凡是有色标的一边为 1 号线。硬盘、光驱、软驱的数据线都有 1 号线。

②连接数据线。

③连接电源线，包括主板、风扇、硬盘、光驱、软驱电源线。

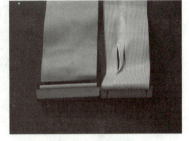
图 2-48　数据线

【Step2】理顺内部的线路，将部分连线进行捆扎固定。

机箱内部的空间并不宽敞，加之设备发热量都比较大，如果机箱内没有一个宽敞的空间，会影响空气流动与散热，同时容易发生连线松脱、接触不良或信号紊乱等现象。整理机箱内部连线的具体操作步骤如下。

①面板信号线的整理。由于面板信号线一般比较细，并且数量较多，因此安装时要将这些线理顺，折几个弯，然后用一根捆绑线或橡皮筋捆绑。

②理顺电源线。将不用的电源线放在一起，避免不用的电源线散落在机箱内。

③音频线处理。CD 音频线是传送音频信号的，尽量避免靠近电源线，以免产生干扰。

④对 IDE、软驱（FDD）线进行整理。

【Step3】安装机箱盖。

①全面检查内部安装情况，检查连接情况、接触是否良好、螺钉固定情况、线路问题等，确保无误。

②盖上主机的机箱盖，上好螺钉，完成主机安装。

【提示】
　　为了最后开机测试时方便检查出问题所在，此时可以盖上机箱盖但不拧紧螺钉。

【Step4】连接显示器、键盘、鼠标和电源，开机测试。如果在启动中能点亮显示器，则表示安装成功；如果在启动中没有点亮显示器，可以按照下面的办法查找原因所在。

①确认给主机电源供电。
②确认主板已经供电。
③确认 CPU 安装正确，CPU 风扇是否通电。
④确认内存安装正确，并且确认内存完好。
⑤确认显卡安装正确。
⑥确认主板内的信号连线正确，特别是确认 POWER LED 安装无误。
⑦确认显示器与显示卡连接正确，并且确认显示器通电。
⑧若硬件本身出现问题，则需要找销售商处理。

至此，硬件的安装完成。但是，要使计算机为人们服务，还需要进行 BIOS 设置、硬盘的分区和格式化，安装操作系统、驱动程序（显卡、声卡等驱动程序）和应用软件等。

巩固练习

1. 填空题

（1）安装内存条时，依据_____确定内存条的插入方向。

（2）在拆装计算机配件时，应该释放掉手上的_____。

2. 简答题

计算机组装前的注意事项有哪些？

项目 3

BIOS 设置与硬盘分区、格式化

- BIOS 设置
- 硬盘分区与格式化

> **知识学习目标**
>
> 1. 正确理解 BIOS 设置的意义；
> 2. BIOS 设置的方法；
> 3. 了解 BIOS 的含义；
> 4. 分区、格式化的含义；
> 5. 理解 UEFI。
>
> **技能实践目标**
>
> 1. 设置 U 盘启动计算机；
> 2. 设置光盘引导计算机；
> 3. 设置 BIOS 密码；
> 4. 调整硬盘分区大小的技能；
> 5. UEFI 设置。

3.1 BIOS设置

通常情况下，主板、显卡等设备中均有 BIOS 芯片。

3.1.1 任务分析

计算机开机时，仔细观察屏幕上出现的信息可以发现，基本是一些英文和数字，当开机时不断按下"F10"键，如图 3-1 所示。那么这些不断变化的信息都是什么呢？保存在哪里？

图 3-1　开机选择启动选项

开机信息如图 3-2 所示，其实这些信息的存储与管理就是 BIOS，那么什么时候会用到 BIOS？每一次计算机的启动都离不开 BIOS，初始化硬件、检测硬件、引导操作系统、装系统和超频等情况下都会用到 BIOS。由此可见，作为一个计算机组装与维护人员，BIOS 的认识和操作是一项基本技能，本小节需要掌握以下几方面知识和技能。

（1）BIOS 的含义。
（2）BIOS 进入的方法。

（3）U 盘启动计算机的操作技能。
（4）设置计算机的开机密码。

```
GeForce   7300GT   VGA   BIOS
Version 5.73.22.51.45
Copyright (C) 1996-2006 NVIDIA Corp.
512 MB RAM
```

图 3-2　开机信息

3.1.2　知识储备

1. BIOS 和 EFI

BIOS 和 EFI 是台式电脑、笔记本、服务器、上网本、平板电脑上的固件程序，保存在主板的 Flash 存储芯片中，如图 3-3 所示。

图 3-3　存储芯片

（1）BIOS。BIOS（Basic Input/Output System），意为基本输入/输出系统，是存储在电脑 Flash 芯片上的最基本的软件代码。BIOS 就是硬件与软件之间的一座"桥梁"或者说接口，负责解决硬件的即时需求，并按软件对硬件的操作要求具体执行其运行流程，如图 3-4 所示。BIOS 是第一次在 CP/M 操作系统中出现，描述在开机阶段加载 CP/M 与硬件直接沟通的部分。（CP/M 机器通常只有 ROM 里面的一个简单开机加载程序）最早的 DOS 版本中有个文件被称为"IBMIO.COM"或是"IO.SYS"，其类似于 CP/M 的磁盘 BIOS。

图 3-4　传统 BIOS 运行流程

（2）新一代的 BIOS——EFI。EFI（Extensible Firmware Interface），意为可扩展固件接口，是一种个人电脑系统规范，用于定义操作系统与系统韧体之间的软件界面，为替代 BIOS 的升级方案，包含 BIOS 的所有功能，以及一些最新的高级界面定义，因此也可以将其称为新一代的 BIOS UEFI 运行流程如图 3-5 所示。EFI 负责加电自检（POST）、联系操作系统，以及提供连接操作系统与硬件的接口。EFI 最初由 Intel 开发，目前由 UEFI 论坛进行推广与发展。

图 3-5　UEFI 运行流程

UEFI（Unified Extensible Firmware Interface），意为统一可扩展固件接口，主板上的UEFI BIOS如图3-6所示，它是以EFI 1.10标准作为基础发展而来的，值得注意的是，在UEFI正式确立之前，Intel就开始积极推进传统BIOS的升级方案，并最终确立了过渡方案——EFI标准，直到2007年Intel才将EFI标准的改进与完善工作交给Unified EFI Form进行全权负责，EFI标准则正式更名为UEFI。

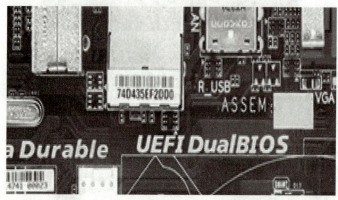

图3-6 主板上的UEFI BIOS

从Intel 6系列主板开始，Intel主板就开始提供UEFI BIOS支持，正式支持GPT硬盘分区表，并一举取代了此前的MBR分区表格式。然而，为了保持对老平台的兼容，Windows 10系统也继续提供对MBR分区表格式的支持。

（3）BIOS和UEFI的区别，见表3-1。

表3-1 BIOS和UEFI的区别

项目	BIOS	UEFI
操作方式	中断、硬件端口	Driver/protocol
工作模式	X86实模式	Flat mode
输出	单纯的二进制code	Removable Binary Drivers
OS启动	调用Int19	直接利用protocol/device Path
第三方的开发支持	否	是
是否图形化界面	否	是
是否支持GPT分区	否	是

UEFI和GPT是相辅相成的，二者缺一不可。UEFI于用户而言最典型的特征就是使用了图形化界面，虽然还未达到操作系统界面的图形交互功能，但人性化的界面、鼠标的操作，已经将BIOS变得非常易用，对于不少电脑初级用户来说也可以很好地查看和设置BIOS的相关选项与功能。

2. BIOS的启动原理

当电脑的电源打开后，BIOS就会由主板上的闪存（Flash Memory）运行，并将芯片组和存储器子系统初始化。BIOS会把自己从闪存中解压缩到系统的主存，并且从主存内开始运行。PC的BIOS代码也包含诊断功能，以保证某些重要硬件组件，如键盘、磁盘设备、输出输入端口等，可以正常运作且正确地进行初始化。几乎所有的BIOS都可以选择性地运行CMOS

存储器的设置程序，也就是保存 BIOS 会访问的用户自定义设置数据（如时间、日期、硬盘细节等）。IBM 技术参考手册中曾经包含早期 PC 和 AT BIOS 的 80×86 源代码。现代的 BIOS 可以让用户选择由哪个设备启动电脑，如光盘驱动器、硬盘、软盘、USB 闪存盘等。这项功能对于安装操作系统，以 LiveCD 启动电脑，以及改变电脑找寻开机媒体的顺序特别有用。有些 BIOS 系统允许用户选择要加载哪个操作系统（如从第二颗硬盘加载其他操作系统），虽然这项功能通常是由第二阶段的开机管理程序（Boot Loader）处理的。

3. BIOS 又称固件的原因

由于 BIOS 与硬件系统集成在一起（将 BIOS 程序指令刻录在 IC 中），因此有时也被称为固件。1990 年左右，BIOS 保存在 ROM（只读存储器）中而无法被修改。因为 BIOS 的大小和复杂程度随时间不断增加，并且硬件的更新速度加快，令 BIOS 也必须不断更新以支持新硬件，于是 BIOS 就改为存储在 EEPROM 或者闪存中，让用户可以轻易更新 BIOS。然而，不适当的运行或是终止 BIOS 更新可能导致电脑或是设备无法使用。为了避免 BIOS 损坏，有些新的主板有备份的 BIOS（"双 BIOS"主板）。有些 BIOS 有启动区块，属于只读存储器的一部分，一开始就会被运行且无法被更新。这个程序会在运行 BIOS 前，验证 BIOS 其他部分是否正确无误（经由检查码、凑杂码等）。如果启动区块侦测到主要的 BIOS 已损坏，通常会自动由软盘驱动器启动电脑，让用户可以修复或更新 BIOS。一部分主板会在确定 BIOS 已损坏后自动搜索软盘驱动器检索是否有完整的 BIOS 文件。此时用户可以放入存储 BIOS 文件的软盘（例如，由网上下载的更新版 BIOS 文件，或是自行备份的 BIOS 文件）。启动区块会在找到软盘中存储的 BIOS 文件后自动尝试更新 BIOS，以此修复已损坏的部分。一般硬件制造厂商会经常发出 BIOS 升级来更新它们的产品并修正已知的问题。

4. 各种 BIOS

一台电脑系统可以包含多个 BIOS 固件芯片。最重要的 BIOS 就是主板 BIOS，主要是初始化基本硬件组件（如键盘或软盘驱动器）的代码，使电脑可以开机。额外的适配器（如 SCSI/SATA 硬盘适配器、网络适配器、显卡等）也会包含其自己的 BIOS，补充或取代系统 BIOS 代码中有关这些硬件的部分。为了在开机时找到这些存储器映射的扩充只读存储器，PC BIOS 会扫描物理内存，从 0xC0000 到 0xF0000 的 2 KB 边界中查找 0x55 0xaa 记号，接在其后的是一个位，表示有多少个扩充只读存储器的 512 位区块占据真实存储器空间。接着 BIOS 马上跳跃到指向由扩充只读存储器所接管的地址，以及利用 BIOS 服务提供用户设置接口，注册中断矢量服务供开机后的应用程序使用，或者显示诊断的信息。确切地说，扩展卡上的 ROM 不能称之为 BIOS。它只是一个程序片段，用于初始化自身所在的扩展卡。

5. BIOS 的主要供应商

目前全球只有四家独立的 BIOS 供应商，具体如下。
（1）American Megatrends，美国安迈科技，目前是全球最大的 BIOS 供应商。
（2）Phoenix Technologies，美国凤凰科技。
（3）Insyde Software，中国台湾系微公司。
（4）Byosoft，新兴厂商，中国南京百敖软件公司。
常见的 BIOS 芯片有 Award、AMI、Phoenix、MR 等，在芯片上都能看到厂商的标记。

6. 进入 BIOS 的方法

不同的 BIOS 有不同的进入方法,通常会在开机画面中进行提示。表 3-2 为常见进入 CMOS SETUP 的按键。

表 3-2 常见进入 CMOS SETUP 的按键

BIOS 厂商	进入 SETUP 的按键	BIOS 厂商	进入 SETUP 的按键
AMI	Del 或 ESC	MR	ESC
AWARD	Del	COMPAQ	F10
Phoenix	Ctrl+Alt+S 或 F2		

7. BIOS 常见选择英汉对照表

BIOS 常见选择英汉对照见表 3-3。

表 3-3 BIOS 常见选择英汉对照表

选择内容	含义	选择内容	含义	选择内容	含义
None	无	Auto	自动	Off	关
Enabled	允许	Yes	是	On	开
Disabled	禁止	No	否		

8. BIOS 设置常用操作键

BIOS 设置常用操作键见表 3-4。

表 3-4 BIOS 设置常用操作键

操作键	作用
F1	获取帮助
↑↓	选择设置项目
←→	菜单选择
-/+ 或者 Page Up/Page Down	改变参数值或增加/减少数值
Enter	选择
F9	BIOS 安装值
F10	保存退出

9. 主板 BIOS 报警信号含义

当计算机出现问题不能启动时,机器的带电自检程序 POST 会从 PC 音箱发出一些提示声音,从而帮助判断发生故障的部件。目前主要的 BIOS 有 Award BIOS、AMI BIOS 和 Phoenix BIOS。其响铃代表的含义见表 3-5 ~ 表 3-7。

表 3-5 Award BIOS 响铃

声 音	故障部位
1 声短	系统正常启动
2 声短	常规错误，请进入 CMOS SETUP 重新设置不正确的选项
1 声长 1 声短	内存或主板出错
1 声长 2 声短	显示错误（显示器或显卡）
1 声长 3 声短	键盘控制器错误
1 声长 9 声短	主板 FLASHRAM 或 EPROM 错误（BIOS 损坏）
不断长响	内存插不稳或损坏
一直响	电源、显示器未和显卡连接好
重复短响	电源
无声音无显示	电源

表 3-6 AMI BIOS 响铃

声 音	故障部位
1 声短	内存刷新失败
2 声短	内存 ECC 校验错误
3 声短	系统基本内存（第 1 个 64 KB）检查失败
4 声短	效验时钟出错
5 声短	CPU 错误
6 声短	键盘控制器（8042 芯片第 20 根地址线）出错
7 声短	说明处理器意外中断错误
8 声短	显示内存读 / 写失败
9 声短	ROM BIOS 检验错误
10 声短	CMOS 关机注册读 / 写出错
11 声短	Cache 内存错误
1 声长 3 声短	内存错误（内存损坏，请更换）
1 声长 8 声短	显示测试错误（显示器数据线松动或显示卡插不稳）

表 3–7　Phoenix BIOS 响铃

声　音	故障部位
1 声短	系统正常
3 声短	系统加电自检初始化（POST）失败
1 声短 1 声短 2 声短	主板错误（主板损坏，请更新）
1 声短 1 声短 3 声短	主板电池没电或 CMOS 损坏
1 声短 1 声短 4 声短	ROM BIOS 校验出错
1 声短 2 声短 1 声短	系统时钟有问题
1 声短 2 声短 2 声短	DMA 通道初始化失败
1 声短 2 声短 3 声短	DMA 通道页寄存器出错
1 声短 3 声短 1 声短	内存通道刷新错误（问题范围为所有的内存）
1 声短 3 声短 2 声短	基本内存出错（内存损坏或 RAS 设置错误）
1 声短 3 声短 3 声短	基本内存错误（DIMMO 槽上的内存可能损坏）
1 声短 4 声短 1 声短	基本内存某一地址错误
1 声短 4 声短 2 声短	系统基本内存（第 1 个 64 KB）有奇偶校验错误
1 声短 4 声短 3 声短	EISA 总线时序器错误
1 声短 4 声短 4 声短	EISA NMI 口错误
2 声短 1 声短 1 声短	系统基本内存（第 1 个 64 KB）检验失败
3 声短 1 声短 1 声短	第 1 个 DMA 控制器或寄存器出错
3 声短 1 声短 2 声短	第 2 个 DMA 控制器或寄存器出错
3 声短 1 声短 3 声短	主中断处理寄存器错误
3 声短 1 声短 4 声短	副中断处理寄存器错误
3 声短 2 声短 4 声短	键盘时钟有问题，在 CMOS 中重新设置成 Not Installed 来跳过 POST
3 声短 3 声短 4 声短	显示卡 RAM 出错或无 RAM，不属于致命错误
3 声短 4 声短 2 声短	显示器数据线松动或显卡插槽不稳或显卡损坏
3 声短 4 声短 3 声短	未发现显示卡的 ROM BIOS
4 声短 2 声短 1 声短	系统实时时钟错误
4 声短 2 声短 2 声短	系统启动错误，CMOS 设置不当或 BIOS 损坏
4 声短 2 声短 3 声短	键盘控制器（8042）中的 GateA20 开关有错，BIOS 不能切换到保护模式
4 声短 2 声短 4 声短	保护模式中断错误
4 声短 3 声短 1 声短	内存错误（内存损坏或 RAS 设置错误）
4 声短 3 声短 3 声短	系统第二时钟错误

续表

声　音	故障部位
4 声短 3 声短 4 声短	实时时钟错误
4 声短 4 声短 1 声短	串行口（COM 口、鼠标口）故障
4 声短 4 声短 2 声短	并行口（LPT 口、打印口）错误
4 声短 4 声短 3 声短	数字协处理器（8087、80287、80387、80487）出错

10. 刷新 BIOS 失败的处理

（1）Boot Block 程序正常。Award BIOS 中固化了一个 Boot Block 程序，它一般不会被刷新软件刷新。因此，即使 BIOS 刷新失败，Boot Block 还是能够控制 ISA 显卡与软驱。

首先制作一张系统盘，删去里面的 Config.sys 和 Autoexec.bat，把正确的 BIOS 更新程序和数据文件拷到系统盘中；然后在系统盘中建立 Autoexec.bat，并加入 Awdflash xxx.bin /sn /py（xxx.bin 是 BIOS 数据文件）。其中，/sn /py 参数表示不备份而仅仅更新 BIOS。当刷新失败时，插入此盘重新启动，系统会自动更新 BIOS，等数分钟后再重新启动，一般 BIOS 就可以恢复。

（2）热插拔修复。如果损坏比较严重，连 Boot Block 引导块也一起损坏，可以试用"热插拔"进行修复。当 BIOS 完成 POST 上电自检、系统启动自举程序后，由操作系统接管系统的控制权。完成启动过程后，BIOS 已完成了它的使命，之后它基本是不工作的。

组装与维修人员在修理计算机之前首先放掉身上的静电，找到一台与已坏主板相同型号的主板（以下简称"好主板"），分别拔出两块主板的 BIOS 芯片，然后将好主板的 BIOS 芯片插到已坏主板的 BIOS 插座，注意不能插得太紧，只要引脚能刚刚接触到插座即可。启动电脑，进入纯 DOS 状态，将好 BIOS 芯片拔出，再将坏 BIOS 芯片插到该主板上，进行 BIOS 刷新，问题就可以得到解决。

3.1.3 任务实现

1. BIOS 设置

（1）标准 BIOS 设定包括时间设定、U 盘启动设置、硬盘设置、出错设置。

【Step1】打开计算机电源，如果计算机已经开启，则选择重新启动计算机。

【Step2】进入 BIOS，如图 3-7 所示，按"DEL"进入 CMOS 设置程序，BIOS CMOS 设置主程序界面如图 3-8 所示。

```
Press  F9   to  Select  Booting  Device  after  POST
Press  DEL  to  enter  SETUP
01/19/07-LakePort-6A79HB0HC-00


please press   DEL   to   enter   EFI BIOS   setting
```

图 3-7　开机画面中 CMOS SETUP 的进入提示

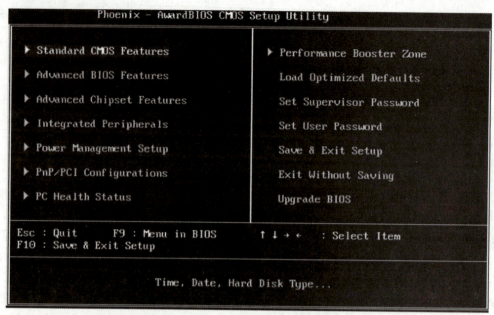

图 3-8　BIOS CMOS 设置主程序界面

【Step3】理解并记忆菜单中的选项。CMOS SETUP 主菜单的功能说明见表 3-8。

表 3-8　CMOS SETUP 主菜单的功能说明

序 号	项 目	含 义
1	Standard CMOS Features	设定标准兼容 BIOS
2	Adavanced BIOS Features	设定 BIOS 的特殊高级功能
3	Adavanced Chipset Features	设定芯片组的特殊高级功能
4	Integrated Peripherals	设定 IDE 驱动器和可变程 I/O 接口
5	Power Management Setup	设定所有与电源管理有关的项目
6	PnP/PCI Configuration	设定即插即用功能及 PCI 选项
7	PC Health Status	对系统硬件进行监控
8	Performance Booter Zone	允许改变 CPU 核心电压和 CPU/PCI 时钟
9	Load Optimized Defaults	加载厂家设定的系统最佳值
10	Set Supervisor Password	设定管理 CMOS 设置的密码
11	Set User Password	设置用户密码，不能更改 CMOS 数据
12	Save & Exit Setup	保存设置并退出设置程序
13	Exit Without Saving	退出设置程序并不保存设置
14	Upgrade BIOS	刷新 BIOS

注：第 8 项建议不要使用，电压和频率设置的不当会对 CPU 或主板造成损坏。

【Step4】选择"Standard CMOS Features"(标准 BIOS 设置),如图 3-9 所示。

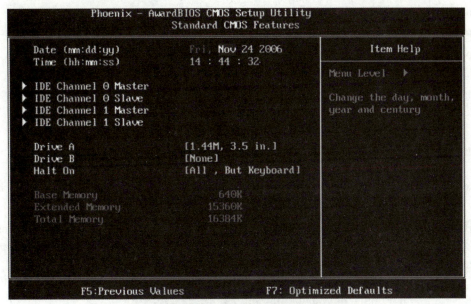

图 3-9 标准 BIOS 设置

【Step5】设定计算机的日期 / 时间。日期的格式是 <day><month><date><year>。

day 星期,从 Sun(星期日)到 Sat.(星期六),用上、下方向键选。

month 月份,从 Jan(一月)到 Dec.(十二月),用上、下方向键选。

date 日期,从 1 到 31,可用数字键修改。

year 年,用户设定年份。

时间格式是 <hour><minute><second>。

hour 小时,从 0 到 11,或从 0 到 23。

minute 分,从 0 到 59。

Second 秒,从 0 到 59。

【Step6】硬盘设置:Primary/Secondary IDE Master/Slave,通常选择 Auto 即可。

【Step7】按"F10"键保存,重新启动计算机系统。

(2)设置光盘 /U 盘启动计算机,目的是用光盘启动计算机安装操作系统或清除计算机病毒。常用的启动项有硬盘、光驱、U 盘软启动等。

【Step1】打开计算机电源,如果计算机已经开启,选择重新启动计算机。

【Step2】进入 BIOS。

【Step3】选择"高级 BIOS 设置"。

【Step4】选择"Boot sequence"项,再选择 CDROM/U 盘作为第一引导计算机的设备。

【Step5】按"F10"键保存,重新启动计算机系统。

【Step6】将启动光盘或 U 盘放入相应驱动器中。

【Step7】观察启动设备启动计算机。

(3)设置 BIOS 密码。如何防止非法用户进入计算机或 BIOS 设置程序,BIOS 设置程序提供了设置计算机开机密码和 BIOS 进入密码的功能。

【Step1】打开计算机电源,如果计算机已经开启,选择重新启动计算机。

【Step2】进入 BIOS。

【Step3】选择"高级 BIOS 设置"。

【Step4】选择"Security Option"项，设置密码的作用范围。密码设置选项见表 3-9，选择 Setup 或 System/Always，按 ESC 返回到主菜单。

表 3-9 密码设置选项

选 项	作 用
Setup	当用户进入 BIOS 设置时，需要密码
System/Always	记住计算机开机密码，如果丢失，一般只能拆下 CMOS 放电

【Step5】选择"Supervisor password / User password"，设定管理员 / 用户密码。屏幕上会提示。

如图 3-10 所示，输入管理员 / 用户密码。输入密码最多为 6 个字符，然后按"Enter"键。现在输入的密码会清除所有以前输入的 CMOS 密码，并要求再次输入密码。再输入一次密码，然后按"Enter"键。另外，可以按"Esc"键，放弃此项选择，不输入密码。

图 3-10 输入密码

要清除密码，只要在弹出输入密码的窗口时按"Enter"键。屏幕会显示一条确认信息，是否禁用密码。一旦密码被禁用，系统重启后，可以不输入密码而直接进入设定程序。

【Step6】按"F10"键保存，重新启动计算机系统。

【Step7】测试开机密码或 BIOS 设置密码的使用。

2. CMOS 放电

如果在计算机中设置了进入口令，而又忘记了这个口令，将无法进入计算机。但是，口令是存储在 CMOS 中的，而 CMOS 必须通电才能保持其中的数据。因此，可以通过对 CMOS 的放电操作使计算机"放弃"对口令的要求。

【Step1】打开机箱。

【Step2】找到主板上的电池，取下电池，此时 CMOS 将因断电而失去内部储存的一切信息。

【Step3】将电池接通，合上机箱并开机，此时密码去掉。

【Step4】进入 BIOS 设置程序。

【Step5】选择主菜单中的"LOAD BIOS DEFAULT"（装入 BIOS 缺省值）或"LOAD SETUP DEFAULT"（装入设置程序缺省值）。

【Step6】按"F10"键保存，重新启动计算机系统。

【注意】

此操作会将 BIOS 设置的参数恢复到厂家设置的初始设置。

3. 解决每次开机总是需要按"F1"键才能进系统

出现这种现象是因为使用者在对 BIOS 进行优化设置后，将第一启动项修改成了软驱

（Floppy），由于使用者没有安装软驱，因此就会出现以上现象。

【Step1】开机后按下"Delete"键，进入 BIOS 设置。

【Step2】更改错误的设置。进入 BIOS 主界面，选择左边第二个选项"Advanced BIOS Features"，选择"First Boot Device"，将第一启动项由"floppy"改为"HDD"或者"CDROM"。

【Step3】保存并进行验证。按"F10"键保存并退出，同时进行验证，如果故障依旧则进入下一步。

【Step4】更换 COMS 电池（可能是 CMOS 电池没电），再次进入 BIOS 设置程序重新进行相关设置。

4. 去掉计算机的开机密码

【Step1】关闭计算机，切断（拔掉）电源线。

【Step2】释放静电。

【Step3】打开机箱。

【Step4】找出清除 CMOS 资料的跳线或找到主板上的电池，取下电池，此时 CMOS 将因断电而失去内部储存的一切信息。

【Step5】将电池接通，合上机箱并开机，此时密码去掉。

【Step6】进入 BIOS 设置程序。

【Step7】选择主菜单中的"LOAD BIOS DEFAULT"（装入 BIOS 缺省值）或"LOAD SETUP DEFAULT"（装入设置程序缺省值）。

【Step8】按"F10"键保存，重新启动计算机系统。

3.2 硬盘分区与格式化

3.2.1 任务分析

全新硬盘（未初始化）装系统之前，必须对其进行分区，硬盘分区初始化的格式包括 MBR 和 GPT 两种。本节的任务主要包括以下几方面。

（1）了解硬盘分区的基本知识。

（2）掌握查看硬盘分区格式的方法。

（3）掌握硬盘空间任意调整的技能。

3.2.2 知识储备

1. 硬盘分区表

硬盘分区表是支持硬盘正常工作的骨架。操作系统正是通过硬盘分区表将硬盘划分为若干个分区的，然后在每个分区创建文件系统，写入数据文件。目前有两种方案，即 MBR 分区表、GPT 分区表。

（1）MBR 分区表：主引导记录（Main Boot Record，MBR）。传统的分区方案（称为 MBR 分区方案）是将分区信息保存到磁盘的第一个扇区（MBR 扇区）中的 64 个字节中，每个分区项占用 16 个字节，这 16 个字节中存有活动状态标志、文件系统标识、起止柱面号、磁头号、扇区号、隐含扇区数目（4 个字节）、分区总扇区数目（4 个字节）等内容。由于 MBR 扇区只有 64 个字节用于分区表，因此只能记录 4 个分区的信息。这就是硬盘主分区数目不能超过 4 个的原因。后来为了支持更多的分区，引入了扩展分区及逻辑分区的概念，但每个分区项仍用 16 个字节存储。

另外，最关键的是 MBR 分区方案无法支持超过 2 TB 容量的磁盘。因为这一方案用 4 个字节存储分区的总扇区数，最大能表示 2 的 32 次方的扇区个数，按每扇区 512 个字节计算，每个分区最大不能超过 2 TB。磁盘容量超过 2 TB 以后，分区的起始位置也就无法表示。由此可见，MBR 分区方案已无法满足需要，于是便有了另外一种方案。

（2）GPT 分区表：全局唯一标识磁盘分区表（GUID Partition Table，GPT）。这是一种由基于 Itanium 计算机中的可扩展固件接口（EFI）使用的磁盘分区架构。与 MBR 分区方法相比，GPT 具有更多的优点，它允许每个磁盘有多达 128 个分区，支持高达 18 EB 的卷大小，允许将主磁盘分区表和备份磁盘分区表用于冗余，还支持唯一的磁盘和分区 ID（GUID）。

与支持最大卷为 2 TB（Terabytes）并且每个磁盘最多有 4 个主分区（或 3 个主分区、1 个扩展分区和无限制的逻辑驱动器）的主引导记录（MBR）磁盘分区的样式相比，GUID 分区表（GPT）磁盘分区样式支持最大卷为 18 EB（Exabytes）（1EB=1 024 PB、1PB=1 024 TB），并且每块磁盘最多有 128 个分区。

在 GPT 分区表的最开头，出于兼容性考虑仍然存储了一份传统的 MBR，用于防止不支持 GPT 的硬盘管理工具错误识别并破坏硬盘中的数据，这个 MBR 也称为"保护 MBR"。另外，GPT 分区磁盘有多余的主要及备份分区表来提高分区数据结构的完整性。

（3）MBR 分区表和 GPT 分区表的区别，见表 3-10。

表 3-10　MBR 分区表和 GPT 分区表的区别

比较项目	MBR 分区表	GPT 分区表
支持分区	主分区（Primary）（最多 4 个，如果有扩展分区，则最多 3 个）；扩展分区（Extended）（最多 1 个）；逻辑分区（Logical）（必须创建在扩展分区内，可以有无数个）	EFI 分区（EFI system partition）（引导分区）；MSR 分区（Microsoft Reserved Partition）（Microsoft 保留分区，是每个在 GUID 分区表上的 Windows 7 以上操作系统都要求的分区。其他操作系统则可以没有）；主分区（Primary）（最多有 128 个）；没有扩展分区和逻辑分区。无论是什么分区表，系统必须安装在主分区上
引导方式	legacy 引导	UEFI 引导（只能建立在 GPT 分区表上）
Windows 系统和引导及分区表的关系	Windows 7、Windows 10	Windows 8、Windows 10

2. 分区的相关概念

（1）物理磁盘：真实的硬盘称为物理磁盘。

（2）逻辑磁盘：分区后使用的 C 磁盘、D 磁盘等，称为逻辑磁盘。一块物理磁盘既可以分割成一块逻辑磁盘，也可以分割成数块逻辑磁盘，可依据需要进行调整。

（3）主分区：主分区（Primary Partition），是在物理磁盘上可以建立的逻辑磁盘的一种。举例来说，如果希望自己的物理磁盘规划成仅有一个 C 磁盘，那整块硬盘的空间就全部分配给主分区使用。

（4）扩展分区：扩展分区（Extended Partition），如果想把一个硬盘分为C、D两块，则可以将硬盘上的一部分空间建立一个主分区（这个主分区变成C磁盘），剩下的空间则建立一个扩展分区。然而，扩展分区还不算是一个可作用的单位，还需要在扩展分区建立逻辑磁盘，操作系统才可以存取其上的内容。例如，如果把扩展分区的空间全部分配给一个逻辑磁盘，那么这个利用扩展分区建立的逻辑磁盘就会变成D磁盘。

【注意】

扩展分区不是一定就分配一个逻辑磁盘，还可以把扩展分区分成几份，变成几个逻辑磁盘。若把扩展分区分配给一个逻辑磁盘，这个逻辑磁盘会变成D。若把扩展分区分成几份，则它们就会变成D、E、F等，尤其要注意扩展分区和其上逻辑磁盘之间的关系是C以外的逻辑磁盘（D、E、F等）是包含在扩展分区的，初学者常会误解。

3. 硬盘分区的原因

一块新硬盘，如果没有经过处理，该硬盘是无法立刻安装系统及储存资料的。因此，硬盘分区的原因主要包括以下几点。

（1）依据个人使用习惯建立合适的启动和空间使用分配，将数据分类，科学规划存储。

（2）安全地存储和管理资源，便于计算机的维护与使用。

（3）安装不同操作系统的需要。

4. 硬盘分区的方法

（1）Fdisk，是DOS和Windows 9X操作系统提供的硬盘空间规划程序，早期使用。

（2）操作系统自带的分区程序——"磁盘管理"。

（3）硬盘分区工具，如Ghost、DM、PQ等分区软件。

5. 常见磁盘分区

常见磁盘分区格式有FAT12、FAT16、FAT32、NTFS、HPFS、Linux、GPT，如表3-11所示。

表3-11 几种分区格式的比较

分区格式	文件分配表	使用操作系统	特　点
FAT12	12位	DOS	管理的磁盘容量极为有限，目前除了软盘驱动器还在采用FAT12之外，其他存储器基本上不用
FAT16	16位	MS-DOS、老版本的Windows 95、Windows 98、Windows NT、Linux等	①管理的磁盘容量最大能支持2 GB的磁盘分区；②磁盘的读取速度较快；③兼容性好；④磁盘利用效率较低
FAT32	32位	Windows 95 OSR2（Windows 97）、Windows 98、Windows 2000	①管理的磁盘容量最大能支持2 000 GB；②不支持磁盘压缩技术
NTFS		Windows NT、Windows 2000、Windows XP、Windows Vista	①安全性及稳定性高；②提供容错结构；③不易产生文件碎片；④最多只能支持128个磁盘分区

续表

分区格式	文件分配表	使用操作系统	特　点
HPFS		OS/2（IBM 使用）	
Linux		Linux	①安全性及稳定性比较好； ②兼容性差
GPT	64 位		①突破了 2.2 T 分区的限制，最大支持 18 EB 的分区； ②理论上 GPT 支持无限个磁盘分区； ③数据更安全，数据损坏可以自行修复

3.2.3　任务实现

1. 查看硬盘分区格式

【Step1】鼠标右击桌面"计算机 / 此电脑"，然后单击"管理"（图 3-11），打开"计算机管理"窗口（图 3-12）。

图 3-11　鼠标右击"计算机 / 此电脑"

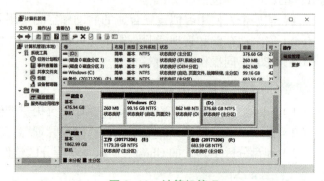

图 3-12　计算机管理

【Step2】在"计算机管理"窗口中单击"磁盘管理"。

【注意】

也可以运行"diskmgmt.msc"打开磁盘管理器。

【Step3】鼠标右击"磁盘 0"（图 3-13），打开"磁盘属性"窗口（图 3-14）。

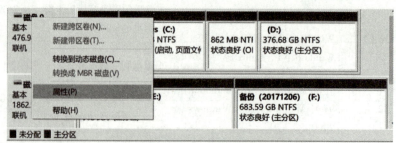

图 3-13　右击磁盘 0

【Step4】鼠标右击"策略"标签，可以看到磁盘分区格式为 GPT（图 3-15）。

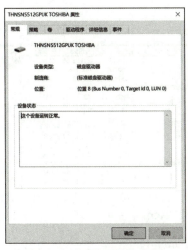

图 3-14 "磁盘属性"窗口

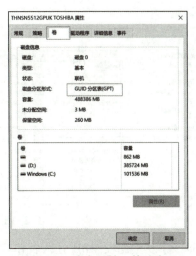

图 3-15 磁盘属性 – 策略窗口

【Step5】按下"Win+R"打开运行,输入"cmd",打开命令提示符;输入"diskpart",按"Enter"键执行,切换到 DISKPART 命令,输入"list disk",按"Enter"键;查看最后一列的 GPT,如果有 * 号则为 GPT,如果没有则为 MBR。硬盘信息窗口如图 3-16 所示。

图 3-16 硬盘信息窗口

2. 观察体验 MBR 分区表和 GPT 分区表的区别

【Step1】鼠标右击桌面"计算机 / 此电脑",然后依次单击"管理 / 磁盘管理",如图 3-17 和图 3-18 所示。

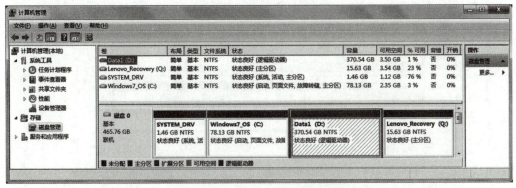

图 3-17 MBR 分区磁盘管理状态

图 3-18　GPT 分区磁盘管理状态

【Step2】观察比较 MBR 分区表和 GPT 分区表的区别。

3. 硬盘空间任意调整的技能

若 E 盘空间不足，如何把 F 盘的多余空间转移到 D 盘上。

【Step1】查看调整前的状态，如图 3-19 所示。

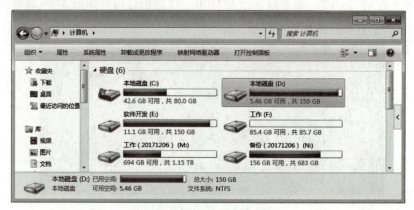

图 3-19　调整前磁盘空间

【Step2】鼠标右击桌面"计算机 / 此电脑"，然后单击"管理"，如图 3-20 所示，打开"计算机管理"窗口，选择 F 盘。

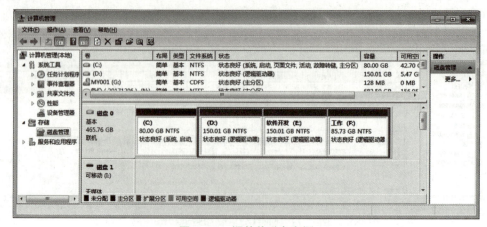

图 3-20　调整前磁盘空间

【Step3】选择想要压缩对应磁盘的分区，如图 3-21 所示，右击"压缩卷"，系统显示如图 3-22 所示。

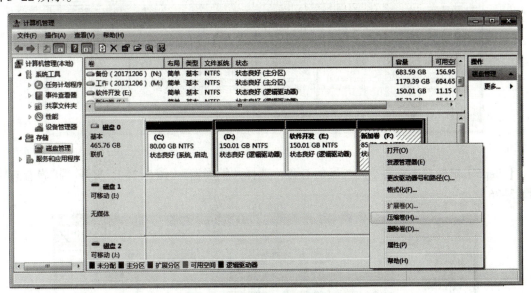

图 3-21　选择可以被调整的空间

图 3-22　查询可以被调整的空间

【Step4】输入可以压缩的空间大小（图 3-23），鼠标单击"确定"，压缩后的空间如图 3-24 所示。

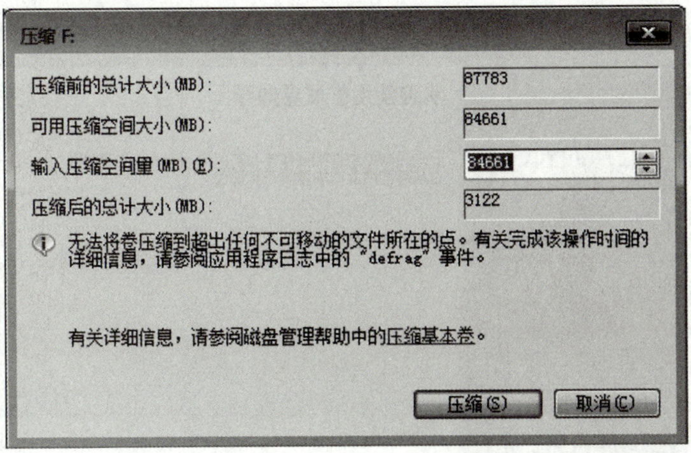

图 3-23　选择压缩后的空间

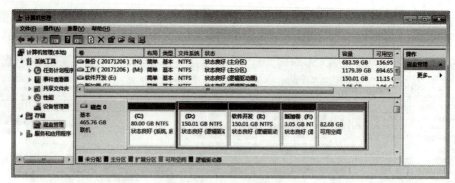

图 3-24 压缩后的空间

【Step5】鼠标右击需要空间扩展的 E 盘，选择"扩展卷"（图 3-25），打开"扩展卷向导"（图 3-26）。

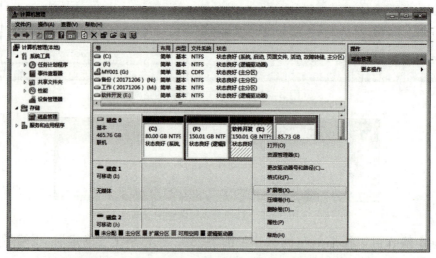

图 3-25 打开需要增加空间的磁盘

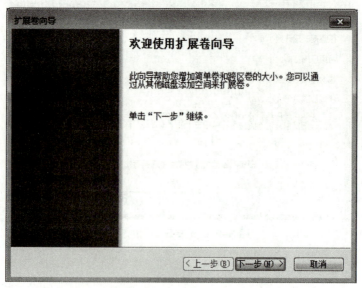

图 3-26 扩展卷向导

【Step6】选择可用空间的磁盘（图 3-27），单击"下一步"，完成扩展（图 3-28）。

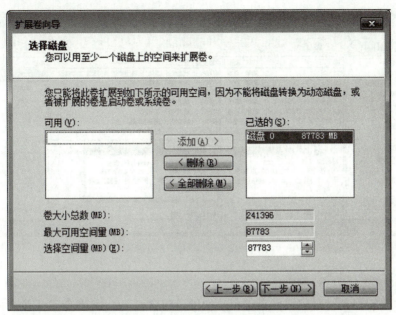

图 3-27 选择可用空间的磁盘

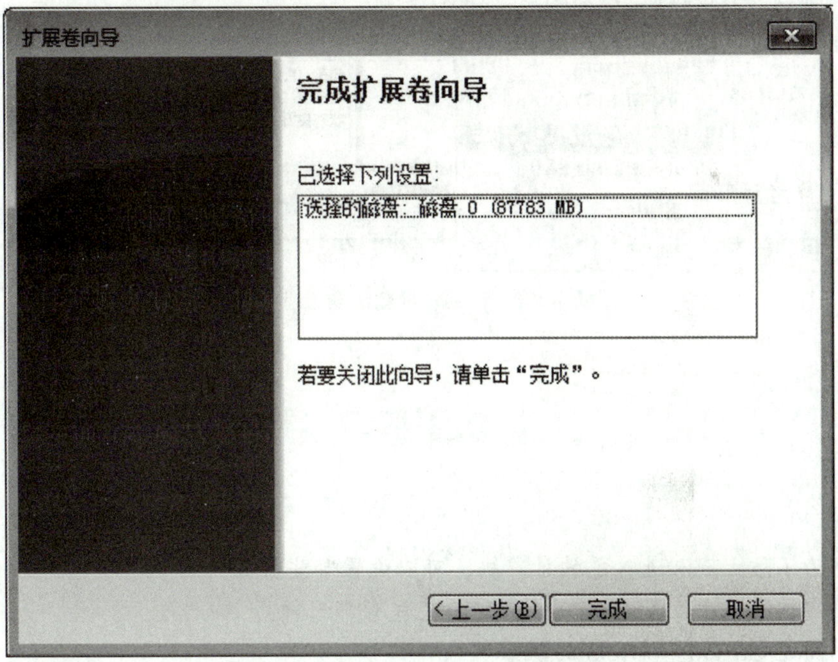

图 3-28 完成扩展卷

【Step7】调整后的空间结果如图 3-29 所示。

图 3-29　调整后的空间结果

4. 注意事项

（1）分区表转换是针对整块硬盘的，一块硬盘包含 C、D、E 盘等若干个分区。
（2）GPT 与 MBR 之间的转换会清空硬盘所有数据，需要转移硬盘数据，注意数据安全。
（3）DiskGenius 专业版（付费软件）支持无损分区表转换。

转换磁盘为"动态磁盘"，如图 3-30 所示。

图 3-30　启用转换到动态磁盘操作

|||||||||||||||||||||||| 巩固练习 ||||||||||||||||||||||||

简答题

（1）为了防止别人进入您的计算机，可以设置哪些密码？
（2）常见的用于设置 CMOS 的 BIOS 芯片有哪三种？
（3）简述 CMOS 和 BIOS 的联系。
（4）列举查出 BIOS 版本的方法。

项目 4

操作系统的安装

■ 安装 Windows

> **知识学习目标**
> 1. 系统安装知识；
> 2. 软件补丁的作用及安装方法。

> **技能实践目标**
> 1. 设置 U 盘启动计算机；
> 2. Windows 的认识与安装过程；
> 3. 操作系统的补丁安装；
> 4. 操作系统优化。

安装Windows

在选择操作系统时，要从自身的应用需求和计算机的硬件配置两个方面进行考虑。

4.1.1 任务分析

操作系统（Operating System）是一组程序，属于系统软件。操作系统是计算机中其他软件运行的基础（平台）。可以说一台计算机要运行就离不开操作系统，一台没有操作系统的计算机称为"裸机"，它是没有任何用处的，不能进行任何操作。因此，本次学习需要完成以下几方面任务。

（1）了解基本的系统安装知识。
（2）安装 Windows XP 操作系统。
（3）安装 Windows 7 操作系统。
（4）安装设备驱动程序。
（5）为操作系统打补丁。

4.1.2 知识储备

1. 系统安装知识

无论什么软件，都要在操作系统上运行，因此操作系统是电脑软件最主要的组成部分。由此可知，操作系统的安装就是计算机组装中的重中之重。由于大部分操作生活系统使用 Windows，因此本项目介绍的操作系统安装就以 Windows 为代表。

（1）安装方式。

①全新安装。如果硬盘上以前没有安装操作系统或者操作系统被删除了，则需要全新安装，一般首先要对操作系统所在分区进行格式化，再进行系统安装，并且安装时间较长。

②升级安装。从老版本的 Windows 升级到新版本的 Windows，这样的安装方式就是升级安装。如果安装合理，日后还可以卸载新的系统并恢复以前的设置。

③覆盖安装。覆盖安装也称修复安装，重新安装硬盘上已存在的同版本的操作系统，一

般用于解决 Windows 的异常问题，称为覆盖安装。如果不是因病毒或软件破坏 Windows 的核心文件导致异常，重装系统后问题会依旧存在。

④自动安装。以上安装方式均需要人工干预。在 Windows 中只需要一个程序即可实现自动安装。可以事先准备好需要填入的各种信息，然后生成一个应答程序，从而实现安装程序自动填写，完成自动安装。

⑤系统克隆安装。为了解决安装缓慢问题，可采用系统克隆安装。系统克隆安装需要借助第三方软件（常用的软件为 Norton Ghost 和 Drive Image），将已经安装好的系统做成镜像保存好之后，需要时只用几分钟就可以恢复。使用系统克隆的方法，被克隆分区上所有资料都会丢失，因此事先需要做好备份。

（2）安装步骤如下。

①运行安装程序。在运行安装程序时，一般是运行 Setup.exe 或者 Install.exe，这个过程中安装程序将为安装过程的后续阶段准备磁盘空间，同时为运行安装向导复制必要的文件，并在内存中创建一个 Windows 的最小版本。

②运行安装向导。在图形化的安装向导中，要求填入姓名、公司等各种相关信息（Windows 9X/ME 系列还会提示制作启动盘），然后开始设置 Windows 的安装路径以及要安装的组件。

③开始安装。收集完基本的相关信息后，安装向导就会开始安装文件。

④完成安装。完成基本的安装后，安装程序将进行一系列的扫尾工作，主要是安装开始菜单项目、注册组件和驱动程序等。

当前 Windows 的安装完全是在图形界面下完成的，并且是中文提示，因此即使是初学者也可以轻松掌握。事实上，Windows 的组件其实就是 Windows 的附带小程序。若想用某个组件或者想删除某个组件，则只需要在"控制面板""添加/删除程序"中进行。进入"添加/删除程序"，选择"Windows 安装程序"页，如果想添加组件，就勾选想添加的组件；如果想删除组件，就勾选删除组件前，将一切都设置完成之后，单击"确定"按钮即可。

2. 操作系统知识

操作系统是微软公司开发的，其版本见表 4-1。

表 4-1 各种 Windows 操作系统对照表

版 本	特 点
Windows 98	16 位 /32 位的图形操作系统
Windows ME	32 位图形操作系统
Windows 2000	32 位图形商业性质的操作系统，四个版本
Windows XP	视窗操作系统，三个版本为 Windows XP Professional x64 Edition、Windows XP Media Center Edition、Windows XP Home Edition
Windows 2003	微软向 .NET 战略进发而迈出的真正的第一步，四个版本为 Windows Server 2003 Standard x64 Edition、Windows Server 2003 Standard Edition、Windows Server 2003 Enterprise x64 Edition、Windows Server 2003

续表

版本		特点
Windows Vista	Home	Windows Vista Home Premium，64 位版本
		Windows Vista Home Premium，32 位版本
		Windows Vista Home Basic，64 位版本
		Windows Vista Home Basic，32 位版本
	Business	Windows Vista Business，64 位版本
		Windows Vista Business，32 位版本
	Enterprise	Windows Vista Enterprise，64 位版本
		Windows Vista Enterprise，32 位版本
Windows 7	Starter	入门版
	Home Basic	家庭普通版
	Home Premium	家庭高级版
	Professional	专业版
	Enterprise	企业版（非零售）
	Ultimate	旗舰版
Windows 10	Home	家庭版
	Professional	专业版
	Enterprise	企业版
	Education	教育版
	Mobile	移动版
	Mobile Enterprise	移动企业版
	Windows 10 Pro for Workstations	专业工作站版
	Windows 10 IoT Core	物联网核心版

（1）Linux。Linux 是业界上升最快的操作系统。作为最具竞争力的企业环境之一，Linux 广泛应用于 Web 应用服务器。Linux 最大的优势在于它的开发模式导致开发成本极低，客户不用花费太多就可以得到服务器级的优质服务，它更大的意义是代表了一种开放性的软件开发与开放模式，并彻底打破了越优秀的软件价格越高这一传统定式。

（2）UNIX。该系统于 1969 年在美国电话电报公司（AT & T）贝尔实验室（Bell Labs）诞生。UNIX 操作系统是 Ken Thompson 和 Dennis Ritchie 于 1974 在《ACM 通讯》中发表的一篇文章中首次提出的，它具有功能强大、系统稳定与开放性高等特点，在许多关键网络和数据应用中得到了广泛的使用。以其优秀的稳定性、对网络良好的支持和众多的网络产品成为许多 ISP 的首选操作系统。

（3）XP 系统知识。从技术上而言，Windows XP 是 Windows 2000 的后一个版本，它同样支持从 Windows 98、Windows 98 SE、Windows ME、Windows 2000 与 Windows NT 4.0 多种系统的升级。Windows XP 基于 Windows NT/2000 引擎，是对 Windows NT/2000 系统内核的更新。

① XP 的含义。XP 代表"Experience"，即体验。

Microsoft 的说明如下：Windows 的以前版本中捆绑的是应用软件，但 Windows XP 则蕴含了丰富的体验。也就是说，通过提供数字照片、数码音乐、家庭网络和 Internet 等众多功能，Windows XP 使使用者切身体验到良好的数字化生活。

② Windows XP 的版本与升级。Windows XP 包括 3 种版本，即家庭版（Home 版，主要供家庭用户使用）、专业版（Professional 版，主要供商业用户使用）、64 位版本（供更大规模的商业应用）。

Windows XP 家庭版是作为 Windows 9X/ME 的升级版本设计的，因此它具有与 Windows ME 相同类型的个人功能；而专业版则功能更加丰富。另外，家庭版只支持 1 个处理器，专业版则支持 2 个。

Windows XP 专业版是所有 32 位 Windows 操作系统的升级版，因此，可以从 Windows 98、Windows 98 SE 和 Windows ME 操作系统直接升级到 Windows XP 家庭版或者专业版。同样，可以将 Windows 2000 专业版和 Windows NT 4.0 工作站版升级到 Windows XP 专业版，但不能升级到 Windows XP 家庭版。

Windows 95、Windows NT 3.51 以及再早一些的 Windows 系统是不能升级到 Windows XP 的。如果要使用 Windows XP，就只能购买一套完整的 Windows XP 版本。

3. 软件补丁

在如今的网络时代，在 Internet 上冲浪、与好友交流时，可能就有人会利用系统的漏洞使用户无法正常连接到 Internet 上，甚至侵入用户的计算机盗取重要文件，对一些分区进行格式化操作。在这种情况下，软件补丁就变得十分重要。

（1）补丁的产生原因。系统设计时往往会产生一些漏洞，为了弥补漏洞而编写的修补程序称为补丁。

（2）补丁的分类。

①系统安全补丁。系统安全补丁主要是指针对操作系统安全问题而编写的修补程序。

补丁案例：在盖茨推出号称“永不死机”的 Windows 2000 展示会上，当盖茨正演说时，显示器上就显示出了死机的画面，后来才发现这是系统漏洞导致的。

因此，微软公司连续推出了各种系统安全补丁，旨在增强系统安全性和稳定性。网上的微软补丁公告如图 4-1 所示。从以上描述中可见漏洞问题的严重和打补丁的重要性。

1 到 15 个公告，共 876　　1　第 1 页，共 59 页

日期	公告号	知识库号	标题	公告等级
2017/3/14	MS17-023	4014329	Adobe Flash Player 安全更新	严重
2017/3/14	MS17-022	4010321	Microsoft XML Core Services 安全更新程序	重要
2017/3/14	MS17-021	4010318	Windows DirectShow 安全更新程序	重要
2017/3/14	MS17-020	3208223	Windows DVD Maker 安全更新程序	重要
2017/3/14	MS17-019	4010320	用于修复信息漏洞的 Active Directory	重要
2017/3/14	MS17-018	4013083	Windows 内核模式驱动程序安全更新程序	重要
2017/3/14	MS17-017	4013081	Windows 内核安全更新	重要
2017/3/14	MS17-016	4013074	Windows IIS 安全更新	重要
2017/3/14	MS17-015	4013242	Microsoft Exchange Server 安全更新	重要
2017/3/14	MS17-014	4013241	Microsoft Office 安全更新	重要
2017/3/14	MS17-013	4013075	Microsoft 图形组件安全更新	严重
2017/3/14	MS17-012	4013078	Microsoft Windows 安全更新程序	重要
2017/3/14	MS17-011	4013076	Microsoft Uniscribe 安全更新程序	重要
2017/3/14	ms17-010	4013389	Security Update for Microsoft Windows SMB Server	严重
2017/3/14	MS17-009	4010319	Microsoft Windows PDF 库安全更新程序	严重

1 到 15 个公告，共 876　　1　第 1 页，共 59 页

图 4-1　网上的微软补丁公告

②程序补丁。程序补丁主要针对操作系统之外的应用程序中存在的漏洞。

③英文汉化补丁。英文汉化补丁是为了一些英文软件（如 ACDSee、Serv-U、Dreamweaver、Flash、ICQ、WinRAR）汉化时产生的漏洞而编写的补丁程序。

④硬件支持补丁。为一些硬件设计时产生的漏洞或软件升级时产生的漏洞而编写的补丁程序称为硬件支持补丁。

例如，主板采用某些 VIA（威盛）芯片组的，一般在安装操作系统之后必须要安装主板四合一补丁，这是因为 VIA 芯片组和一些硬件设备之间的兼容性不好，或者无法将硬件的全部功效完全发挥出来。

又如，随着操作系统从 Windows 9X 升级到 Windows 2000 或者 Windows XP，各种硬件的驱动程序无法实现全部兼容，这就迫使硬件厂商根据操作系统的更新拿出更适合用户使用的补丁程序。

⑤游戏补丁。由于游戏设计时对支撑系统产生的游戏适应性而编写的程序称为游戏补丁。

例如，早期，一些升级 Windows 98 操作系统的游戏玩家发现，Windows 2000/XP 对于游戏的支持远远比不上 Windows 98，如果想在新系统中顺利运行游戏，必须要找到相对应的游戏补丁。

同时，当一款新游戏推出之后，很可能存在一些以前没有在意、没有考虑到的问题，如对某些型号的显卡支持不好、使用某些型号声卡无法在游戏中出声等，这时游戏厂商就会制定更新的补丁程序。

另外，为了扩充游戏的可玩性和真实性，一些游戏高端玩家会针对游戏制作相应的补丁程序，如游戏地图包、游戏外挂练功程序、道具等补丁程序。

总之，如今，无论用计算机编写文档、欣赏音乐、上网冲浪、运行游戏，都不可避免地需要涉及补丁程序。

4. 软件补丁安装注意事项

（1）确认补丁程序的环境。补丁程序根据使用的环境不同，如操作系统的不同、硬件对象的不同等，需针对性地打不同的补丁。

例如，IE 5.01 就不能安装 IE 6 的补丁程序，这样才能够让补丁程序发挥出应有的功能。

（2）如何下载补丁程序。

①注意区分操作系统，目前有很多补丁程序，如 Windows 9X/ 2000/XP/2003/Vista/7/2008，一定要分清楚补丁的功能范围，否则将有可能导致损坏原系统。

②在官方网站下载，以确保得到的补丁程序最安全、完整、无毒。

③尽量不要在线安装，先将补丁下载并保存在存储器中，以防止因为网络故障而中断安装可能出现的故障，因此一般都把补丁程序保存在硬盘中之后再进行安装。

（3）安装补丁前的工作。

获得补丁程序后，不要马上安装使用，由于补丁程序大多会修改一些系统中已有的文件，为防止可能造成的文件损坏，因此安装补丁前最好先进行备份操作。

备份内容应该包括以下两方面内容。

①原先程序的安装目录。通常对于汉化补丁、游戏补丁只需要备份这个目录即可。

②备份系统中相关的 DLL 动态连接库文件，以防止安装补丁程序时覆盖了部分 DLL 文

件而导致系统出现问题。

5. 虚拟内存

虚拟内存是 Windows 为作为内存使用的一部分硬盘空间。虚拟内存在硬盘上其实就是一个硕大无比的文件，其文件名是 PageFile.Sys，通常状态下是不可见的，必须关闭资源管理器对系统文件的保护功能才能看到这个文件。虚拟内存有时也被称为"页面文件"，这一称呼就是从这个文件的文件名中来的。

内存在计算机中的作用很大，电脑中所有运行的程序都需要经过内存来执行，如果执行的程序很大或很多，就会导致内存消耗殆尽。为了解决这个问题，Windows 运用了虚拟内存技术，即拿出一部分硬盘空间充当内存使用，这部分空间被称为虚拟内存，虚拟内存在硬盘上的存在形式就是 PageFile.Sys。

6. Windows 索引服务

Windows 的索引服务在普通硬盘上会让"搜索"功能更快，其方法是保留每个文件各种属性的目录。这样在硬盘上进行搜索就更加容易，因为需要处理的数据量变小，然而用户的固态硬盘比普通硬盘快得多，因此不会从这项服务中受益。

4.1.3 任务实现

1. 安装 Windows XP（完全安装）

【Step1】准备工作。
①备份重要文件。
②阅读软件安装说明书，记录安装密钥。
③将安装光盘放入光驱。
④在 BIOS 中设置光盘引导计算机。

【Step2】光盘引导计算机。将光盘放入光盘驱动器，启动计算机，当屏幕出现如图 4-2 所示的界面，按任意键从 XP 安装光盘启动计算机。

图 4-2　光驱引导按键

【Step3】检测计算机。光盘首先开始检测计算机的系统，如图 4-3 所示，确定系统是否可以安装 XP 系统。

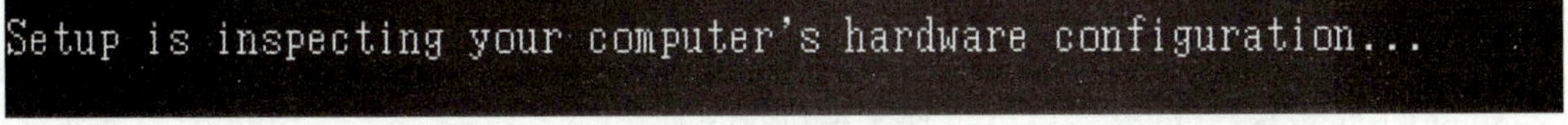

图 4-3　检测计算机

【Step4】安装第三方"SCSI 或 RAID 卡"驱动。如图 4-4 所示，当屏幕底部出现"Press F6…"时，主要是指安装 RAID 或 SCSI 卡时，安装"SCSI 或 RAID 卡"驱动时的选择，否则无法进入下一步安装。

图 4-4 安装 "SCSI 或 RAID 长" 界面

【Step5】加载各种软硬件文件（图 4-5）。

图 4-5 加载文件

【Step6】程序欢迎界面。如图 4-6 所示，出现"欢迎使用安装程序"界面。
①要现在安装 Windows XP，请按"Enter"键。
②要用"恢复控制台"修复 Windows XP 安装，请按"R"。
③要退出安装程序，不安装 Windows XP，请按"F3"键。

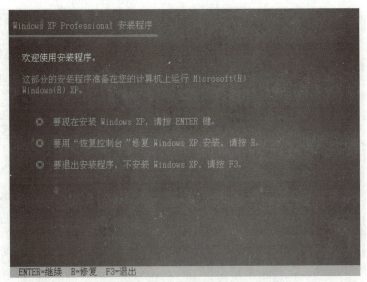

图 4-6 "欢迎使用安装程序"界面

操作选择：按下"Enter"键，继续。

【Step7】阅读许可协议。如图 4-7 所示，阅读许可协议，按"F8"键同意，按"ESC"键不同意。可以通过键盘的翻页键进行翻页浏览协议信息。

操作选择："F8"键。

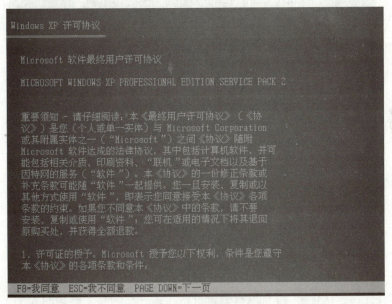

图 4-7 协议窗口

【Step8】磁盘分区。

①初始状态：如图 4-8 所示，磁盘分区——初始状态。

操作提示：确定分区的方案，根据磁盘的实际空间确定分区的数目和分区的大小。目前的磁盘空间为 20 G，计划分 2 个区，其中第一分区为 10 G，剩余空间分配给第二分区。

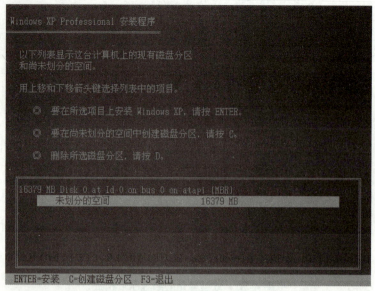

图4-8 磁盘分区——初始状态

②创建磁盘分区：在如图4-8所示的界面中按下"C"键，出现如图4-9所示的界面，设置分区大小。

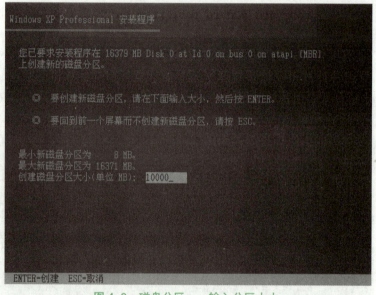

图4-9 磁盘分区——输入分区大小

操作提示：先用"Delete"键将原有磁盘分区（第一次为整个磁盘的大小）大小删除，输入"10 000"，然后按"Enter"键，如图4-10所示，第一分区建立成功，采用同样的方法，将光标移至"未划分的分区"位置按下"C"键，进入分区大小输入界面，不修改剩余空间大小，按下"Enter"键，最后分区成功（图4-11）。

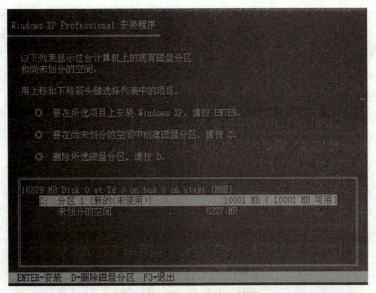

图 4-10 第一分区建立结果

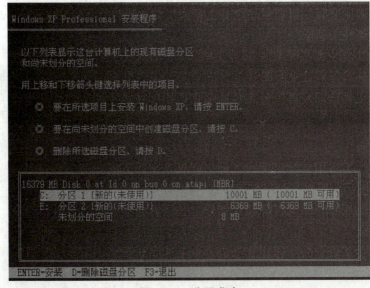

图 4-11 分区成功

如果认为分区不合适，也可以删除，选中需要删除的分区，按下"D"键，根据提示即可删除。

【Step9】开始安装准备。

①安装分区选择。在图 4-11 中选择需要安装 Windows XP 操作系统的分区，按下"Enter"键，开始安装。

②文件系统分区格式选择。如图 4-12 所示，选择分区格式，如果分区未格式化，则需要先选择分区的格式。

操作提示：选择"用 NTFS 文件系统格式化磁盘分区（块）"，按"Enter"键继续。

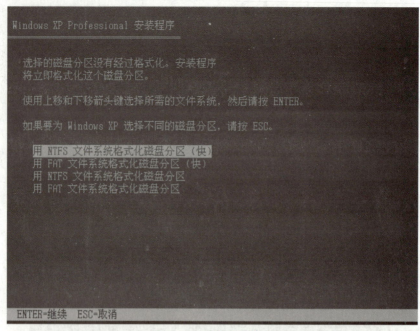

图 4-12　选择分区格式

③格式化磁盘，如图 4-13 所示。

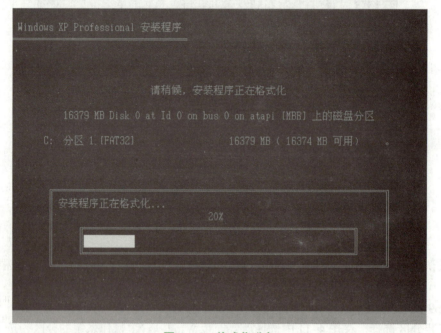

图 4-13　格式化磁盘

④检查安装驱动器。如图 4-14 所示，检查安装驱动器，并创建要复制的文件列表。

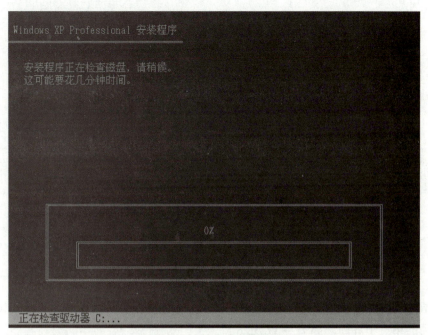

图 4-14 检查安装驱动器

⑤复制文件,如图 4-15 所示。

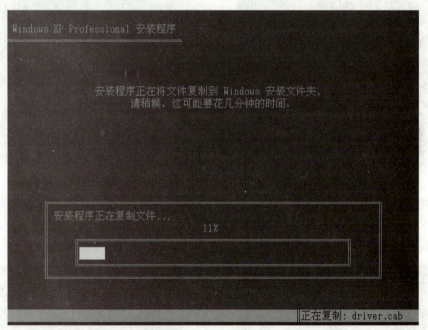

图 4-15 复制文件

⑥ 初始化安装配置。初始化安装配置(图 4-16),加载信息文件,保存配置,并设置启动配置,重新启动计算机,开始图形界面安装。

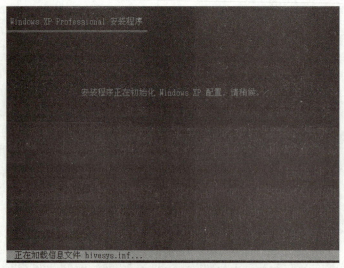

图 4-16 初始化安装配置

【Step10】图形界面安装。重新启动计算机,开始使用图形界面安装 Windows XP。
①启动的第一个界面,如图 4-17 所示。
②安装界面,如图 4-18 所示。

图 4-17 启动的第一个界面

图 4-18 安装界面

③安装向导——检测和安装设备。如图 4-19 所示,安装程序检测和安装设备,如键盘、鼠标、显示器。
④安装网络,如图 4-20 所示。

图 4-19 安装设备

图 4-20 安装网络

⑤配置,如图 4-21 所示。
⑥复制文件,如图 4-22 所示。

图 4-21　配置

图 4-22　复制文件

⑦完成安装,如图 4-23 所示。
⑧安装开始菜单,如图 4-24 所示。

图 4-23　完成安装

图 4-24　安装开始菜单

⑨注册组件,如图 4-25 所示。
⑩保存设置,如图 4-26 所示。

图 4-25　注册组件

图 4-26　保存设置

【Step11】最后的工作。
①删除临时文件,如图 4-27 所示。
②重启计算机,进入系统设置,如图 4-28 所示。

图 4-27 删除临时文件

图 4-28 进入系统设置

③开始设置，如图 4-29 所示。
④设置是否启用自动更新，如图 4-30 所示。

图 4-29 开始设置

图 4-30 设置是否启用自动更新

⑤检查 Internet 连接，如图 4-31 所示。
⑥设置连接到 Internet 的连接方式，如图 4-32 所示，选择"局域网（LAN）"。

图 4-31 检查 Internet 连接

图 4-32 设置连接到 Internet 的连接方式

⑦设置局域网连接信息，如图 4-33 所示。
⑧选择是否与 Microsoft 注册，选择"否，现在不注册"，如图 4-34 所示。

图 4-33 设置局域网连接信息

图 4-34 选择是否与 Microsoft 注册

⑨输入使用本系统用户的名字,如图 4-35 所示。
⑩完成安装,如图 4-36 所示。

图 4-35 输入使用本系统用户的名字

图 4-36 完成安装

2. 安装 Windows XP 补丁程序

补丁程序可以通过官方网站获得。
【Step1】启动计算机进入 Windows XP 系统。
【Step2】选择 "Windows Upadate",进入官方网站或直接从光盘执行光盘安装文件。
【Step3】官方网站提供自动系统补丁探测,根据提示下载,安装即可。
【Step4】重新启动计算机。
【Step5】由于 XP 系统的补丁是发现一个补一个,因此要经常通过官方网站寻找最新的补丁程序,以保证系统的安全性。

3. 备份系统

备份系统便于系统损坏时快速恢复(Windows 7)。
【Step1】单击 "开始" 菜单,打开 "控制面板"。
【Step2】如图 4-37 所示,在 "系统和安全" 选项中,单击 "备份您的计算机"。

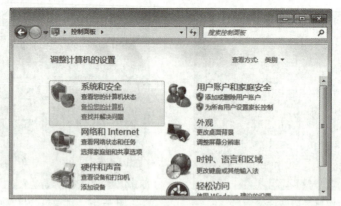

图 4-37 控制面板——备份您的计算机

【Step3】如图 4-38 所示，单击左上角的"创建系统映像"（也可以单击"创建系统修复光盘"）。

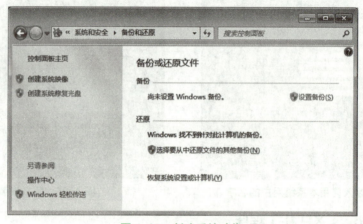

图 4-38 创建系统映像

【Step4】如图 4-39 所示，选择备份位置，可以选择硬盘或 DVD 上。选择"在硬盘上"，出现如图 4-40 所示的选择备份驱动器界面，并选择具体备份的驱动器。

图 4-39 选择备份位置

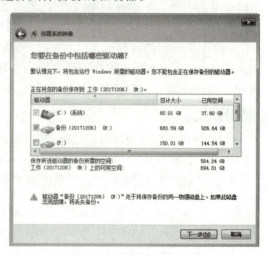

图 4-40 选择备份驱动器

【Step5】如图 4-41 所示，确认备份位置。
【Step6】如图 4-42 所示，开始备份。

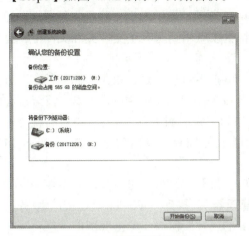

图 4-41　确认备份位置

图 4-42　开始备份

4. 优化操作系统

【Step1】启用 TRIM（Windows 7 和 Windows 8）。如图 4-43 所示，在命令提示符内键入"fsutil behavior query disabledeletenotify"。

图 4-43　启用 TRIM

【Step2】调整分页文件（Windows 7、Windows 8 和 Windows 10）。

Windows 7/10：打开"开始"菜单，右击"计算机"，单击"属性"，单击左侧的"高级系统设置"，单击"高级"标签页，按"设置……"按钮，单击"高级"标签页，最后按"更改……"按钮，打开"虚拟内存"界面，如图 4-44 所示。取消勾选名为"自动管理所有驱动器的分页文件大小"的复选框，然后进行设置，从而使用户的主固态硬盘拥有一个分页文件。对于该驱动器来说，可设置的定制大小最小为 400 MB，最大为 2 048~4 096 MB。完成后，在三个窗口中均按"设置"，然后在提示应用更改时重启。

Windows 8 的调整方法如下：打开"开始"菜单，单击"控制面板"，单击"系统与维护"，单击"系统"，单击左侧的"高级系统设置"，单击"高级"标签页，

图 4-44　设置虚拟内存（Windows10）

按"性能"区中的"设置……"按钮,单击"设置",在"虚拟内存"中按"更改……"按钮。

【Step3】关闭 Windows 索引服务(仅限 Windows 7)。关闭特定驱动器的索引:右击想要关闭服务的驱动器,单击"属性""常规",如图 4-45 所示。取消勾选"除了文件属性,还允许索引此驱动器上文件的内容",单击"应用",将更改应用到所有子文件夹和文件上,完成后单击"确定"。

关闭整个搜索索引服务:打开"开始"菜单,单击"控制面板",单击"卸载程序"链接或"程序和功能"图标,在左上角会有一个"打开或关闭 Windows 功能",单击该链接会弹出一个包含一系列复选框的窗口。窗口上的第二项为"索引服务",用户所要做的就是取消勾选该复选框,然后单击"OK"。用户还可以关闭自己不需要的其他功能,如 Windows 内置的游戏与媒体中心。

【Step4】关闭 Windows 索引服务(Windows 10)。打开"运行"对话框,如图 4-46 所示,输入"Services.msc"单击"确定",打开"服务管理器",找到"Windows Search"服务,如图 4-47 所示,双击该服务项打开"Windows Search 的属性"窗口,单击底部的"停止"按钮停止该服务,然后把中间的"启用类型"设置为"禁用",如图 4-48 所示,单击"确定"。这样就彻底关闭了 Windows 10 索引功能。

图 4-45 关闭特定驱动器的索引服务

图 4-46 运行服务程序

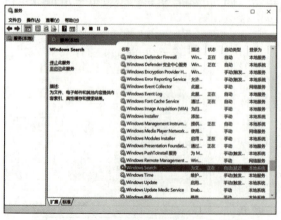

图 4-47 找到"Windows Search"服务

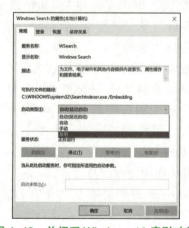

图 4-48 关闭了 Windows 10 索引功能

【Step5】清理临时文件夹,如图 4-49 所示。

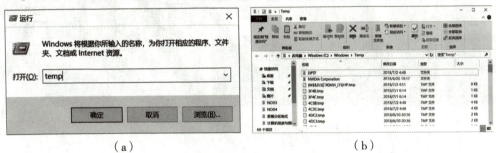

(a)　　　　　　　　　　　　(b)

图 4-49　清理临时文件夹

5. 更新操作系统补丁(Windows 7 和 Windows 8)

【Step1】打开"开始"菜单,单击"控制面板",选择"大图标"显示模式,选择"Windows Update",如图 4-50 所示。

图 4-50　选择 Windows Update

【Step2】单击"检查更新"等待更新结果,如图 4-51 所示。

图 4-51　"Windows Update"界面

【Step3】系统会检测有多少个需要更新的补丁,单击安装即可,一般安装补丁更新需要一些时间,安装完毕后会重启,验证安装即可。

巩固练习

简答题

(1)安装操作系统 Windows 10。

(2)如何激活 Windows 许可证?

(3)分析 U 盘启动盘出现问题的主要原因。

(4)写出 Windows 10 补丁的安装方法。

项目 5

安装驱动程序

■安装驱动程序概述

项目 5　安装驱动程序

> 🔍 **知识学习目标**
> 1. 驱动程序的安装方法；
> 2. 正确理解主板驱动程序的作用。
>
> 🔍 **技能实践目标**
> 1. 主板驱动的安装方法；
> 2. 显卡驱动的安装方法；
> 3. 更新驱动程序的方法；
> 4. 利用第三方软件解决驱动故障的方法。

安装驱动程序概述

计算机在使用过程中会出现一些故障，如突然听不到声音、网络经常掉线、显示不正常等问题。

驱动程序十分重要，出现计算机硬件的运行离不开驱动的支持，驱动程序被喻为"硬件的灵魂""硬件的主宰""神经中枢""硬件和系统之间的桥梁"等。

5.1.1　任务分析

随着电子技术的飞速发展，计算机硬件的性能越来越强大。驱动程序是直接工作在各种硬件设备上的软件（特殊程序），也称为设备驱动程序，"驱动"这个名称也十分形象地指明了它的功能，是操作系统和硬件之间的接口。正是通过驱动程序，各种硬件设备才能正常运行，达到既定的工作效果，图 5-1 为设备管理器窗口。

实践中，接口正常，操作系统才能控制硬件设备的工作，假如某设备的驱动程序未能正确安装，便不能正常工作。在 Windows 系统中，需要安装主板、光驱、显卡、声卡等一套完整的驱动程序，本节任务主要包括以下几方面。

（1）掌握基本驱动程序知识。

（2）掌握设备自带驱动程序的安装，如主板、显卡驱动程序的安装。

（3）利用第三方软件实现的驱动程序的安装，如驱动精灵安装驱动程序。

（4）掌握一般驱动程序故障的解决方法。

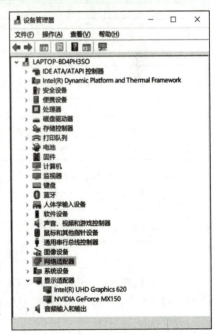

图 5-1　设备管理器

5.1.2 知识储备

1. 常见驱动程序的安装

（1）利用可执行文件安装。很多驱动程序带有 Setup. exe（或 Install.exe 等）文件，可直接执行该文件自动进行安装。

（2）手工安装。手工安装也是很常用的方法。用鼠标右击桌面上的"我的电脑"图标，从弹出的快捷菜单中选"属性"选项，再选"设备管理器"，然后找到需要安装驱动程序的设备，在相应的任务栏中选择需要安装或升级的设备，进行相应的操作即可完成程序安装。

另外，用 Windows 9X "控制面板"中的"添加新硬件"，同上面的方法一样也能很好地完成新硬件的安装。在使用此操作方法时，只需要为系统指明新硬件 .inf 文件的路径，该硬件安装向导即可自行完成驱动的安装。

（3）特别安装法——打印机驱动程序的安装。在计算机中还有一些特别的驱动程序的安装方法，如打印机驱动的安装。

打印机驱动程序需要用以下方法安装：打开"我的电脑"，选择"打印机"选项，再执行"添加打印机"选项，然后按提示选择打印机驱动文件的路径，即可完成对打印机驱动的安装。

2. 驱动程序的安装顺序

驱动程序的安装顺序影响系统的正常稳定运行，没有正确按照顺序安装驱动程序，会造成某些部件的功能错误或系统错误。驱动程序的安装顺序如图 5-2 所示。

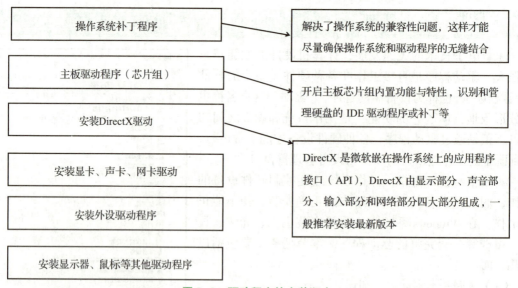

图 5-2　驱动程序的安装顺序

（1）主板驱动程序。主板是所有配件的核心，只有主板正常工作其他部件才可能正常，特别是对 VIA 芯片组的主板来说更要注意安装 VIA 4IN1 的补丁。

（2）DirectX 和操作系统的补丁程序。

（3）显卡、声卡、网卡、调制解调器、SCSI 卡的驱动程序。

（4）外设驱动，如打印机、扫描仪、读写机等驱动程序。

（5）其他驱动，如显示器、鼠标和键盘等。

3. 主板驱动程序安装的注意事项

目前，所有的主板都提供"傻瓜化"安装驱动程序，只要依次用鼠标选择安装项即可。

采用 Intel 芯片组的产品，要求在先安装主板驱动以后才能安装其他驱动程序。因此，一般先安装主板驱动程序后再安装其他驱动程序。Intel 主板驱动为两个文件，并且有安装次序之分：先安装 INF，再安装 IAA。安装 INF 后要重新启动电脑，否则会提示不能安装。

威盛主板驱动程序只需要执行一个安装程序就能全部完成。安装时直接执行安装程序，然后依次单击"下一步"按钮即可，直到系统提示重新启动计算机。

AMD 的处理器需要安装驱动，在 Window XP 下安装 AMD 处理器驱动以后系统性能有一定的提升。

4. 驱动程序的获得

驱动程序一般可通过三种途径得到：一是购买硬件时附带驱动程序；二是操作系统自带大量驱动程序；三是从 Internet 下载驱动程序。最后一种途径往往能够得到最新的驱动程序。

5. 驱动程序存储的位置

驱动程序一般存在 C:\windows\system32\drivers 文件夹下，如图 5-3 所示。

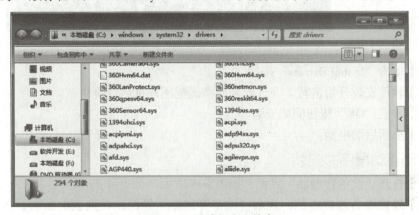

图 5-3 驱动程序文件夹

5.1.3 任务实现

1. 安装主板驱动程序（微星主板，Windows）

【Step1】启动计算机进入 Windows 10。

【Step2】将 MSI 驱动光盘放入计算机光驱中。

【Step3】安装界面将会自动出现，如图 5-4 所示，并且弹出一个对话框列出所有必需的驱动程序。

【Step4】单击"InstALL"按钮。

【Step5】软件安装开始进行。完成安装后将提醒用户重启计算机。

【Step6】单击"OK"按钮完成安装。

【Step7】重新启动电脑。

图 5-4 安装界面

2. 显卡驱动程序安装

【Step1】启动计算机进入 Windows 10。

【Step2】将显卡驱动光盘放入计算机光驱中。

【Step3】安装界面将会自动出现，如图 5-5 所示，并且弹出一个对话框列出所有必需的驱动程序。

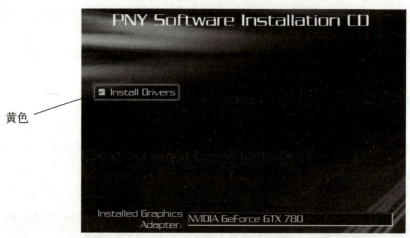

图 5-5　显卡驱动安装界面

【Step4】单击"Install Drivers"按钮。

【Step5】软件安装开始进行。完成安装后将提醒用户重启计算机。

【Step6】单击"OK"按钮完成安装。

【Step7】重新启动电脑。

3. 一般驱动驱动程序的安装

【Step1】打开"设备管理器"界面，如图 5-1 所示。

【Step2】外接设备连接电脑，观察"设备管理器"界面，在列表中出现了一个前面带有黄色图标的设备名（需要对其进行驱动安装）。

【Step3】选中此设备名，然后单击鼠标右键，在弹出的快捷菜单中选择"属性"。

【Step4】选择打开"驱动程序"，然后选择下面的"更新驱动程序选项"。

【Step5】如果连接的是一些大众化的外接设备，并且电脑处在联网的状态，就可以选择"自动搜索更新的驱动程序软件"，然后电脑系统将会通过网络寻找安装相应的驱动程序。

【Step6】如果外接设备本身附带有安装光盘或者文件，用户就可以选择"浏览计算机以查找驱动程序软件"，通过浏览安装文件所在的路径，然后进行安装。

【Step7】还有一种方法是选择"从计算机的设备驱动程序列表中选择"，系统将根据外接设备的类型筛选出与其相兼容的驱动，此时用户可以进行选择安装。

4. 查出自己计算机的驱动程序安装位置

方法一：

【Step1】打开"设备管理器——网络适配器"界面，如图 5-6 所示。

【Step2】选择"设备管理器"并打开相应驱动的设备。例如，查看网卡驱动位置，并选择"网络适配器"选项，选择相应的设备驱动程序。

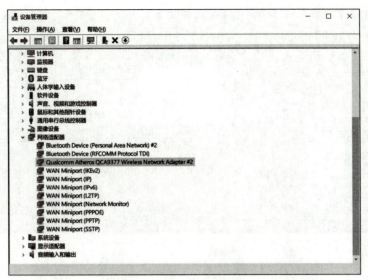

图 5-6 设备管理器——网络适配器

【Step3】选中此设备名，然后右击，在弹出的快捷菜单中选择"属性"，如图 5-7 所示。

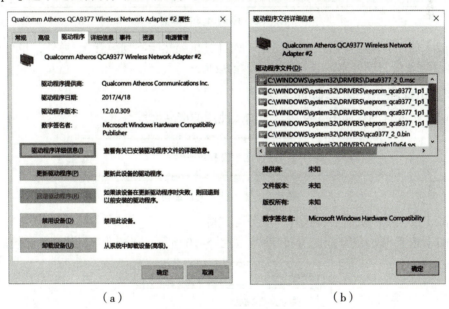

（a）　　　　　　　　　　　　　（b）

图 5-7 驱动程序位置查看

方法二：单击"开始"，在"运行"框中输入 C:\windows\system32\drivers，按"Enter"键。
方法三：打开桌面上的计算机，在地址栏上输入 C:\windows\system32\drivers，按"Enter"键。
方法四：按"Win + R"快捷键，打开运行框，输入"msinfo32"，按"Enter"键。

5. 用第三方软件安装驱动程序（驱动精灵）

【Step1】下载软件。登录官网（http://www.drivergenius.com/），下载软件。

【Step2】安装软件（关闭不必要的选项，可以更改选项，建议关闭一些安全软件，注意一些捆绑软件的安装提示，可以选择不安装）。驱动精灵主界面如图 5-8 所示。

图 5-8 驱动精灵主界面

【Step3】使用驱动精灵解决驱动问题（如计算机突然听不到声音）。另外，也可以选择使用驱动精灵更新最新硬件驱动或修复一些驱动故障。

6. 更新驱动程序——以华硕显卡为例

【Step1】进入官网，如图 5-9 所示，输入使用的产品型号。

图 5-9 输入使用的产品型号

【Step2】进入产品页面后，选择"服务与支持"。

【Step3】选择"驱动程序和工具软件"。如图 5-10 所示，选择计算机的操作系统版本。

图 5-10 选择计算机的操作系统版本

【Step4】如图 5-11 所示，下载所需要的驱动软件。

图 5-11　下载所需要的驱动软件

【Step5】下载完毕后将文件夹解压缩后并打开，双击"Asus Setup"或是"Setup"进行安装。

巩固练习

简答题

（1）简述驱动程序的获得途径。

（2）简述驱动程序的安装顺序。

（3）简述如何取消 Windows 驱动认证（Windows10、Windows XP）。

项目 6

安装应用软件

- 安装常用应用软件
- 安装工具软件

> **🔍 知识学习目标**
> 1. 了解常用软件的安装方法；
> 2. 掌握安装工具软件的方法。

> **🔍 技能实践目标**
> 1. WPS 软件的安装；
> 2. Office 及兼容包的安装；
> 3. 工具软件安装。

6.1 安装常用应用软件

应用软件是为满足用户不同领域、不同问题的应用需求而提供的部分软件。它可以拓宽计算机系统的应用领域，同时放大硬件的功能。

6.1.1 任务分析

常用应用软件很多，其中最主要的有日常办公使用的文字处理软件，如 WPS、Office，其版本很多，功能也不断增多并且便于使用，但这些软件安装中仍有可能会遇到各种问题，尤其是 Office 还存在不同版本软件的兼容问题，因此，本次学习需要完成以下几方面任务。

（1）安装 WPS 软件。
（2）安装 Office 软件。
（3）安装 Office 软件兼容包。

6.1.2 知识储备

1. 应用软件的分类

目前的应用软件有很多，大体上可以分为以下几类。

（1）办公类：主要用于办公室的办公方面，最有影响的就是微软的 Office，还有由中国金山公司推出的 WPS 等。

（2）图像浏览、处理类：图像浏览一般常用的软件为 ACDsee，它支持大部分图片格式。图像处理类中最常用的是 Photoshop，还有 AutoCAD、CorelDRAW、3DS MAX 等。

（3）网上浏览类：一般常用的是微软的 Internet Explorer 和 Netscape Communicator 等。

（4）网络聊天类：如 QQ、微信等。

（5）媒体播放类：用于播放各种音乐、电影等各种文件，如 Real Player、WINAMP、超级解霸、Windows Media Player 等。

（6）翻译类：如有道词典、金山词霸等。

（7）杀毒类：如 360、金山毒霸等。

2. 软件一般安装方法

（1）使用光盘安装应用软件的一般方法。一些大型商业软件安装比较复杂，要改变注册表，并且一般都在光盘上，安装时一般要注意下列问题。

①寻找 Setup、Autorun 或 Install 命令（有的带有加密盘或加密狗）。

②阅读手册或查看 Readme.txt 或执行 Readme.exe，了解该软件的安装方法。

③关于"序列号"或"密码"，一般保存在安装目录下 Serial.txt、password.txt、SN.txt 或 No.txt 等文本文件中；有些光盘的封面上会说明，也有可能在 readme.exe（Readme.txt）中进行说明。

④有些软件不需再安装，直接拷贝即可使用。此类软件的识别方法是：该软件组成都是可执行文件，而不是压缩的原始文件，并且主要命令可以执行。

一般软件的安装大致要经历如下步骤。

a. 将光盘放入光驱，运行安装文件（大多为 Setup.exe）。

b. 输入产品序列号。

c. 接受协议。

d. 选择安装路径。

e. 选择安装规模。

f. 复制文件并重新启动计算机。

g. 有些软件要进行注册和解密（注册和解密方法各不相同，一般在安装说明或 Readme 文件中具体的介绍）。

（2）解压缩安装。解压缩安装主要是指 WinRAR、WinZip 等压缩软件。

（3）克隆恢复安装。为了加快安装速度，系统克隆是最佳选择。这种方法需要借助第三方软件（一般常用的第三方软件是 Norton Ghost 或 Drive Image），具体方法如下：将已经安装好的系统做成镜像保存好，当需要时很快就可以恢复。

【注意】
用系统克隆的安装方法，被克隆分区上所有资料将会丢失，因此要注意数据备份。

（4）直接拷贝安装。

①绿色软件的安装。所谓绿色软件是指功能专一、容量较小的免费共享软件。它们一般只有一个文件，既不会向系统文件夹添加文件，也不会修改注册表。例如，Funlove 专杀工具，这类软件不用安装，只要运行文件即可。

②例如，一些游戏、工具软件均采用直接拷贝的方式进行安装。

3. Office 介绍

Microsoft Office 是微软公司开发的办公自动化软件，一般使用的 Word、Excel 等应用软件都是 Office 的组件。Office 可以作为办公和管理的平台，以提高使用者的工作效率。同时，Office 也是一个庞大的办公软件和工具软件的集合体，为适应全球网络化需要，它融合了最先进的 Internet 技术，具有强大的网络功能；Office 中文版针对汉语的特点，增加了许多中文方面的新功能，如中文断词、添加汉语拼音、中文校对、简繁体转换等。Office 不但是日常工作的重要工具，而且是日常生活中不可缺少的得力助手。

Office 组件主要包括以下几种。

（1）Word：Word 是一款标准的文档编辑软件，使用该软件可以创建和编辑信件、报告或电子邮件中的文本与图形。使用该软件用户也可以对文档内容进行编辑、版面的编排等工作，也可以插入图片、表格后进行图文混编。该软件生产的文档后缀一般为".doc"。

（2）Excel：可以制作电子表格，执行数据计算，分析信息并管理电子表格或 web 页中的列表。

（3）PowerPoint：主要用于创建和编辑电子幻灯片，可以将 web 页、文稿、图片等内容进行编辑，做成可播映的幻灯片，在会议上进行演示。

（4）Access：是微软制作的一款数据库软件，用于创建数据库和程序，进行信息的跟踪管理。

（5）FrontPage：是网络页面（web 页）编辑软件，可以使用该软件建立并管理自己的 web 站点。

（6）Outlook Express：是电子邮件箱，当电脑连接到因特网（Internet）上之后，经过必要的设置，用户可以通过 Outlook 收发电子邮件和管理电子邮件。

4. WPS 介绍

WPS Office 是由金山软件股份有限公司自主研发的一款办公软件套装，可以实现办公软件最常用的文字、表格、演示等多种功能，具有内存占用低、运行速度快、体积小巧、强大插件平台支持、免费提供海量在线存储空间及文档模板等特点。

6.1.3 任务实现

1. 安装 WPS

（1）下载免费 WPS。下载地址：WPS 官网，如图 6-1 所示。

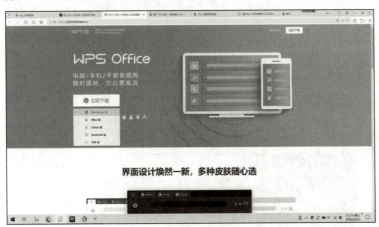

图 6-1　WPS 免费下载页面

（2）安装 WPS 2016。

【Step1】单击安装程序，如图 6-2 所示。

W.P.S.11365.12012.2019.exe　　2022-02-23 21:17　　应用程序　　211,113 KB

图 6-2　安装程序

【Step2】打开安装程序，如图 6-3 所示。

> 【注意】
> 单击【自定义设置】可以重新确定软件的安装位置。

图 6-3　安装设置

【Step3】启动安装，如图 6-3 所示，鼠标单击【立即安装】，如图 6-4 所示，开始安装。

图 6-4　开始安装

【Step4】解除防火墙对捆绑软件的检测，如图 6-5 所示。

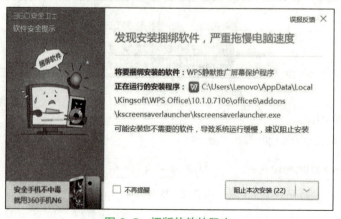

图 6-5　捆版软件的阻止

【Step5】安装成功，启动欢迎使用 WPS Office 界面，如图 6-6 所示。

图 6-6　欢迎界面

（3）WPS 的使用。

【Step1】如图 6-6 所示，单击左侧【点击进入】按钮，如图 6-7 所示【账号登录】界面。关闭【账号登录】界面，选择不登录使用 WPS Office，如图 6-8 所示。

图 6-7　账号登录

【Step2】WPS 文字处理软件界面，如图 6-8 所示。

图 6-8　WPS 文字

【Step3】新建一个空白文档,如图 6-9 所示。

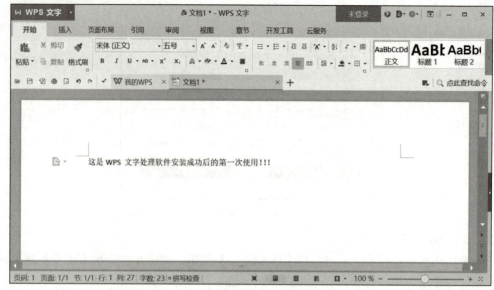

图 6-9　新建一个空白文档

2. 安装 Office 文件格式兼容包（Office 2007）

【Step1】下载兼容包,可以进入百度,输入"Office 文件格式兼容包",可以搜索到很多安装链接,选择其中某一链接,下载兼容包。

【Step2】下载完成以后打开安装包,勾选软件使用条款并单击"Continue"按钮。

【Step3】安装完成以后就可以正常打开"Office 2007"的文档,如 docx、xlsx 等文件类型。

6.2　安装工具软件

工具软件是为了满足计算机用户某类特定需求设计的功能单一的软件,如用户经常用到的解压缩软件和数据恢复软件等。

6.2.1　任务分析

日常工作中,如果文件过大,经常会遇到传递问题,如 E-mail 邮箱附件大小有规定,不能超过一定的数值（如 126 邮箱）。如图 6-10 所示,允许附件最大为 3 G,因此默认"附件"大小超过 3 G 的文件是发不出去的;同样数据的意外丢失也会给用户带来不必要的麻烦,如果文件不小心被误删除、系统被格式化,一张照片要处理,这样的情况下应该如何解决这些问题呢?

其实有很多工具软件就可以解决上述问题,如文件压缩工具软件 WinRAR、数据恢复工具软件、图片处理工具软件等。本次任务主要包括以下几点。

（1）了解工具软件的基本知识。

（2）安装文件压缩管理工具软件。

（3）安装数据恢复软件。

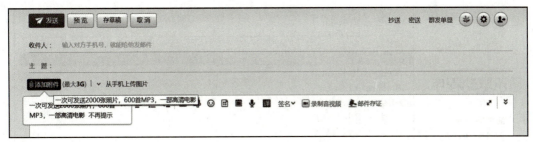

图 6-10　邮件中的附件

6.2.2　知识储备

1. 工具软件的特点

工具软件的特点如下：占用空间较小，功能比较单一，操作方便，更新比较快，并且大部分为免费使用等。

2. 工具软件的分类

工具软件根据其功能一般可分为系统类、图像类、网络类、安全类、游戏类等。

3. 常见工具软件的介绍

（1）WinRAR 介绍。WinRAR 是 Windows 版本的 RAR 压缩文件管理器，一个允许用户创建、管理和控制压缩文件的强大工具能够批量将文件压缩备份，并减少文件的大小；同时可以对压缩文件加密、解压缩文件，分 32 位和 64 位两种。可用于不同的操作系统，如 Windows、Linux、FreeBSD、Mac OS X。

（2）EasyRecovery。EasyRecovery 软件是一款强大的数据恢复软件，该软件主要用于恢复被误删除的文件、误格式化文件和误 Ghost 丢失的文件等，并且可恢复 U 盘、SD 卡 /TF 卡等其他外部设备数据。

【注意】

安装数据恢复软件的安装路径一定要避免安装在需要恢复数据的分区下。在分区中有重要的数据被格式化删除以后，就不要再对分区进行任何有关数据的操作，防止发生数据覆盖影响到恢复。扫描结果的文件存储一定不要存在需要恢复数据的分区上。

4. 软件 32 位和 64 位的区别

（1）就内存的使用而言：32 位系统内存最多为 3.5 GB，64 位操作系统可以超过 4 GB。

（2）就程序运行速度而言：64 位程序的速度更快。

（3）就 CPU 而言：64 位 CPU 只能安装 64 位操作系统，无法安装 32 位的操作系统。

（4）就驱动程序而言：64 位的操作系统也需要 64 位的驱动程序，64&32 显卡驱动下载选择如图 6-11 所示。

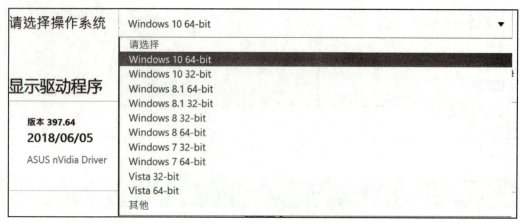

图 6-11　64&32 显卡驱动下载选择

6.2.3　任务实现

1. 安装 WinRAR

【Step1】下载试用版 WinRAR。

下载地址：WinRAR 官网（http://www.winrar.com.cn/），如图 6-22 所示，选择 64 位下载。

图 6-22　下载界面

【Step2】安装 WinRAR。下载成功，单击下载的安装程序后，选择安装文件夹（图 6-13），默认为"C:\Program Files\WinRAR"，阅读安装协议，单击"安装"按钮开始安装。

【Step3】安装选项。可以选择 WinRAR 压缩或解压缩关联的文件、界面和外壳整合设置。如图 6-14 所示，选项选择好之后，单击"确定"按钮完成安装。

图 6-13　安装位置选择

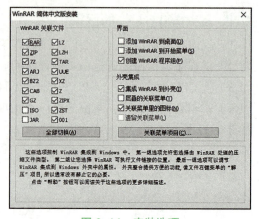

图 6-14　安装选项

2. 安装 EasyRecovery

【Step1】下载 EasyRecovery。如图 6-15 所示,选择"立即下载",将文件存在指定位置。

图 6-15　下载界面

【Step2】安装 EasyRecovery。下载成功,单击下载的安装程序后可以自定义安装,也可以改变安装位置,阅读安装协议,单击"立即安装"按钮开始安装(图 6-16)。安装中界面如图 6-17 所示。

图 6-16　安装位置选择　　　　　　　　　　图 6-17　安装中

【Step3】安装完成。安装完成后单击"立即体验"(图 6-18),打开软件后界面如图 6-19 所示。

图 6-18　安装完成　　　　　　　　　　图 6-19　功能

巩固练习

简答题

（1）简述安装 Office 文件格式兼容包的意义。

（2）动手操作，体验"云存储"，并说明其意义。

项目 7

路由器与网卡

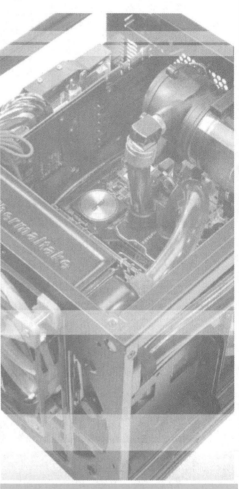

- 路由器
- 网卡

> **知识学习目标**
> 1. 了解网络的接入方式;
> 2. 路由器的基本知识;
> 3. 网卡的基本知识。
>
> **技能实践目标**
> 1. 无线路由器的连接和设置方法;
> 2. 掌握网卡的安装方法;
> 3. 掌握网卡常见故障的解决办法。

7.1 路　由　器

路由器是互联网络的枢纽,是将各种不同网络类型互相连接起来的一种计算机网络设备,如手机、计算机、iPad、打印机、相机上网都能互联互通就是路由器的作用。

7.1.1 任务分析

路由器可以实现宽带共享功能,为局域网内的电脑、手机、笔记本等终端提供有线、无线接入网络,那么无线路由器应如何设置?如何操作?本节主要完成以下几方面任务。

(1)路由器的基本知识与选择。
(2)路由器连接宽带线路与计算机的方法。
(3)使用计算机设置无线网络。
(4)使用手机设置无线网络。
(5)解决路由器指示灯不亮的方法。
(6)输入管理地址后无法登录管理界面的解决思路。

7.1.2 知识储备

1. 路由器的基本知识

(1)概念。路由是指路由器从一个接口上收到数据包,根据数据包的目的地址进行定向并转发到另一个接口的过程。路由工作在 OSI 参考模型的第三层(网络层)。

(2)工作原理。路由器是第三层网络设备,路由器工作在第三层(即网络层),比交换机还要"聪明"一些。路由器能理解数据中的 IP 地址:如果路由器接收到一个数据包,就检查其中的 IP 地址,如果目标地址是本地网络的就不理会,如果是其他网络的就将数据包转发出本地网络。

> 【注意】
> 　　集线器工作在第一层（即物理层），没有智能处理能力，对集线器来说，数据只是电流而已，当一个端口的电流传到集线器中时，集线器只是简单地将电流传送到其他端口，至于其他端口连接的计算机是否接收这些数据，集线器则不再处理。
> 　　交换机工作在第二层（即数据链路层），交换机要比集线器智能一些，对交换机来说，网络上的数据就是 MAC 地址的集合，其能分辨出帧中的源 MAC 地址和目的 MAC 地址，因此可以在任意两个端口之间建立联系，但是交换机并不懂得 IP 地址，交换机仅仅记录了 MAC 地址。

　　路由的作用是确定最佳路径并传输信息。互联网中，从一个节点到另一个节点可能有许多路径。路由器可以选择通畅的最短路径，这就可以大大提高通信速度、减轻网络系统通信负荷，以及节约网络系统资源。

　　（3）路由器的种类。路由器分为普通级、企业级和骨干级等。

　　企业级的路由器是用于连接大型企业内的计算机。与接入路由器相比，企业级路由器支持的网络协议多、速度快，要处理各种局域网类型，支持多种协议，包括 IP、IPX 和 Vine，还要支持防火墙、包过滤，以及大量的管理和安全策略、VLAN（虚拟局域网）。

　　骨干级，只有电信等少数部门才会使用骨干级路由器。互联网由几十个骨干网构成，每个骨干网服务几千个小网络，骨干级路由器实现企业级网络的互联。对骨干级路由器的要求是速度和可靠性，而价格则处于次要地位。硬件可靠性可以采用电话交换网中使用的技术，如热备份、双电源、双数据通路等获得。这些技术对所有骨干路由器来说是必要的。

　　骨干网上的路由器终端系统通常是不能直接访问的，它们用来连接长距离骨干网上的 ISP 和企业网络。互联网的快速发展给骨干网、企业网和接入网都带来了不小的挑战。

2. 路由器的选购

　　（1）带宽多大。理论是越大越好，如 150 M 或 450 M，因此一般会选择带宽较大的，而实际使用中也确实是有差别的。

　　（2）无线开关。有的无线路由器自带无线开关，使用此开关即可开启或关闭无线。当不需要无线功能时，可使用无线开关关闭无线功能。

　　（3）无线信号强度。无线信号强度视情况而定，如果距离较远或障碍物较多，一般选择天线较多的路由器。

　　（4）WDS 功能。目前仍然还有一些无线路由器不支持无线桥接功能，若有此需要，则要注意路由器是否支持无线桥接，即 WDS 功能。同样需要提醒的是，WDS 技术本身有漏洞，了解此漏洞的人可以利用 PIN 码直接破解开启了 WDS 功能的网络。因此，尽可能使用有线（即网线）连接而不要用 WDS 无线桥接。

　　（5）流量控制。某一部分路由器是支持根据 IP 限制流量的，有的甚至支持根据协议等方法限制流量，因此用户在选择时按需要选择合适的即可，建议选购时多看宣传图和说明书。

　　（6）信号增强。某些路由器有无线信号增强功能，如 TP-LINK 的某些型号就有"Turbo"按键这个特殊的功能。

　　（7）家长控制。有的路由器还带有家长控制功能。

3. 无线连接速率下降的原因分析

无线网络设备能够智能地调整传输速率，以适应无线信号强度的变化，以保证无线网络的通畅。若无线连接速率下降建议用户执行以下操作，以恢复原有的传输速率。

第一，查看是否开启了无线网卡的节能模式。在采用节能模式时，无线网卡的发射功率将大大下降，会导致无线信号减弱，从而影响无线网络的传输速率。

第二，查看无线设备之间是否有遮挡物，如果在无线网卡之间，或者无线网卡与无线 AP 之间有遮挡物（特别是金属遮挡物），将严重影响无线信号的传输。另外，建议将无线 AP 置于房间内较高的位置。

第三，查看是否有其他干扰设备。微波炉、无绳电话等设备会对无线传输产生较大的干扰，导致通信速率下降。因为大多数微波炉使用了 2.4 GHz 频段上 14 个 Channel 中的第 7~11Channel，所以对于采用 IEEE 802.11b 协议的无线设备，只要将 Channel 固定为 14（最后一个 Channel）即可。

7.1.3 任务实现

1. 路由器的设置——以 TP-LINK 为例

【Step1】硬件连接。

在路由器普遍使用之前，电脑直接连接宽带上网，当使用路由器共用宽带上网时，则需要用路由器直接连接宽带。根据入户宽带线路的不同，可以分为电话线、网线、光纤三种接入方式，具体如何连接如图 7-1~ 图 7-3 所示。

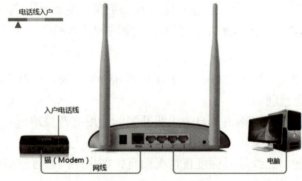

图 7-1 电话线连接

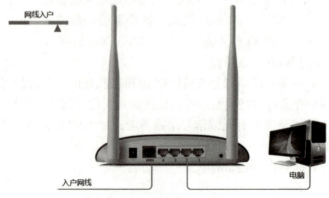

图 7-2 网线用户连接

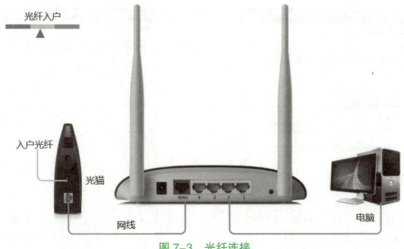

图 7-3 光纤连接

【注意】
宽带线一定要连接到路由器 WAN 口，一般 WAN 口颜色与 LAN 口颜色不同，计算机可以连接 1/2/3/4 任意一个端口。

【Step2】设置为自动获取 IP 地址。

Windows XP 系统有线网卡自动获取 IP 地址的详细设置步骤如下。

第一步：电脑桌面上找到"网上邻居"图标，右击并选择"属性"，如图 7-4 所示。

第二步：弹出"网络连接"对话框后，找到"本地连接"图标，右击并选择"属性"，如图 7-5 所示。

图 7-4 网上邻居"属性"

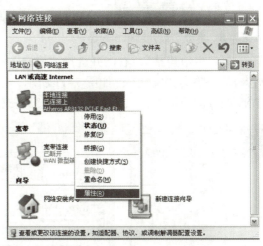

图 7-5 本地连接"属性"

第三步：出现"本地连接属性"对话框后，找到并单击"Internet 协议（TCP/IP）"，单击"属性"，如图 7-6 所示。

第四步：选择"自动获得 IP 地址（O）"和"自动获得 DNS 服务器地址（B）"，单击"确定"，如图 7-7 所示。

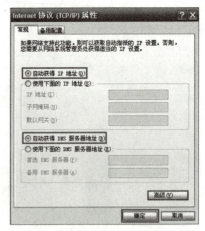

图 7-6 本地连接属性　　　　　　　　图 7-7 Internet 协议（TCP/IP）属性

Windows 7 系统有线网卡自动获取 IP 地址的步骤如下。

第一步：鼠标单击电脑桌面右下角小计算机图标，在弹出的对话框中单击"打开网络和共享中心"，如图 7-8 所示。

第二步：弹出"网络和共享中心"界面，单击"更改适配器设置"，如图 7-9 所示。

图 7-8 单击"打开网络和共享中心"　　　　图 7-9 更改适配器设置

第三步："本地连接"，右击并选择"属性"；如图 7-10 所示，单击"Internet 协议版本 4（TCP/IPv4）"，单击"属性"；如图 7-11 所示，依次选择"自动获得 IP 地址（O）"和"自动获得 DNS 服务器地址（B）"，单击"确定"，完成设置。

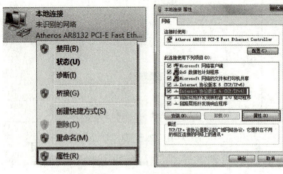

图 7-10 本地连接属性　　　　　　　　图 7-11 设置自动获取

Windows 8 系统有线网卡自动获取 IP 地址的步骤如下。

第一步：进入 Windows 8 系统的经典桌面，在电脑桌面右下角找到网络图标，右击并选择"打开网络和共享中心"；弹出"网络和共享中心"的界面，单击"更改适配器设置"；打开"更改适配器设置"后，找到"以太网"，右击并选择"属性"；找到并单击"Internet 协议版本 4（TCP/IPv4）"，单击"属性"；选择"自动获得 IP 地址（O）"和"自动获得 DNS 服务器地址（B）"，单击"确定"，完成设置。

【Step3】验证是否为自动获取 IP 地址。

如图 7-12 和图 7-13 所示，找到"本地连接"，右击并选择"状态"，选择"支持"，确认地址类型为"通过 DHCP 指派"，单击"详细信息"。如图 7-14 所示，从详细信息列表中可看到电脑自动获取到的 IP 地址、默认网关、DNS 服务器等参数，表明电脑自动获取 IP 地址成功。

图 7-12 本地连接"状态"

图 7-13 本地连接"状态"—"支持"

图 7-14 网络连接详细信息

连接好无线路由器后，在浏览器输入路由器上的地址，一般为 192.168.1.1（如果用户是用电话线上网那就要多准备一个调制调解器，俗称"猫"）。

【Step4】登录管理界面。

①输入路由器管理地址。打开 IE 浏览器，清空地址栏并输入路由器管理 IP 地址（192.168.1.1 或 tplogin.cn），如图 7-15 所示，按"Enter"键弹出登录框。

图 7-15 路由器管理 IP 地址

【注意】

部分路由器使用 tplogin.cn 登录，路由器的具体管理地址建议在壳体背面的标贴上查看。

②登录管理界面。初次进入路由器管理界面，为了保障用户的设备安全，需要设置管理路由器的密码，应根据界面提示进行设置，如图 7-16 所示。

【注意】

部分路由器需要输入管理用户名、密码，均输入 admin 即可。

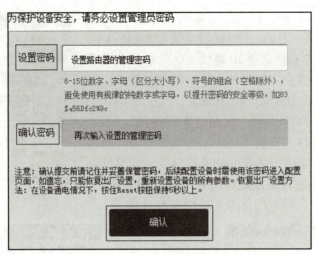

图 7-16　设置管理员密码

【Step5】设置路由器。

进入后会看到输入相应的账号和密码，一般新的路由器都是 admin。

2. 路由器接口指示灯不亮的解决

【Step1】观察指示灯的位置，如图 7-17 所示。

> 【注意】
> 部分路由器的指示灯在网线接口左上角。

【Step2】排查连接对应接口的网线接口是否松动。
【Step3】对更换连接对应接口的网线进行测试。
【Step4】更换其他接口，测试是否正常。
【Step5】使用其他电脑（网络设备）连接该接口，测试是否正常。
【Step6】使用网线将 LAN 口与 WAN 口直接相连，测试指示灯是否正常，如图 7-18 所示。

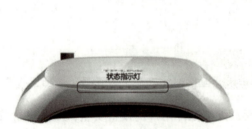

图 7-17　指示灯位置图

图 7-18　LAN 口与 WAN 口直接相连

如果通过以上测试，对应接口指示灯依旧不正常，则可以判断为接口硬件问题。

3. 输入管理地址后，无法登录管理界面的解决

在浏览器地址栏输入路由器的管理地址后无法显示管理页面，或者输入管理密码后无法显示页面，如图 7-19 所示，解决这一问题的步骤如下。

图 7-19　无法登录管理界面

【Step1】检查连接。

①检查物理连接（通过网线连接）是否正常，如图 7-20 所示，确保路由器对应接口的指示灯亮起。

图 7-20　检查物理连接

②检查无线连接（建议选择）是否正常。无线终端需要连接上路由器的无线信号。出厂设置时，路由器默认信号为 TP-LINK_××××，没有加密。如果已修改过无线信号，连接修改后的信号即可。

【注意】
　　如果搜索不到无线路由器的信号，建议复位路由器。

【Step2】检查 IP 地址是否设置为自动获取。

【Step3】检查登录路由器地址。不同路由器的管理地址可能不同，一般可以通过查看说明书或路由器壳体底部的标贴获取，如图 7-21 所示，然后打开浏览器，清空地址栏并输入对应管理地址，如图 7-22 所示。

图 7-21　路由器壳体底部的标贴

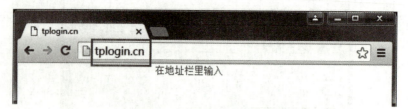

图 7-22 输入管理地址

> 【注意】
> 字母均为小写,输入的点切勿输入成句号。

【Step4】检查登录密码。注意用户名和密码输入正确。

> 【注意】
> 如果忘记了设置或修改后的管理密码,请将路由器恢复出厂设置。

图 7-23 手机登录

【Step5】更换浏览器尝试。可以尝试更换搜狗、360 浏览器、QQ 浏览器等尝试登录。

【Step6】尝试用手机登录,如图 7-23 所示。

【Step7】复位路由器,如图 7-24 所示,无线路由器复位键有两种类型,即 Reset 按钮和 Reset 小孔。复位方法如下:通电状态下,使用回形针、笔尖等尖状物按住 Reset 按钮 5~8 s,当系统状态指示灯快闪 5 次后,再松开 Reset 按钮。

> 【注意】
> 部分无线路由器的 QSS 与 Reset 共用一个按钮。

Reset 按钮   Reset 小孔

图 7-24 复位路由器

7.2 网 卡

网卡是计算机进入网络的设备之一,十分重要。

7.2.1 任务分析

关于网卡,完成以下任务。

(1)了解网卡的基本知识。

(2)掌握网卡 MAC 地址的查找方法。

（3）掌握制作双绞线的技能。

7.2.2 知识储备

1. 网卡基础知识

（1）网卡的概念。网卡（图7-25）是网络接口卡 NIC（Network Interface Card）的简称，又称网络适配器，是物理上连接计算机与网络的硬件设备，是局域网最基本的组成部分之一，也是目前家庭宽带上网用户必备的设备之一。

网卡插在电脑的主板扩展槽中，通过网线（如双绞线、同轴电缆）与网络共享资源、交换数据。

图7-25 网卡

网卡主要完成两大功能：一是读入通过网络传输过来的数据包，经过拆包，将其变成电脑可以识别的数据，并将数据传输到所需设备中；二是将电脑需要发送的数据打包后输送至网络。

（2）网卡的分类。

①按网络划分。网卡的种类与相应的网络有一定的联系，目前的网络有 ATM 网、令牌环网和以太网之分，它们分别采用各自的网卡，因此网卡也有 ATM 网卡、令牌环网网卡和以太网网卡之分。由于以太网的连接比较简单，使用和维护起来都比较容易，因此目前市面上的网卡也以以太网网卡居多。家庭上网使用的网卡即为以太网网卡。

②按传输速率划分。网卡除了按网络类型划分外，还可以按其传输速率（即其支持的带宽）分为 10 M、100 M、10/100 M 自适应及千兆（1 000 M）网卡，目前使用的以 10 M 和 10/100 M 自适应两种网卡居多。

如果只是一般的网络用户，如家庭、网吧、中小型企业和相关公司办公应用等，推荐选用 10M/100M 自适应网卡。

③按总线划分。网卡按主板上的总线类型不同，可分为 ISA、PCI 等接口类型。目前 ISA 接口的网卡已基本淘汰，主流网卡是理论带宽为 32 位 133 M 的 PCI 网卡。PCI 网卡的另一好处是比 ISA 网卡的兼容性好，能较好地支持即插即用功能。由于 PCI 总线是以后的发展方向，并且在价格上与 ISA 网卡的差距越来越小，因此一般推荐优先考虑 PCI 网卡。

④按接口类型划分。按其连线的插口类型不同可分为 RJ45 水晶口（即通常说的方口）、BNC 细缆口（即通常说的圆口）、AUI 粗缆口三类以及综合这几种插口类型于一身的 2 合 1、3 合 1 网卡，如 TP 口（BNC ＋ AUI）、IPC 口（RJ45 ＋ BNC）、Combo 口（RJ45 ＋ AUI ＋ BNC）等。接口的选择与网络布线形式有关，RJ45 插口是采用 10Baset 双绞线网络的接口类型，而 BNC 接头则是采用 10Base-2 同轴电缆的接口类型，它与带有螺旋凹槽的同轴电缆上的金属接头相连，如 T 型头等。

⑤按应用场合划分。按网卡的应用场合不同可分为工作站网卡（含有盘和无盘站）、服务器专用网卡、笔记本专用网卡和 USB 接口网卡等。

2. 协议知识

（1）协议的概念。网络协议（Protocol）是一种特殊的软件，是计算机网络实现其功能的最基本机制。网络协议的本质是规则，即各种硬件和软件必须共同遵循的守则。网络协议并不是一套单独的软件,它融合于其他所有的软件系统中,因此,协议在网络中无所不在。网络协议遍及 OSI 通信模型的各个层次,从 TCP/IP、HTTP、FTP 协议,到 OSPF、IGP 等协议,有上千种之多。对于普通用户而言,只需要了解其通信原理即可。在实际管理中,底层通信协议一般会自动工作,不需要人工干预。但是第三层以上的协议经常需要人工干预,如 TCP/IP 协议就需要人工配置它才能正常工作。

(2) TCP/IP 协议。TCP/IP 协议用于同广域网的连接,是三大协议(TCP/IP、IPX/SPX、NetBEUI)中最重要的一个,作为互联网的基础协议,没有它根本不可能实现上网功能,任何与互联网有关的操作都离不开 TCP/IP 协议。

TCP 称为传输控制协议,IP 称为网际协议。局域网的互联是全球信息网的基础,在 Internet 中有很多的区域网、局域网和众多的个人计算机,使用不同的操作系统,这就要通过 TCP/IP 协议实现相互连接。TCP/IP 协议是这三种协议中配置最烦琐的一个,若仅仅是单机上网,设置则相对简单,而通过局域网访问互联网,就要详细设置 IP 地址、网关、子网掩码、DNS 服务器等参数。

(3) IPX/SPX 协议。IPX/SPX 协议是 Novell 公司开发的专用于 NetWare 网络中的协议,用于网络服务器和工作站之间的数据传输。某些游戏支持 IPX/SPX 协议,虽然这些游戏通过 TCP/IP 协议也能联机,但还是通过 IPX/SPX 协议更方便联机。除此之外,IPX/SPX 协议在局域网络中的用途并不是很大,如果不在局域网中进行联机游戏,那么该协议的作用微乎其微。

(4) NetBEUI 协议。NetBEUI 协议是 IBM 公司于 1985 年开发的,是微软所有通信协议的基础,其特点是小巧快速,占用内存小,通信效率高,并且安装不需要进行设置,适合在"网上邻居"中传送数据。一般除了 TCP/IP 协议之外,局域网的计算机也会安装 NetBEUI 协议。

3. 网线制作知识

制作双绞网线有两个标准,即 T568A 和 T568B,在实际应用中,大多数使用 T568B 标准,通常认为该标准对电磁干扰的屏蔽更好。

T568A 8 根线的颜色分别是白绿、绿、白橙、蓝、白蓝、橙、白棕、棕;T568B 8 根线的颜色分别是白橙、橙、白绿、蓝、白蓝、绿、白棕、棕。

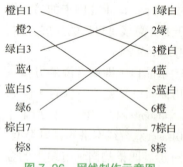

图 7-26 网线制作示意图

如果用户需要制作直接连接网卡的直连或 Hub 级(无 UPLINK 口时)联网线时,需要将一头网线的 1 和 3、2 和 6 两组线对调。也就是另一头的顺序是 1. 绿白、2. 绿、3. 橙白、4. 蓝、5. 蓝白、6. 橙、7. 棕白、8. 棕,网线制作示意图如图 7-26 所示。

4. MAC 地址

MAC(Medium/Media Access Control)地址,用于表示互联网上每个站点的标识符,每台上网计算机都有一个全世界唯一网卡物理地址,被称为 MAC 地址。MAC 地址一般采用十六进制数表示,共 6 个字节(48 位)。其中,前三个字节是由 IEEE 的注册管理机构 RA 负责给不同厂家分配的代码(高位 24 位),也称为"编制唯一标识符"(Organizationally Unique Identifier),后三个字节(低位 24 位)由各厂家自行指派给生产的适配器接口,称为扩展标识符(唯一性)。一个地址块可以生成 224 个不同的地址。MAC 地址实际上就是适配器地址或适配器标识符 EUI-48。

5. IP 地址

由于 MAC 地址长、难以记忆、含义不清，因此每台计算机的物理地址无法修改。这样就诞生了逻辑地址——IP 地址的产生。所有的 IP 地址都由国际组织 NIC（Network Information Center）负责统一分配，目前全世界共有三个此类的网络信息中心：① InterNIC，负责美国及其他地区；② APNIC，负责亚太地区；③ ENIC，负责欧洲地区。

6. Ping 命令的使用

Ping 命令是判断网络故障的命令。

命令格式：Ping IP 地址或主机名 [–t] [–a] [–n count] [–l size]。

参数含义：–t 表示不停地向目标主机发送数据；–a 表示以 IP 地址格式显示目标主机的网络地址；–n count 表示指定要 Ping 多少次，具体次数由 count 指定；–l size 表示指定发送到目标主机的数据包的大小。

7.2.3 任务实现

1. 用 DOS 命令查看网卡 MAC 地址

【Step1】打开 DOS 命令窗口。

① 如图 7-27 所示，快捷方式"WIN+R"打开"运行"窗口，在对话框内输入"CMD"。WIN 为键盘上和开始键相同图标的按键。

② 单击"开始"菜单，在"搜索程序和文件"输入框，输入"CMD"（找到进入 DOS 命令的 CMD 程序），然后按"Enter"键。

【Step2】在 DOS 命令窗口输入命令 ipconfig/all，按"Enter"键，如图 7-28 所示。网卡的物理地址信息，如图 7-29 所示。

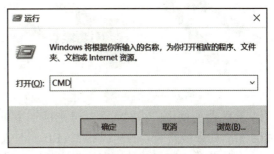

图 7-27 运行窗口

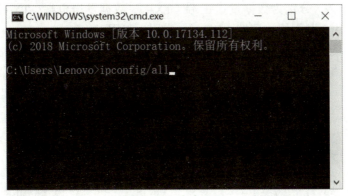

图 7-28 命令窗口

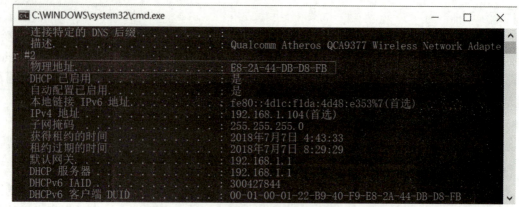

图 7-29　网卡的物理地址信息

2. 制作联网双绞线

【Step1】认识双绞线制作和测试工具。网线压线钳，如图 7-30 所示，剥线刀，如图 7-31 所示，测试仪，如图 7-32 所示。

图 7-30　网线压线钳　　　　图 7-31　剥线刀　　　　图 7-32　测试仪

测线器的使用：将网线两端分别插入主机和子机的接口内，打开主机的电源开关，观察指示灯；如果线路两端的测线器的 LED 同时发光，则说明线路正常；如果有一段测线器不亮，则说明线路没有打好，使用者将很快了解是线路的哪一端出了问题。

【Step2】认识 RJ45 水晶头。RJ45 水晶头外观如图 7-33 所示，水晶头从右至左依次为 8 个电口引脚定义，分别为数据发送正端（TX+）、数据发送负端（TX-）、数据接收正端（RX+）、未用、未用、数据接收负端（RX-）、未用、未用。

【Step3】认识双绞线。网线针对水晶头设计，4 对双绞线分别对应水晶头的 8 个接线端，颜色分别为绿、白绿、橙、白橙、蓝、白蓝、棕、白棕，成对出现，相互缠绕，如图 7-34 所示。

　　　　　　　　　　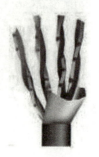

图 7-33　RJ45 水晶头　　　　　　　　图 7-34　双绞线

【Step4】了解做线标准。最常使用的布线标准有两个,即 T568A 标准和 T568B 标准。T568A/568B 如图 7-35 所示。

T568A 标准描述的线序从左到右依次为 1—白绿、2—绿、3—白橙、4—蓝、5—白蓝、6—橙、7—白棕、8—棕。

T568B 标准描述的线序从左到右依次为 1—白橙、2—橙、3—白绿、4—蓝、5—白蓝、6—绿、7—白棕、8—棕。

在网络施工中,建议使用 T568B 标准。当然,对于一般的布线系统工程,T568A 也同样适用。网线两头一般保证标准一致。

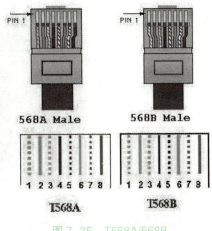

图 7-35　T568A/568B

【Step5】做线。

①剪断。利用剥线刀剪取适当长度的网线。

②剥线。旋转剥线刀,剥开线皮,剥线尺寸为 1.5 cm 左右。

③理线。理线就是把剥好的双绞线的 8 根线芯按照 EIA/TIA568B 规格左起:白橙—橙—白绿—蓝—白蓝—绿—白棕—棕,将 8 根细导线一一拆开、理顺、捋直,然后按照规定的线序排列整齐。

④剪齐。长度为 1.2 cm 左右,把线尽量押直(不要缠绕),压平(不要重叠),挤紧理顺(朝一个方向紧靠),用压线钳把线头剪平齐。

⑤插入。一手以拇指和中指捏住水晶头,使有塑料弹片的一侧向下,针脚一方朝向远离自己的方向,并用食指抵住;另一手捏住双绞线外面的胶皮,缓缓用力将 8 根导线同时沿 RJ45 头内的 8 个线槽插入,一直插到线槽的顶端;水晶头接头处,双绞线的外保护层需要插入水晶头 5 mm 以上,而不能在接头外。

这样做的目的是当双绞线受到外界的拉力时受力的是整个电缆,否则受力的是双绞线内部线芯和接头连接的金属部分,容易造成脱落。

⑥压线。压线就是把排列并剪好的双绞线压入水晶头的过程。

确认所有导线都到位,并仔细对水晶头检查一遍线序无误;将 RJ45 头从无牙的一侧推入压线钳夹槽后,用力握紧线钳,将突出在外面的针脚全部压入水晶头内。

制作双绞线的另一头只需重复以上步骤即可。

⑦测试。双绞线制作完成后,为了验证其连通性的好坏,需要使用测线器进行测试。如果线路两端的测线器的 LED 同时发光,则说明线路正常;如果有一端测线器的 LED 不亮,则说明线路没有打好,使用者可以很快了解到是线路的哪一端存在问题。

3. 检测网络故障命令 Ping 的使用

【Step1】验证 TCP/IP 协议是否正确加载。

如图 7-36 所示,输入:Ping 127.0.0.1。其中,127.0.0.1 称为回送地址。

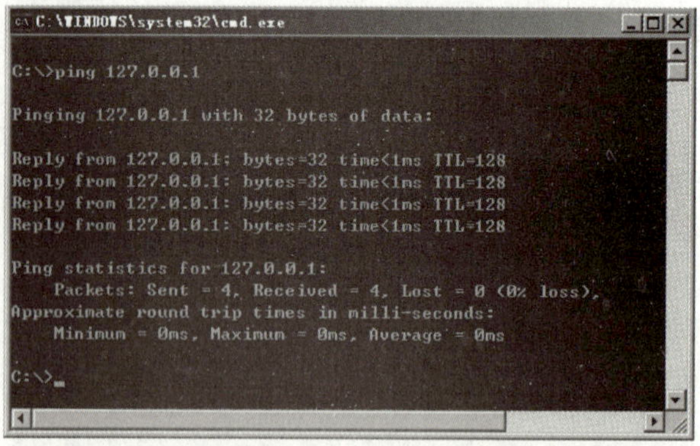

图 7-36 验证 TCP/IP 协议是否正确加载

【Step2】验证本机 IP 地址是否正确设置。

格式：Ping 本机 IP 地址。

在命令提示符下输入命令：Ping 169.254.17.22，如图 7-37 所示，验证本机 IP 地址是否正确设置。其中，169.254.17.22 是本机 IP 地址。

验证结果：本机 IP 地址设置正确。

图 7-37 验证本机 IP 地址是否正确设置

【Step3】验证网关工作是否正常。

格式：Ping 网关。

在命令提示符下输入命令：Ping 61.55.43.170，如图 7-38 所示，验证默认网关的 IP 地址是否正确添加。其中，61.55.43.170 是网关。

图 7-38 验证默认网关的 IP 地址是否正确添加

【Step4】验证非本地网络的连通是否正常。

格式：Ping 其他网络的 IP 地址。

在命令提示符下输入命令：Ping 202.99.183.182，如图 7-39 所示，验证其他网络的 IP 地址。其中，202.99.183.182 是其他网络的 IP 地址。

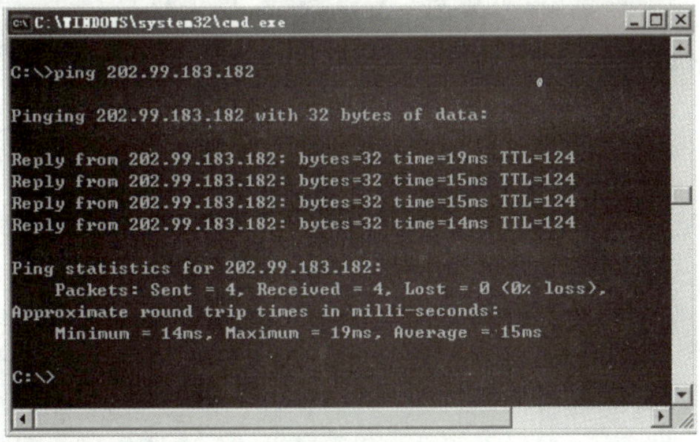

图 7-39 验证其他网络的 IP 地址

【注意】
验证顺序一定要正确，由此可以确定网络的故障点。

巩固练习

简答题
（1）简述检测网络故障命令 Ping 的使用。
（2）连接好线路之后，如果指示灯不亮，应该如何排查？
（3）只用一根网线、两台计算机，如何实现两台计算机之间的文件传送？

项目 8

主板、CPU、内存

- 主板
- CPU
- 内存

项目 8　主板、CPU、内存

> **知识学习目标**
> 1. 了解主板的基本知识;
> 2. 掌握主板的维护方法;
> 3. 了解 CPU 的基本知识;
> 4. 掌握 CPU 的维护方法;
> 5. 了解内存的基本知识。
>
> **技能实践目标**
> 1. 选择主板的策略和维护方法;
> 2. 选择 CPU 的策略和维护方法;
> 3. 选择内存的策略和维护方法;
> 4. 内存常见故障的判断与解决。

8.1　主　板

　　主板，如图 8-1 所示，英文名为"Mainboard"或"Motherboard"，既是计算机中最大的一块电路板，也是计算机所有设备的载体，供各种计算机设备的接合。

图 8-1　主板

8.1.1　任务分析

　　自计算机诞生以来，由于 CPU 的差异性，出现了不同阶段、品牌、类型和结构的主板，知识可谓庞杂，其演变可称之为天梯，主板的关联选项见表 8-1。从主板的作用及其在计算机组装与维护中的地位看，本项目主要完成以下几方面任务。

　　(1) 主板的外观体验与选购策略。
　　(2) 主板安装与拆卸训练。

（3）主板常见问题与维护方法。

（4）更换主板电池的训练。

表 8-1 主板的关联选项

选项	内容
品牌	昂达、翔升、艾尔莎、超微、EVGA、华硕、华擎、技嘉、精粤、劲鲨、微星、铭瑄、梅捷、铭速、NZXT、欧比亚、七彩虹、圣旗、升技、双敏、映泰、影驰
芯片厂商	Intel（LGA 2066LGA 1700LGA 1200LGA 1151LGA 1150LGA 1155LGA 2011-V3）、AMD（Socket TR4Socket sTRX4Socket AM4Socket AM3+Socket FM2+Socket FM2）
主芯片组	Intel X299、Intel Z370、Intel Z270、Intel B250、Intel H270、AMD X399、AMD X370、AMD B350、Intel Z170、Intel X99、Intel C232、Intel B150、Intel H170、Intel H110、Intel Z97、Intel Z87、AMD A88X、AMD 970、AMD 990、AMD A68H
CPU 插槽	LGA 1151（Skylake）、AM4（Ryzen）、LGA 1150（Haswell）、FM2+（APU）、LGA 1155（SB/IB）、FM1（APU）、FM2（APU）、LGA 2011（SB-E）、AM3、AM3+ AM2
主板结构	E-ATX（加强型）、ATX（标准型）、M-ATX（紧凑型）、MINI-ITX（迷你型）
CPU 类型	Intel、AMD
内存支持	DDR5、DDR4、DDR3
其他参数	声卡、显卡、网卡等接口的差异性

8.1.2 知识储备

1. 主板工作原理

主板的中心任务是维系 CPU 与外部设备之间能协同工作，不出差错。在控制芯片组的统一调度之下，CPU 首先接受各种外来数据或命令，经过运算处理，再经由 PCI 或 AGP 等总线接口，将运算结果高速、准确地传输到指定的外部设备上。

2. 主板的主要参数

图 8-1 是一块市场上的台式主板，其主要参数见表 8-2。

表 8-2 某 Intel 主板的主要参数

参数	内容		备注
主板芯片	集成芯片：声卡/网卡		集成芯片是指主板整合了显卡、声卡或者网卡
	主芯片组：Intel X299		
	芯片组描述：采用 Intel X299 芯片组		
	显示芯片：CPU 内置显示芯片（需要 CPU 支持）		
	音频芯片：集成 SupremeFX IV 8 声道音效芯片		
	网卡芯片：板载 Intel I219V 千兆网卡		
处理器规格	CPU 类型：Core X- 系列		用户可选择
	CPU 插槽：LGA 2066		

续表

参　数	内　容	备　注
内存规格	内存类型：8×DDR4 DIMM	用户可选择
	最大内存容量：128 GB	主板所能支持内存的最大容量是指最大能在该主板上插入多大容量的内存条，超过容量的内存即使插在主板上，主板也不支持。主板支持的最大内存容量理论上由芯片组决定，北桥决定了整个芯片所能支持的最大内存容量
	内存描述：DDR4 4133（超频）/4000（超频）/3866（超频）/3733（超频）/3600（超频）/3466（超频）/3400（超频）/3333（超频）/3300（超频）/3200（超频）/2800（超频）/2666/2400/2133 MHz 内存	
存储扩展	PCI-E 标准：PCI-E 3.0	
	PCI-E 插槽：3×PCI-E X16 显卡插槽，2×PCI-E 3.0 X4 插槽，1×PCI-E 3.0 X1 插槽	
	存储接口：2×M.2 接口，8×SATA III 接口	
I/O 接口	USB 接口：1×USB3.1 Gen2 接口，1×USB3.1 Type-A 接口，1×USB3.1 Type-C 接口，8×USB3.1 Gen1 接口（4 内置+4 背板），4×USB2.0 接口（2 内置+2 背板）	
	电源插口：一个 4 针，一个 8 针，一个 24 针电源接口	主板电源和硬盘等的接口
	其他接口：1×RJ45 网络接口，1×光纤接口，5×音频接口，1×机箱风扇接口，1×M.2_风扇接口，1×CPU 可选风扇接口，1×前面板接口，1×系统面板接口（Q-Connector），1×温度传感器接口，1×AIO_水泵接口，1×W_PUMP+ 接口，1×音频接口，1×PS/2 键鼠通用接口	
板型	主板板型：ATX 板型	决定机箱的选择
	外形尺寸：30.5 cm×24.4 cm	
其他参数	多显卡技术：支持 NVIDIA 3-Way SLI 三路交火技术 支持 NVIDIA SLI 双路交火技术 支持 NVIDIA Quad-GPU SLI 技术 支持 AMD Quad-GPU CrossFireX 技术 支持 AMD 3-Way CrossFireX 三路交火技术 支持 AMD CrossFireX 混合交火技术	
	RAID 功能：支持 RAID 0，1，5，10	
	其他特点无线：支持 802.11 a/b/g/n/acWi-Fi 标准，支持蓝牙 4.2	
	其他参数 Windows10 64bit 系统	

续表

参 数	内 容	备 注
主板附件	包装清单主板 ×1 使用手册 ×1 华硕 Q-Shield ×1 SATA 6.0Gb/s 数据线 ×4 垂直 M.2 支架套件 ×1 温度传感器连线 ×1 线束 ×1 M.2 螺丝包 ×1 驱动程序与应用程序光盘 ×1 Q-Connector ×1 SLI HB 桥接器（2 路 -M）×1 10 合 1 ROG 缆线标签 ×1 M.2 螺丝包（长螺钉）×1 ROG 风扇贴纸 x1 RGB 灯带扩展线（80 cm）x1 3D 打印安装螺丝包 x1	

目前市场上的芯片组主要有 Intel、AMD，表 8-3、表 8-4 是目前常见 CPU 对应芯片组列表。

表 8-3　目前常见 CPU 对应芯片组列表（AMD）

芯片组	备 注
AMD X399	支持 AMD Ryzen™ Threadripper™ 处理器
AMD X370 / B350 / A320	AM4 插槽：支持锐龙 AMD Ryzen 处理器；支持 AMD 第七代 A 系列 / Athlon™ 处理器
AMD 990FX / 990X / 970	AM3+ 插槽：支持 AMD AM3+ FX 处理器；支持 AMD AM3 Phenom™ II 处理器 / AMD Athlon™ II 处理器
AMD A88X / A85X	FM2+ 插槽：支持 AMD A 系列处理器；支持 AMD Athlon™ 系列处理器
AMD A78 / A75	FM2+ 插槽：支持 AMD A 系列处理器；支持 AMD Athlon™ 系列处理器
AMD A68H / A58 / A55	FM2+ 插槽：支持 AMD A 系列处理器；支持 AMD Athlon™ 系列处理器

表 8-4　目前常见 CPU 对应芯片组列表（Intel）

芯片组	备 注
Intel Z270	支持 LGA1151 插槽第七代 / 第六代处理器：Intel® Core™ i7 处理器 / Intel® Core™ i5 处理器 / Intel® Core™ i3 处理器 / Intel® Pentium® 处理器 / Intel® Celeron® 处理器

续表

芯片组	备 注
Intel Z370	支持 LGA1151 插槽第八代处理器: Intel® Core™ i7 处理器 /Intel® Core™ i5 处理器 /Intel® Core™ i3 处理器
Intel H270	支持 LGA1151 插槽第七代 / 第六代处理器: Intel® Core™ i7 处理器 / Intel® Core™ i5 处理器 / Intel® Core™ i3 处理器 / Intel® Pentium® 处理器 / Intel® Celeron® 处理器
Intel Q270 / B250	支持 LGA1151 插槽第七代 / 第六代处理器: Intel® Core™ i7 处理器 / Intel® Core™ i5 处理器 / Intel® Core™ i3 处理器 / Intel® Pentium® 处理器 / Intel® Celeron® 处理器
Intel X299	支持 LGA2066 插槽处理器: Intel® Core™ X 系列处理器
Intel Q170 / B150	支持 LGA1151 插槽处理器: Intel® Xeon® E3-1200 v5/E3-1200 v6 处理器 / Intel® Core™ 处理器 /Intel® Pentium® 处理器 /Intel® Celeron® 处理器
Intel H110	支持 LGA1151 插槽第七代 / 第六代处理器: Intel® Core™ i7 处理器 / Intel® Core™ i5 处理器 / Intel® Core™ i3 处理器 / Intel® Pentium® 处理器 / Intel® Celeron® 处理器
Intel Z170	支持 LGA1151 插槽处理器: Intel® Core™ i7 处理器 / Intel® Core™ i5 处理器 / Intel® Core™ i3 处理器 / Intel® Pentium® 处理器 / Intel® Celeron® 处理器
Intel H170	支持 LGA1151 插槽处理器: Intel® Core™ i7 处理器 / Intel® Core™ i5 处理器 / Intel® Core™ i3 处理器 / Intel® Pentium® 处理器 / Intel® Celeron® 处理器
Intel C236 / C232	支持 LGA1151 插槽处理器: Intel® Xeon® E3-1200 v5/E3-1200 v6 处理器 / Intel® Core™ 处理器 /Intel® Pentium® 处理器 /Intel® Celeron® 处理器
Intel X99	支持 LGA2011-3 插槽处理器: Intel® Core™ i7 处理器
Intel Z97 / H97	支持 LGA1150 插槽处理器: Intel® Core™ i7 处理器 / Intel® Core™ i5 处理器 / Intel® Core™ i3 处理器 / Intel® Pentium® 处理器 / Intel® Celeron® 处理器
Intel Z87 / H87	支持 LGA1150 插槽处理器: Intel® Core™ i7 处理器 / Intel® Core™ i5 处理器 / Intel® Core™ i3 处理器 /Intel® Pentium® 处理器 / Intel® Celeron® 处理器
Intel Q87 / B85 / H81	支持 LGA1150 插槽第四代 / 第五代处理器: Intel® Core™ i7 处理器 / Intel® Core™ i5 处理器 / Intel® Core™ i3 处理器 / Intel® Pentium® 处理器 / Intel® Celeron® 处理器
Intel X79 / C606	支持新一代 Intel® Core™ i7 处理器
Intel Z77 / H77 / Q77 / B75	支持 LGA1155 插槽第三代 / 第二代处理器: Intel® Core™ i7 处理器 / Intel® Core™ i5 处理器 / Intel® Core™ i3 处理器 / Intel® Pentium® 处理器 / Intel® Celeron® 处理器
Intel Braswell / Bay Trail-D	内建 Intel® Quad-Core Celeron® N3150（1.6 GHz）系统单芯片（SoC）

3. 主板故障检修方法

（1）人为故障。一般表现为带电插拔各种卡和设备，以及在装板卡和插头时用力不当造成对接口、芯片等的损害。

（2）环境不良。由于静电常造成主板上的芯片（特别是 CMOS 芯片）被击穿。另外，主板遇到电源损坏或电网电压瞬间产生尖锋脉冲时，往往会损坏系统板供电插头附近的芯片。如果主板上布满灰尘，也会造成信号短路。

（3）器件质量问题。通常由于芯片和其他器件质量不良导致的损坏。

（4）主板短路。通常有些机箱和主板不能很好地进行配合就会造成主板短路，主板就会损坏，一般情况下把主板取出来，再打开电源听是否有声音。

（5）BIOS 设置错误。通常由于在 BIOS 中有一项关于内部的设置，如果设置错误有可能使主板不能运行。解决这个问题，可以拔掉电池或重新利用 BIOS 设置程序恢复出厂的默认设置。

（6）CPU 超频或故障。将 CPU 按照原有的外频和内频重新设置，方法是选择没有超频或已恢复原有设置的主板，更换一块 CPU 试运行。

（7）内存问题。通常打开电源后听到连续不断的滴滴声，检查方法如下。

①打开计算机机箱，检查内存条是否插好，若没有插好就把内存条插好（所有的内存条都要检查），然后再次启动，查看机器是否正常工作，若仍旧不能正常工作，再进行下一步，如果内存条都是插好的则直接进行下一步。

②关闭电源，然后拔出多余的内存条，只留下基本内存条，重新启动查看机器是否正常工作，如果还是无法工作就表示这根内存损坏，请考虑更换；反之，如果恢复正常，就表示这根内存条正常，再换另一根继续测试，直到找出有问题的内存条。

（8）显卡问题。通常开机时听到一长三短的"滴滴"声，表示系统没有找到显卡。如果是 AMI BIOS，听到的是八声短促的"滴滴"声，听到这种机器报警的声音，表示主机部分没有故障。那就插上显卡，如果插上显卡后机器还是发出"滴滴"声那就表示显卡有故障，请更换显卡；反之，听到一声响而显示器还没有画面那就表示显示器存在问题，请换一台显示器再试。

8.1.3 任务实现

1. 主板认识

【Step1】主板品牌见表 8-5。

表 8-5 主板品牌

品　牌	标　志	网　址
Intel	intel	http://www.intel.com.cn
华硕	ASUS	http://www.asus.com.cn

续表

品 牌	标 志	网 址
技嘉科技	GIGABYTE	http://www.gigabyte.com.cn/
微星科技	MSI	http://cn.msi.com
精英	ECS	http://www.ecs.com.cn/

【Step2】阅读主板说明书，了解主板的基本情况，可以从素材库（主板说明书）中阅读各种主板的说明书。

【Step3】观察主板实物图，如图8-2所示。参考图8-3确定主板附件的位置及相关参数。主板组件情况见表8-6。

图8-2 主板实物图

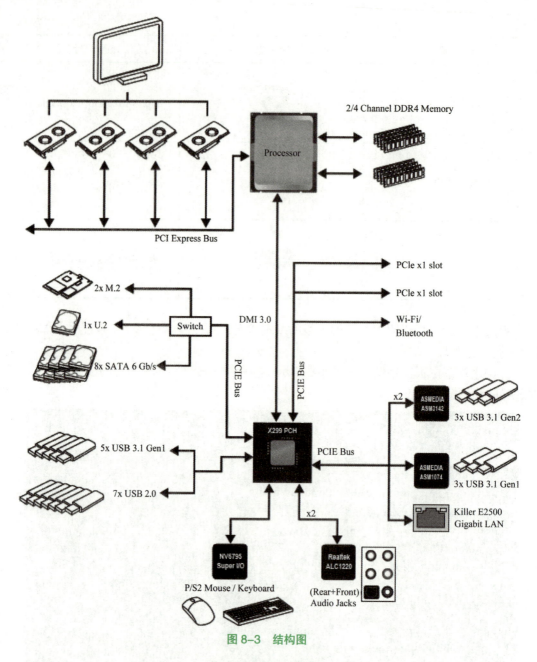

图 8-3 结构图

表 8-6 主板组件情况

位 置	组 件	备 注
1	CPU 插槽	Socket 1151
2	北桥芯片组	看到的是覆盖的散热片，芯片组为 X299
3	南桥芯片组	看到的是覆盖的散热片
4	内存条插槽	标注的"DDR 4"内存插槽，槽数量为 8
5	固态硬盘接口	M.2 插槽

2. 主板选购策略

主板在计算机系统中占有举足轻重的地位，主板的好坏是决定计算机性能好坏的一个主要因素。在选购主板时，首先要明确购机的目的，然后在价格允许的情况下选择一块好的主板。

【Step1】是否有显卡插槽。

如果没有显卡插槽，则该型号主板是不支持显卡扩展的。

【Step2】是否支持 NVMe 的 M.2 接口。

如果没有支持 NVMe 的 M.2 接口，则该型号主板是不支持扩展的。

【Step3】CPU 的适应性。

目前主板支持的 CPU 有 Intel 公司和 AMD 公司，用户一定要清楚所选择的主板所支持的 CPU 情况。

【Step4】CPU 的接口和主板 CPU 接口一致。

一般根据主板的使用手册可以轻松确定，也可以通过网上自动选择。目前常见主板 CPU 接口见表 8-7。

表 8-7 目前常见主板 CPU 接口

品 牌	接 口	CPU
Intel	Intel Socket 2066	Intel® Core™ X 系列处理器
	Intel Socket 2011-3	Intel® Core™ i7 处理器
	Intel Socket 2011	支持新一代 Intel® Core™ i7 处理器
	Intel Socket 1155、1151、1150	Intel® Core™ i7 处理器 / Intel® Core™ i5 处理器 / Intel® Core™ i3 处理器 / Intel® Pentium® 处理器 / Intel® Celeron® 处理器
	Intel Socket 775	Intel®Core™ 2 Extreme 处理器 / Intel®Core™ 2 Quad 处理器 / Intel®Core™ 2 Duo 处理器 / Intel®Pentium® 双核心处理器 / Intel®Celeron® 处理器
	Intel CPU Onboard	内建 Intel® Quad-Core Celeron® N3150（1.6 GHz）系统单芯片（SoC）
AMD	AMD SocketTR4	支持 AMD Ryzen™ Threadripper™ 处理器
	AMD Socket AM4	支持锐龙 AMD Ryzen 处理器；支持 AMD 第七代 A 系列 / Athlon™ 处理器
	AMD Socket AM3+	支持 AMD AM3+ FX 处理器；支持 AMD AM3 Phenom™ II 处理器 / AMD Athlon™ II 处理器
	AMD Socket FM2+	支持 AMD A 系列处理器；支持 AMD Athlon™ 系列处理器

【Step5】考虑与机箱之间的匹配，主要是指主板的尺寸与机箱的适应情况。

【Step6】对内存的支持。一般根据主板手册可以确定。

【Step7】可扩充性的选择。

表 8-1 和表 8-2 中 PCI 插槽数量、ISA 插槽、USB 接口数量的选择，一般用户无须考虑可扩充性，而专业用户必须要考虑，以便于增加设备时的使用。

【Step8】兼容性。兼容性对于主板来说是另一重要特性。兼容性的判断可以遵循以下原则。

①了解主板的成熟情况，一般新出的主板必须谨慎考虑。

②查资料，了解芯片组是否有 BUG，一般通过驱动程序的安装可以鉴定。

【Step9】速度。主板的速度是一个综合因素，应该综合考虑，以 FSB 为中心，涉及 CPU、芯片组和各种接口速率的匹配。

3. 主板外部维护

【Step1】检查电源插头是否接好、计算机插头是否松脱、显示器的信号线是否松动。显示器的信号线很容易松脱，一般在检查时将信号线重新接一次。

【Step2】打开计算机电源。

【Step3】查看是否有 BIOS 界面，若没有 BIOS 界面可能是电源线或信号线没接。

【Step4】查看显示器的电源是否打开，这是最后确认计算机是否真正有问题的机会。

【Step5】检查机箱上的电源指示灯。如果所有应该打开的开关都打开了还是没有画面，请检查机箱上的电源指示灯，若没有亮，请考虑更换电源线或电源。

【Step6】如果是电源出现问题，关闭电源，打开机箱，更换新电源；如果电源指示灯是亮的，问题就可能出在主板上，需要打开机箱进行仔细检查。

【Step7】把主板上面除了电源插头和机箱扬声器插头以外的所有板卡和信号线都拔下来，为下一步检查做准备。

4. 更换主板电池

【Step1】关闭计算机，并从电源插座与计算机断开电源。

【Step2】卸下。

【Step3】确定电池位置。

【Step4】拆下旧电池，如图 8-4 所示，箭头指向的地方有一个拆卸和固定簧片。

【Step5】安装新电池，如图 8-5 所示。

图 8-4　拆下旧电池　　　　　　　图 8-5　安装新电池

【Step6】安装计算机外盖，连接电源线。

【Step7】开启计算机。

8.2　CPU

CPU 是计算机的控制和运算核心。

8.2.1　任务分析

CPU 是 Central Processing Unit 的缩写，是一块超大规模的集成电路，也称为中央处理器。其内部结构有控制单元、逻辑单元和存储单元，其功能主要是执行计算机指令和计算处理数据，是计算机的"心脏"，它与内存、I/O 设备称为计算机三大核心部件。本节的主要任务包括以下几点。

（1）了解 CPU 的基本知识。

（2）掌握 CPU 的选择方法。

8.2.2 知识储备

1. CPU 的分类

（1）根据厂家分。主流的品牌有 Intel、AMD。图 8-6 和图 8-7 分别为 Intel CPU 与 AMD CPU。

图 8-6　Intel CPU

图 8-7　AMD CPU

（2）根据机型分。一般分为台式计算机用 CPU、笔记本用 CPU、服务器 CPU。

（3）根据频率分。通常主频越高，CPU 处理数据的速度就越快。

（4）根据任务分。单核、多核 CPU，单核主要是游戏体验，多核主要是视频渲染。

2. CPU 的工作原理

CPU 的物理结构主要分为三块，即运算部件、寄存器部件和控制部件。

CPU 的工作原理与工厂对产品的加工过程类似：进入工厂的原料（指令），经过物资分配部门（控制单元）的调度分配，被送往生产线（逻辑运算单元），生产出成品（处理后的数据）后，再存储在仓库（存储器）中，最后拿到市场上去卖（交由应用程序使用）。

总线是在计算机组件之间或计算机之间传输数据的子系统。其类型包括以下几种：前端总线（FSB）——在 CPU 和内存控制器中枢之间传输数据；直接媒体接口（DMI）——计算机主板上集成内存控制器和 I/O 控制器中枢之间的点对点互联；快速通道互联（QPI）——CPU 和集成内存控制器之间的点对点互联。

热设计功耗（TDP）以瓦特为单位，表示所有活动内核在的高复杂性工作负载下，以基本频率运行时消耗的平均功率。其热功率数据可以参阅有关热功率解决方案要求的数据表。

CPU 的参数如下。

（1）主频、倍频和外频。主频是 CPU 的时钟频率（CPU Clock Speed），即系统总线的工作频率。通常情况下，主频越高，CPU 的速度越快。由于内部结构不同，并非所有时钟频率相同的 CPU 性能都一样；外频，即系统总线的工作频率；倍频则是指 CPU 外频与主频相差的倍数。三者关系为主频 = 外频 × 倍频。

（2）内存总线速度（Memory–Bus Speed）。内存总线速度是指 CPU 与二级（L2）高速缓存和内存之间的通信速度。

（3）扩展总线速度（Expansion-Bus Speed）。扩展总线速度是指安装在电脑系统上的局部总线（如 VESA 或 PCI 总线适配卡）的工作速度。

（4）工作电压（Supply Voltage）。工作电压是指 CPU 正常工作所需的电压。早期 CPU 的工作电压一般为 5 V，随着 CPU 主频的提高，CPU 工作电压有逐步下降的趋势，以解决发热过高的问题。

（5）地址总线宽度。总线的位宽指的是总线能同时传送的二进制数据的位数，或数据总线的位数，即 32 位、64 位等总线宽度的概念。总线的位宽越宽，每秒钟数据传输率越大。

地址总线宽度实际就是目前所谓的 32 位或 64 位操作系统，其直接影响可以使用的最大内存情况。

（6）数据总线宽度。数据总线宽度决定了 CPU 与二级高速缓存、内存以及输入 / 输出设备之间一次数据传输的信息量。

（7）内置协处理器。含有内置协处理器的 CPU 可以加快特定类型的数值计算，某些需要进行复杂计算的软件系统，如高版本的 Auto CAD、3DS MAX 就需要协处理器支持。

（8）超标量。超标量是指在一个时钟周期内 CPU 可以执行一条以上的指令。Pentium 级以上 CPU 内执行一条指令至少需要一个或一个以上的时钟周期。

（9）高速缓存。内置高速缓存可以提高 CPU 的运行效率，这也正是 486DLC 比 386DX-40 快的原因。内置的 L1 高速缓存的容量和结构对 CPU 的性能影响较大，这也正是一些公司力争加大 L1 级高速缓冲存储器容量的原因。但是，高速缓冲存储器均由静态 RAM 组成，结构较复杂，在 CPU 管芯面积不能太大的情况下，L1 级高速缓存的容量不可能做得太大。

（10）采用回写（Write Back）结构的高速缓存。它对读和写操作均有效，速度较快。而采用写通（Write-through）结构的高速缓存仅对读操作有效。

8.2.3 任务实现

1. 读懂 CPU 的标识（Intel）

【Step1】找到计算机的 CPU（处理器）标识。通过查看计算机的"系统"属性，如图 8-8 所示，可以看到处理器的信息。

图 8-8　龙芯 CPU

【Step2】填写 CPU 的含义理解对照表（表 8-8）。

表 8-8　CPU 的含义理解对照表

项　目	内　容	备　注
品牌	☒ RIntel　☐ AMD	
系列	酷睿系列（Core）i7	一般数字越大，CPU 越强大
辈分	8550U，第八代酷睿处理器	U 指的是低电压移动芯片
主频	1.8 GHz，最高为 2.0 GHz	

2. CPU 的选择

【Step1】明确使用需求和预算。根据不同的用途选择不同的 CPU，具体如表 8-9 所示。

表 8-9 选择 CPU 参考

需 求	预 算	选择标准
一般	一般	低档 CPU
一般	充足	中档和高档 CPU
中等	一般	中档 CPU
中等	充足	高档 CPU
较高	一般	中档 CPU
较高	充足	高档 CPU

【Step2】看主频。一般主频越高，CPU 的速度也越快。

【Step3】看核心数。一般核心越多越好，但是要考虑耗电量和发热量的问题，核心数越大发热量和耗电量也就越大。另外，要注意散热处理。

【Step4】注意与主板的匹配。

3. 鉴别 CPU（Intel CPU）

AMD 和 Intel CPU 的防伪措施各有不同，可以通过官网查询防伪措施。

AMD：https://support.amd.com/zh-cn/warranty/pib/authenticity。

Intel：https://cbaa.intel.com/。

【Step1】如图 8-9 所示，核对处理器产品上的激光印制编号和产品标签上打印一致。

图 8-9 核对处理器产品上的激光印制编号和产品标签上打印一致

【Step2】如图 8-10 所示，产品零售序列号，需要核对三包卡上序列号和产品标签上打印一致。

图 8-10 三包卡上序列号和产品标签上打印一致

【Step3】如图 8-11 所示，产品序列号 /ULT#，不是所有处理器产品有可读的序列号，部分产品只有四位数字或只有二维编码。

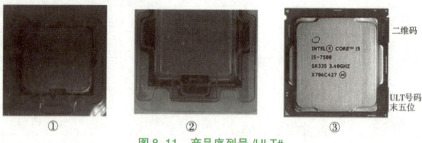

图 8-11　产品序列号 /ULT#

①—盒装处理器 ULT 号码的位置。这个号码有 13 个或 14 个字符；②—某些 Intel® 酷睿™ i7 处理器的 ULT 号码只有 4 个字符的位置；③—某些 Intel® 酷睿™ i7 处理器的 ULT 号码不在图中列示

【Step4】辨识产品。

第一步，如图 8-12 所示，看总代理标签。

神州数码　　联强国际　　英迈国际

图 8-12　总代理标签

第二步，如图 8-13 所示，看产品标签。手摸激光防伪标签和产品标签没有分层；零售盒装序列号打印在产品标签上，应与盒内保修卡的序列号一致；FPO 与处理器散热帽上激光刻制 FPO 一致。

第三步，如图 8-14 所示，看封口标签。新包装的封口标签仅在包装的一侧，标签为透明色，字体为白色，颜色深且清晰。

图 8-13　产品标签

图 8-14　封口标签

第四步，如图 8-15 所示，看散热风扇。查看风扇部件号，不同型号盒装处理器配有不同型号风扇，打开包装后，可以看到风扇的激光防伪标签。

第五步，如图 8-16 所示，看盒内保修卡。保修卡上的零售盒装序列号，确定与产品标签上的序列号一致；根据本地相关的商业规范，经销商应完整填写保修卡相关的产品信息和购买信息。填写不完整或保修卡丢失，消费者有可能失去免费保修权利。

项目 8　主板、CPU、内存

图 8-15　散热风扇标签

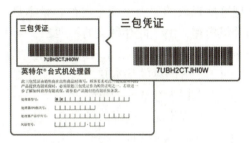

图 8-16　盒内保修卡

第六步，通过网站或短信验证。访问 Intel 产品验证网站（http://www.intel.com/cn/cbt/），填入零售产品序列号，网站将提供与之匹配的处理器产品序列号，请检查是否与用户购得的处理器产品序列号一致；用户也可以直接将零售产品序列号发送短信致 10657109088011（中国移动用户）、106550218888088011（新联通用户）或 106590210007588011（电信用户）获取与之匹配的处理器产品序列号，请检查是否与用户的处理器产品序列号一致。

【Step5】运行英特尔（R）处理器标识实用程序，如图 8-17 所示。可以通过 Intel 官网下载并安装英特尔（R）处理器标识实用程序。测试结果显示：CPU 的速度为 1.80 GHz~3.54 GHz；系统总线为 100 MHz；线程数为 8；CPU 为 4 核。

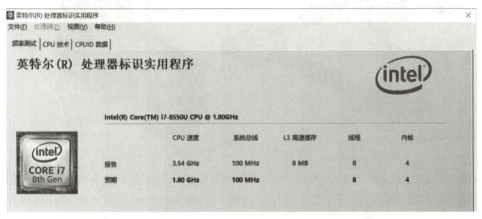

图 8-17　运行英特尔（R）处理器标识实用程序——频率测试

8.3　内　存

内存作为电脑三大件配件之一，担负数据临时存取等任务。因此，用户在选购和使用内存时，应选择正规渠道和品牌质量保证的内存产品。

8.3.1　任务分析

内存在计算机中起着举足轻重的作用，用于暂时存放 CPU 中的运算数据，以及与硬盘等外部存储器交换的数据。内存是衔接 CPU 与其他设备数据交换的"桥梁"。

在日常的计算机操作过程中可能会出现以下一些现象：启动电脑却无法正常启动；无法进入操作系统或运行应用软件；无故经常死机；开机时出现"嘀——"的连续有间隔的长音；运行某些软件时经常出现内存不足的提示；系统运行变得缓慢，或程序无响应或无法加载。

出现这些现象的原因可能是内存容量不足。若程序日常任务效率低下，可能的原因有很多：如升级内存，由于内存种类的不匹配；金手指与主板的插槽接触不良；计算机中病毒；内存条的质量差；等等。因此，本节主要包括以下几方面任务。

（1）了解内存的基本知识。
（2）掌握内存选购的技能。
（3）掌握常见的内存故障解决技能。
（4）掌握内存的日常维护方法。

8.3.2 知识储备

1. 内存的工作原理

如图 8-18 所示，在计算机业界，内存这个名词被广泛用于称呼 RAM（随机存储器）计算机使用随机存取内存来储存执行程序所需的暂时指令和数据，以便于 CPU 能够更快速读取储存在内存的指令和数据。

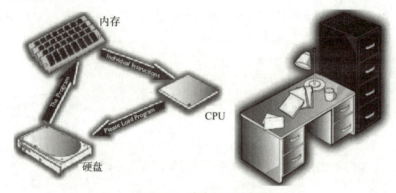

图 8-18　内存工作原理图

例如，当 CPU 执行一个应用程序，如文字处理程序，先调配到内存使应用程式能以最快速和最高效率的方式执行。程序在内存中，这样可以确保计算机能以最短的时间执行程序而使工作能够迅速完成。

2. 内存的外观认识

一般来说，人们听到"内存"这两个字的第一反应就是一块小小的长方形电路板，如图 8-19 所示，上面焊接着几个芯片，下面还有金色引脚（俗称金手指）。

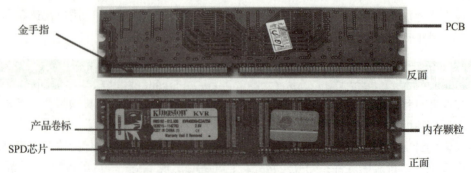

图 8-19　内存

3. 内存的分类

（1）根据内存的平台可分为台式机内存、笔记本内存和服务器内存，如图 8-20～图 8-22 所示。

图 8-20　台式机内存

图 8-21　笔记本内存

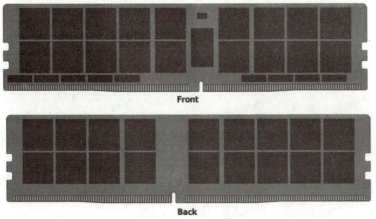

图 8-22　服务器内存

（2）内存规格。内存规格是指内存的尺寸和针脚配置不同。绝大多数计算机系统中的内存插槽只能容纳一种规格的内存条。但有些计算机系统配备不止一种内存插槽，此类计算机系统提供了更多种内存规格的选择。这种设计通常是业界过渡期时，制造厂无法确定未来最占优势或最容易利用的模组规格的结果。常见内存规格有以下几种。

① SIMM：Single In-Line Memory Module，内存晶片被焊连在插入主机板上内存插槽的印刷电路版上，如图 8-23 所示。

　　　　①　　　　　　　　　　　　②

图 8-23　SIMM 内存

① 4-1/4″ 72-Pin SIMM；② 3-1/2″ 30-Pin SIMM

② DIMM：Dual In-Line Memory Modules，或称 DIMM 规格，以垂直的方式安装在扩充插槽内。DIMM 和 SIMM 的主要区别如下：SIMM 电路板正反两面的针脚是相连在一起的，而 DIMM 电路板正反两面的针脚则各有其独立电路。DIMM 内存如图 8-24 所示。

图 8-24　DIMM 内存

③ SO DIMM：Small Outline DIMM，笔记型计算机常用的一种内存规格，如图 8-25 所示。

图 8-25　SO DIMM

① 2.35″ 72-Pin SO DIMM；② 2.66″ 144-Pin SO DIMM

④ RIMM：Direct Rambus Memory Module，外观同 DIMM，以 16 位元封包的方式传输资料，外包一层称为散热层（Heat Spreader）的铝制外壳以确保晶片不会过热，如图 8-26 所示。

（3）SDRAM、DDR、RDRAM、VCM。

① SDRAM 为同步动态存储器，SDRAM 可以与 CPU 列频同步工作，无等待周期，减少数据传输延迟，速度一般为 10 ns 和 8 ns。

② DDR SDRAM 即双倍速率 RAM，如图 8-27 所示，其带宽为 128 GB/s，制造成本比 SDRAM 略高一些。从理论上来讲，DDR SDRAM 可以提升 RAM 的速度，在时钟的上升沿和下降沿都可以读出数据。

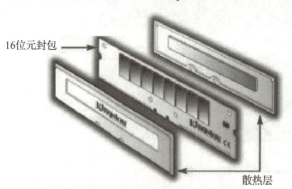

图 8-26　RIMM

图 8-27　DDR 内存

③ RDRAM 为总线式动态随机存取存储器，是 Rambus 公司与 Intel 公司合作提出的一项专利技术，它的数据传输率最高可达 800 MHz，而总线宽度却远远小于现在的 SDRAM。图 8-28 为芯片到芯片接口设计的新型 DRAM，它能在很高的频率范围内通过一个简单的总线传输数据。另外，它使用低电压信号，在高速同步时钟脉冲的两边沿传输数据。Intel 在其 820 及 850 芯片组产品中加入了对 RDRAM 的支持。

图 8-28　RDRAM 内存

④ VCM 为虚拟通道存储器，是 NEC 公司开发的一种"缓冲式 DRAM"，该技术将在大容量 SDRAM 中采用。它集成了所谓的"通道缓冲"，由高速寄存器进行配置和控制。在实现高速数据传输的同时，VCM 还维持与传统 SDRAM 的高度兼容性，因此通常也把 VCM 内存称为 VCM SDRAM。VCM 与 SDRAM 的差别在于不管数据是否经过 CPU 处理都可以先行交于 VCM 进行处理，而普通的 SDRAM 只能处理经 CPU 处理以后的数据，这就是 VCM 比 SDRAM 处理数据快 20% 以上的原因。VCM 内存如图 8-29 所示。

图 8-29　VCM 内存

（4）内存速度。如图 8-30 所示，当 CPU 需要内存中的数据信息时，它会发出一个由内存控制器所执行的要求，内存控制器接着将按要求发送至内存，内存在数据信息准备完成时向 CPU 报告，整个时间（通常称为周期）从 CPU 到内存控制器，以及内存再回到 CPU 所需的时间称为内存速度。

内存速度的单位为 MHz（兆赫，数字越大表示速度越快）或 ns（纳秒，数字越小表示速度越快）。内存发展采用的技术和速度，见表 8-10。

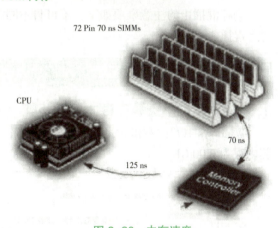

图 8-30　内存速度

表 8-10　内存发展采用的技术和速度

年　度	采用技术	速　度
1987	FPM	50 ns
1995	EDO	50 ns
1997	PC66 SDRAM	66 MHz
1998	PC100 SDRAM	100 MHz
1999	RDRAM	800 MHz
1999/2000	PC133 SRAM	133 MHz（VCM option）
2000	DDR SDRAM	266 MHz

续表

年 度	采用技术	速 度
2001	DDR SDRAM	333 MHz
2002	DDR SDRAM	434 MHz
2003	DDR SDRAM	500 MHz
2004	DDR2 SDRAM	533 MHz
2005	DDR2 SDRAM	800 MHz
2006	DDR2 SDRAM	667~800 MHz
2007	DDR3 SDRAM	1 066~1 333 MHz
2011	DDR4 SDRAM	2 133~3 200 MHz

（5）奇偶校验。在每个字节（Byte）上加一个数据位（Bit）对数据进行检查的一种方式。奇偶校验位主要用于检查其他 8 位（1Byte）上的错误，但是它不像 ECC（错误更正码）可以检查出错误并更正，奇偶校验只能检查出错误而不能更正错误。

（6）内存混插的问题。内存混插的最低原则：为了更好地保证内存混插的成功性和稳定性，并降低危险，一般情况下，都是将低规范、低标准的内存插入内存插槽中的第一位置 DIMM1 上。

内存混插中的注意事项如下：不可将不同类型的内存混插；不能将同类型不同电压的内存进行混插。

8.3.3　任务实现

1. 查找计算机中安装内存大小的步骤

Windows 10/7：右击"此电脑/计算机"，单击"属性"，如图 8-31 所示，显示系统已安装内存为 8.00 GB。

图 8-31　系统安装内存查看

2. 笔记本内存安装

【Step1】准备工具、容器和开阔的工作台。准备的工具是螺丝刀，容器用于存放拆下的小螺钉。

【Step2】释放静电或佩戴防静电手环。

【Step3】关闭笔记本,切断电源并拆下电池。

【Step4】打开笔记本内存仓,如图 8-32 所示。

【Step5】拆下已经安装的内存,如图 8-33 所示,用指尖小心拨开内存模块插槽两端的固定夹,直至内存模块弹起;从内存模块插槽中卸下内存条。

图 8-32　打开笔记本内存仓

图 8-33　拆卸内存

【Step6】装上需要更换的笔记本内存,如图 8-34 所示,将内存模块上的槽口与内存模块插槽上的卡舌对齐;将内存模块以一定角度稳固地滑入插槽中;向下按压内存模块,直至其卡入到位(如果未听到"咔嗒"声,请卸下内存条块并重新安装)。

图 8-34　安装内存

【Step7】安装笔记本内存仓盖。

【Step8】装回笔记本电池,接通电源,开机测试。

3. 常见内存故障的解决

(1)开机时出现"嘀——"的连续有间隔的长音。

【Step1】分析原因。这是内存报警的声音,一般是内存松动,内存的金手指与内存插槽接触不良,内存的金手指氧化,以及内存的某个芯片有故障等原因。

【Step2】解决办法:重新插牢内存条,取下内存,重新安装在原位置或不同的位置;用毛刷或皮老虎清除灰尘或异物;取下内存,用橡皮用力擦拭金手指区域;若条形插座中簧片变形失效,则需要将内存条安装到另一组条形插座中或请专业人员修理主板上条形插座,然后重新安装;若安装内存条时插错,则需要将内存条取下然后正确安装内存条;若内存条损坏严重,则要更换内存条。

(2)Windows 系统中运行时出现黑屏、蓝屏、花屏等现象。

【Step1】分析原因。集成显卡占用内存较多,软件之间分配、占用内存冲突所造成的,一般表现为黑屏、花屏、死机。

【Step2】解决办法:退出 Windows 操作系统,重新启动;如果集成显卡的,可通过 BIOS 设置将显存占用内存空间改小;如果出现经常性的类似现象,说明内存某些地址单元之间存在较严重的窜扰和时序干扰,建议更换内存条。

（3）运行某些软件时经常出现内存不足的提示。

【Step1】分析原因。此现象一般是系统盘剩余空间不足造成的。

【Step2】解决办法：可以删除一些无用文件，多留一些空间即可，一般保持在 300 M 左右为宜。

（4）启动 Windows 时系统多次自动重新启动。

【Step1】分析原因。一般是内存条或电源质量有问题造成的，当然，系统重新启动还有可能是 CPU 散热不良或其他人为故障造成的。

【Step2】解决办法：用排除法一步一步排除。更换内存条、电源，观察电压是否稳定。

（5）Windows 运行速度明显变慢，系统出现许多有关内存出错的提示。

【Step1】分析原因。一般是由于在 Windows 下运行的应用程序非法访问内存、内存中驻留了很多不必要的插件、应用程序，或活动窗口打开太多、应用程序相关配置文件不合理等原因均可以使系统的速度变慢，更严重的甚至出现死机。

【Step2】解决办法：备份数据；清除一些非法插件；清除内存驻留程序；关闭一些活动窗口；如果在运行某一程序时出现速度明显变慢，可以通过卸载或重装应用程序解决；如果在运行任何应用软件或程序时都出现系统变慢的情况，建议重新安装操作系统。

4. 内存选择

【Step1】容量越大越好。根据自己的实际需求和预算选择合适的容量，如 4G、8G 等，如果使用 PS 软件建议选用 16 G。

【Step2】内存接口与主板接口的匹配。特别注意，不同的主板接口需求不一样，选择时应根据主板的内存接口考虑内存的接口对应。

【Step3】选择好的厂家。市场上常见的品牌有现代、三星、LG、NEC、东芝、西门子、TI（德州仪器）等。

【Step4】考虑售后服务。完善的售后服务让用户可以放心地使用产品。

巩固练习

简答题

（1）简述主板的选购策略。

（2）简述 CPU 的选购策略。

（3）简述如何清洗 CPU 风扇。

（4）讨论：增加内存是否可以使计算机速度变快。

（5）若在笔记本电脑中安装了内存，但系统不能启动或者不能识别内存，应该如何解决？

（6）若在台式机电脑中安装了内存，但系统不能启动或者不能识别内存，应该如何解决？

（7）诊断程序（如 CPU-Z）显示内存正以一半的频率运行，分析出现这一现象的原因。

（8）计算机三大核心部件是什么？

项目 9

存储设备

- ■硬盘
- ■移动存储
- ■光驱与光盘

> **🔍 知识学习目标**
>
> 1. 硬盘的基本知识：结构、工作原理、选择硬盘的策略；
> 2. U 盘的基本知识：结构、工作原理、选择 U 盘的策略；
> 3. 光驱、光盘的基本知识：结构、工作原理，以及选择光驱、光盘的策略。
>
> **🔍 技能实践目标**
>
> 1. 掌握硬盘的维护与维修方法；
> 2. 调整硬盘分区容量的方法；
> 3. 掌握 U 盘的维护与维修方法；
> 4. 掌握光驱、光盘的维护与维修方法。

9.1 硬 盘

硬盘是影响计算机速度最主要的配件，建议使用固态硬盘，当存储信息较多时，建议采用"机械+固态"的模式，机械硬盘与固态硬盘传输速度的比较，如图 9-1 所示。

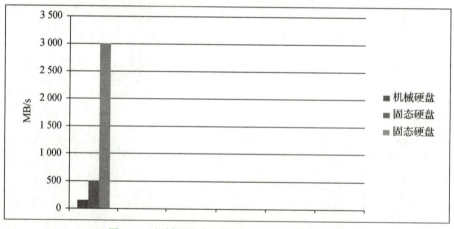

图 9-1　机械硬盘与固态硬盘传输速度的比较

机械硬盘是电脑中脆弱的核心存储部件之一，从 1956 年第一块硬盘问世至今，硬盘容量从 5 MB 发展到现在的上百 GB，目前又增加了固态硬盘，其续写速度发生了很大变化。

9.1.1　任务分析

机械硬盘是集精密机械、微电子电路、电磁转换为一体的电脑存储设备，它存储着电脑系统资源和重要的信息及数据，这些因素使硬盘在 PC 机中成为最重要的一个硬件设备；固态硬盘的出现极大地提升了硬盘的存储速度。本节任务涉及硬盘以下几方面内容。

（1）硬盘的选择：机械硬盘、固态硬盘或是机械混合硬盘；选择什么品牌；多大容量。

（2）硬盘使用中需要注意什么。

（3）硬盘的分区有什么要求。

（4）硬盘的基本结构是什么？是如何工作的？

9.1.2 知识储备

1. 硬盘的分类

硬盘有固态硬盘（SSD）、机械硬盘（HDD）、混合硬盘（HHD，一块基于传统机械硬盘诞生的新硬盘）；固态硬盘采用闪存颗粒存储，机械硬盘采用磁性碟片存储，混合硬盘是把磁性硬盘和闪存集成到一起的一种硬盘。

2. 技术

（1）机械硬盘。机械硬盘所使用的存储技术起源于 20 世纪 50 年代中期，它是在高速旋转磁盘上存储数据。机械硬盘主要通过移动磁头，在旋转的"磁盘"上进行数据写入与读取。机械硬盘是一种机械装置，使用了大量的活动机械结构，因此较容易发生机械性的故障，同时容易因为过热、过冷、冲击及震动等环境条件而产生数据损毁的问题。而在固态硬盘中，磁盘和磁头被存储芯片所取代，类似于常见的 USB、SD 和 CF 闪存盘与闪存卡产品。固态硬盘没有移动零件；这基本上就消除了机械硬盘具有的旋转延迟。另外，相比机械硬盘，固态硬盘因环境条件而损坏的可能性更低。固态硬盘专为新一代大众市场数据存储而设计，拥有与当前一代机械硬盘相同的外观尺寸，并采用相同的 SATA 接口。

（2）固态硬盘。固态硬盘采用 NAND 闪存或 DRAM 内存芯片取代机械硬盘中的磁盘及其他机械结构设计而成，目前品牌比较好的有三星、浦科特、东芝等。各接口的通道、协议和速度信息见表 9-1。

表 9-1 各接口的通道、协议和速度信息

接 口	通 道	协 议	速 度
SATA3	SATA	AHCI	600 MB/s（一般 500 MB/s）
M.2 b key m&b key	大部分 SATA	AHCI	600 MB/s（一般 500 MB/s）
M.2 m key	PCI-e 3.0×4	NVMe	4 GB/s（读 2.5 GB/s，写 1.5 GB/s）

NVMe 与 AHCI 都是逻辑设备接口标准。

ACHI（Advanced Host Controller Interface），高级主机控制接口，它是 Intel 所主导的一项技术，可以发挥 SATA 硬盘的潜在加速功能，大约可增加 30% 的硬盘读写速度。

NVMe（Non-Volatile Memory express），是一种建立在 M.2 接口上的一种标准（或称协议），是专门为闪存类存储设计的协议。

3. 基本参数

（1）容量。

（2）转速。转速是机械硬盘重要的性能级别。

（3）尺寸。

（4）SMART。自我监测、分析与报告技术（S.M.A.R.T.）是普通硬盘和固态硬盘一项内置的监测功能。它可以让用户监测设备的健康状况。该操作是通过专为 S.M.A.R.T. 功能而设计的监测软件实现的。所有 SSDNow 固态硬盘均支持 S.M.A.R.T.。

4. 固态硬盘的优势

（1）固态硬盘可以让用户的系统响应更加快速，从而可以更快地启动、加载应用程序和关机。在升级套件中提供，包含的软件可以复制用户的文件和操作系统，数分钟即可完成。

（2）固态硬盘没有活动部件，比传统硬盘更加耐用和可靠。

【注意】
　　SSD 不需要碎片整理。由于没有物理磁盘，因此便不需要组织数据以便缩短寻道时间。由此可知对 SSD 进行碎片整理没有效果。此外，对 SSD 进行碎片整理还可能会使硬盘的特定区域产生不必要的磨损。SSD 被设计为尽可能在整个固态硬盘上均匀地写入数据，从而减少对任何一个位置的不必要磨损。尽管如此，偶尔几次对 SSD 固态硬盘进行碎片整理不会对其造成伤害。但是，如果长时间连续这样操作，便可能缩短固态硬盘的寿命。

9.1.3　任务实现

1. 认识硬盘

【Step1】认识机械硬盘外观，如图 9-2 所示。

图 9-2　机械硬盘（西部数据、希捷）

【Step2】认识固态硬盘外观，如图 9-3 所示。

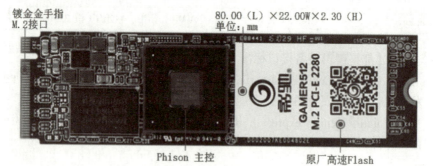

图 9-3　影驰固态硬盘

2. 硬盘选择

【Step1】考虑硬盘类型。

【Step2】考虑容量。一般容量为 500 GB、1 TB、2 TB、4 TB、8 TB 等，目前多选择 4 TB。

【Step3】考虑速度。机械类硬盘速度一般在 5 400 r/m、7 200 r/m 转中选择，其中服务器一般选择 10 000 转的；固态硬盘传输速率一般以 GB 为单位，如 6 Gb/s。

【Step4】考虑品牌。常见的品牌硬盘见表 9–2。

表 9–2 常见的品牌硬盘

品　牌	标　志	网　址
希捷硬盘	Seagate	http://www.seagate.com
Maxtor（迈拓）	Maxtor	http://www.maxtor.com
西部数据	Western Digital	http://www.wdc.com

【Step5】考虑服务。硬盘的服务十分重要，因为其维修困难，购买时必须说明保修时间与包换时间，以便减少使用的后顾之忧。

3. 固态硬盘常见指标认识

固态硬盘常见指标如图 9–4 所示。

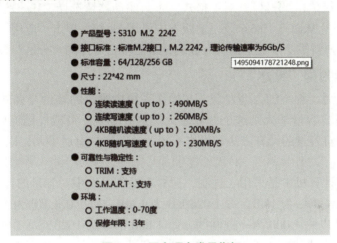

图 9–4　固态硬盘常见指标

4. 常见问题

（1）当用户尝试从安装盘中安装 Windows 7 时，系统无法检测到新的 SSD。但可以在 BIOS 中看到该固态硬盘。

如果 BIOS 能识别该 SSD，但 Windows 7 安装程序无法检测到该设备。

请执行如下步骤。

断开与其他硬盘或 SSD 的连接；启动 Windows 7 安装盘；选择修复、高级、命令提示符；键入"diskpart"；用户将看到一个显示为"diskpart"的提示符；键入以下命令，然后在每一条命令之后按下"Enter"键。

Diskpart > Select Disk 0

Diskpart > Clean

Diskpart > Create Partition Primary Align=1024

Diskpart > Format Quick FS=NTFS

Diskpart > List Partition

Diskpart > Active

Diskpart > Exit

随后使用 Windows 7 安装盘重新启动计算机。

（2）当用户连接固态硬盘作为辅助硬盘时，可以看到新硬件，但是无法将其作为可用硬盘。

打开控制面板，再打开管理工具，然后打开计算机管理。单击"磁盘管理"，查看窗口的右侧窗格中是否有固态硬盘。如果有，在标记为磁盘1、磁盘2等的位置上右击并选择"初始化磁盘"（在访问"磁盘管理"时，这可能会自动弹出）。

在 Windows XP 中，在其右侧区域右击并选择"新建分区"，然后在分区向导中选择"主分区"，继续使用向导选择大小、驱动器号并格式化分区。

在 Windows Vista 和 Windows 7 中，在磁盘标签右侧区域右击并选择"新建简单卷"，继续使用向导选择大小、驱动器号并格式化分区。

在 MacOS 中，将会出现"磁盘插入"窗口。单击"初始化"按钮，转到"磁盘工具"。从窗口左侧的驱动器列表中选择金士顿固态硬盘。从可用的操作中，选择"分区"。对于"宗卷方案"，请选择"1 个分区"。对于格式，永久驱动器请选择"MacOS 扩展"；外置驱动器请选择 ExFAT（在 MacOS 10.6.6 及以上版本中可用）。然后单击"应用"，这时会出现一个警告窗口，说明用户将擦除硬盘上的所有数据，最后单击底部的"分区"按钮。

5. 辨别硬盘容量为何"缩水"

在购买硬盘之后，细心的人会发现，在操作系统中硬盘的容量与官方标称的容量不符，都要少于标称容量，容量越大则这个差异越大。这并不是厂商或经销商以次充好欺骗消费者，而是硬盘厂商对容量的计算方法和操作系统的计算方法有所不同，以及不同的单位转换关系造成的。

众所周知，在计算机中是采用二进制，这样在操作系统中对容量的计算是以每 1 024 为一进制的，每 1 024 Byte 为 1KB，每 1 024 KB 为 1 MB，每 1 024 MB 为 1 GB；而硬盘厂商在计算容量方面是以每 1 000 为一进制的，每 1 000 字节为 1 KB，每 1 000 KB 为 1MB，每 1 000 MB 为 1 GB，二者进制上的差异造成了硬盘容量"缩水"。下面以 120 GB 的硬盘为例进行说明。

厂商容量的计算方法如下：120 GB=120 000 MB=120 000 000 KB=120 000 000 000 字节。

换算成操作系统的计算方法如下：120 000 000 000 Byte/1 024=117 187 500 KB/1 024=114 440.917 968 75 MB/1 024=14 GB；

同时，在操作系统中，硬盘还必须分区和格式化，这样系统还会在硬盘上占用一些空间，提供给系统文件使用，因此在操作系统中显示的硬盘容量和标称容量会存在差异。

9.2 移动存储

9.2.1 任务分析

关于移动存储，可以从以下几个方面进行分析。

（1）移动存储的种类，如 U 盘、移动硬盘、CF 卡、TF 卡、SD 卡。

（2）移动存储的日常使用注意事项。

（3）移动存储的选购方法。

9.2.2 知识储备

U 盘，全称为 USB 闪存盘，英文名为"USB flash disk"，如图 9-5 所示。它是一种使用 USB 接口的无须物理驱动器的微型高容量移动存储产品，通过 USB 接口与电脑连接，实现即插即用，是移动存储设备之一。

图 9-5　U 盘

（1）组成。U 盘组成很简单，一般由机芯和外壳构成。

①机芯：一块 PCB+USB 主控芯片 + 晶振 + 贴片电阻、电容 +USB 接口 + 贴片 LED（不是所有的 U 盘都有）+FLASH（闪存）芯片。

②外壳：按材料分类，有 ABS 塑料、竹木、金属、皮套、硅胶、PVC 软件等；按风格分类，有卡片、笔型、迷你、卡通、商务、仿真等；按功能分类，有加密、杀毒、防水、智能等。

（2）优点。U 盘小巧便于携带、存储容量大、价格便宜、性能可靠。

（3）功能。

①存储数据。

②做系统安装盘。

③杀毒盘。

④加密盘。

⑤音乐盘。

（4）存储原理。计算机把二进制数字信号转为复合二进制数字信号（加入分配、核对、堆栈等指令），读写到 USB 芯片适配接口，通过芯片处理信号分配给 EEPROM 存储芯片的相应地址存储二进制数据，实现数据的存储。EEPROM 数据存储器，其控制原理是电压控制栅晶体管的电压高低值，栅晶体管的结电容可长时间保存电压值，断电后能保存数据的原因主要就是在原有的晶体管上加入浮动栅和选择栅。在源极和漏极之间电流单向传导的半导体上形成贮存电子的浮动栅。浮动栅包裹着一层硅氧化膜绝缘体。它的上面是在源极和漏极之间控制传输电流的选择 / 控制栅。数据是 0 或 1 取决于在硅底板上形成的浮动栅中是否有电子。有电子为 0，无电子为 1。

闪存就如同其名字一样，写入前删除数据进行初始化。具体来说就是从所有浮动栅中导出电子，即将有所数据归 "1"。写入时只有数据为 0 时才进行写入，数据为 1 时则什么也不做。写入 0 时，向栅电极和漏极施加高电压，增加在源极和漏极之间传导的电子能量。这样一来，电子就会突破氧化膜绝缘体，进入浮动栅。读取数据时，向栅电极施加一定的电压，电流大为 1，电流小则定为 0。浮动栅没有电子的状态（数据为 1）下，在栅电极施加电压的状态时向漏极施加电压，源极和漏极之间由于大量电子的移动就会产生电流。而在浮动栅有电子的状态（数据为 0）下，沟道中传导的电子就会减少。这是因为施加在栅电极的电压被浮动栅电子吸收后很难对沟道产生影响。

9.2.3 任务实现

1. U 盘的使用

【Step1】连接计算机设备。U 盘连接设备时一般是不需要驱动的（早期的 Windows 98 系统需要安装驱动）。

在一台电脑上第一次使用 U 盘（把 U 盘插到 USB 接口时）系统会发出一声提示音，然后报告"发现新硬件"。稍候，会提示"新硬件已经安装并可以使用了"。（有时可能还需要重新启动）这时打开"我的电脑"，可以看到多出一个硬盘图标，名称一般是 U 盘的品牌名，如金士顿，名称就为 KINGSTON。U 盘连接成功标志，如图 9-6 所示。

图 9-6　U 盘连接成功标志

图 9-7　安全弹出 USB 设备

【Step2】使用完毕前。要关闭所有关于 U 盘的窗口，拔下 U 盘前，要双击右下角的安全删除 USB 硬件设备图标，打开如图 9-7 所示的对话框，再选择"停止"，然后，左键单击"确定"。当右下角出现提示"USB 设备现在可安全地从系统移除了"的提示后，才能将 U 盘从机箱上拔下，或者直接单击图标，单击"安全移除 USB 设备"，然后等出现提示后即可将 U 盘从机箱上拔下。

【Step3】制作自启动 U 盘。电脑没有光驱但要装系统、电脑硬件有损坏、检测硬盘坏道和检测内存等，这些都可以用 U 盘启动解决。

①确定计算机的主板和 U 盘本身是否支持，对于主板支持 U 盘启动，一般 815 以上的主板均支持，可以从 BIOS 中进行设置。

【注意】
　　检测是否支持 U 盘驱动的步骤：开机前插入 U 盘，开机时按下"F0"键（或"F2"键），出现开机启动设备选择，选择"USB+HDD"。

②利用网络上提供的自启动工具直接制作即可，如大白菜。

【Step4】无法停止"通用卷"设备解决办法。

这种情况下不可强行拔下 U 盘。如果强行拔除，很容易损坏 U 盘数据。如果 U 盘上有重要的资料，很有可能就此毁坏。其解决方法如下。

①清空剪切板，或者在硬盘上随便进行一次复制某文件再粘贴的操作，此时再删除 U 盘提示符，即可顺利删除。

②结束进程。结束"rundll32.exe"进程：同时按下"Ctrl+Alt+Del"组合键，出现"任务管理器"的窗口，单击"进程"，寻找"rundll32.exe"进程，选择"rundll32.exe"进程，然后单击"结束进程"，这时会弹出任务管理器警告，询问确定是否关闭此进程，单击"是"，即关闭"rundll32.exe"进程，然后删除 U 盘即可。使用这种方法时请注意：如果有多个"rundll32.exe"进程，需要将多个"rundll32.exe"进程全部关闭。

结束"explorer.exe"进程：同时按下"Ctrl+Alt+Del"组合键，出现"任务管理器"的窗口，单击"进程"，寻找"explorer.exe"进程并结束它，在任务管理器中单击"文件"—"新建任务"—输入"explorer.exe"—"确定"。删除 U 盘，即可安全删除。

③重启计算机。

2. U 盘的维护

【Step1】经常备份数据。U 盘设备并非绝对可靠，它们也可能会由于上述因素而导致数据损坏。因此，必须在多种介质上备份重要信息，或者将数据打印在纸上以供长期存储，这一点非常重要。请勿将重要数据只存储在闪存设备上。

【Step2】不要装在通过安检的包裹中。CompactFlash 协会指出，机场的 X 光扫描仪不会损坏 CompactFlash 卡，但美国邮政服务的辐射性扫描可能会损坏它们。由于 CompactFlash 协会发出了关于美国邮政服务对邮件进行辐射性扫描可能会损坏闪存设备的警告，因此最好使用联邦快递、UPS 或其他私营承运商等商业服务代替美国邮政服务寄送闪存设备。

尽可能将闪存设备包装好放到随身携带的行李中。世界各地使用的闪存设备数以千万计，但一直以来都未曾有过关于因机场的 X 光扫描仪导致闪存设备损坏的可核查报告。

2004 年，由国际影像产业协会（I3A）发起的一项研究表明，目前机场的 X 光设备并不会损坏闪存卡。

作为预防措施，金士顿建议像对待未处理的胶卷一样对待闪存卡和 DataTraveler 闪存盘，将其存放在随身携带的行李中，因为旅客接受安检时的辐射水平远低于新的行李扫描设备的辐射水平。

3. 关闭移动磁盘自动播放功能

（1）"Shift"按键法。这个方法早在 Windows 98 就已经应用，最早在关闭自动播放 CD 时使用的就是这种方法。插入移动硬盘时按住"Shift"键，移动硬盘就不会自动播放。

（2）策略组关闭法。在"熊猫烧香"流行的时候，网上就流传着使用策略组关闭移动硬盘或者 U 盘自动关闭功能的方法。具体如下：单击"开始—运行"，在"打开"框中，键入"gpedit.msc"，单击"确定"按钮，打开"组策略"窗口。在左窗格的"本地计算机策略"下，展开"计算机配置—管理模板—系统"，然后在右窗格的"设置"标题下，双击"关闭自动播放"。单击"设置"选项卡，选中"已启用"复选钮，然后在"关闭自动播放"框中单击"所有驱动器"，单击"确定"按钮，最后关闭组策略窗口。

（3）关闭服务法。在"我的电脑"右击，选择"管理"，在打开的"计算机管理"中找到"服务和应用程序—服务"，然后在右窗格找到"Shell Hardware Detection"服务，这个服务的功能就是为自动播放硬件事件提供通知，然后双击，在"状态"中单击"停止"按钮，将"启动类型"修改为"已禁用"或者"手动"即可。

（4）磁盘操作法。这个方法对 Windows XP 比较有效。打开"我的电脑"，在"硬盘"或者"有可移动的存储设备"下面会看到用户的盘符，一般移动硬盘的盘符会在"硬盘"中，U 盘或者数码相机在"有可移动的存储设备"中。鼠标右击需要关闭自动播放功能的盘符，选择"属性"，在弹出的窗口中选择"自动播放"选项卡，在这里用户可以针对"音乐文件""图片""视频文件""混合内容""音乐 CD"五类内容设置不同的操作方式，均选用"不执行操作"即可禁用自动运行功能，单击"确定"后设置立即生效。此方法同样适用 DVD/CD 驱动器。

9.3 光驱与光盘

向光盘读取或写入数据的机器称为光驱。

9.3.1 任务分析

光盘驱动器简称光驱，是一个结合光学、机械及电子技术的产品。在光学和电子结合方面，激光光源来自一个激光二极管，它可以产生波长为 0.54~0.68μm 的光束，经过处理后光束更集中且能精确控制，光束首先打在光盘上，再由光盘反射回来，经过光检测器捕捉信号。关于光盘和光驱，学习的主要任务如下。

（1）了解光驱和光盘的基本知识。
（2）掌握光驱和光盘的基本维护方法。
（3）移动存储的选购方法。

9.3.2 知识储备

1. 光驱的基础知识

（1）光驱的工作原理。激光头是光驱的心脏，也是最精密的部分。光驱如图 9-8 所示，它主要负责数据的读取工作，因此在清理光驱内部时要格外小心。

图 9-8 光驱

激光头主要包括激光发生器（又称激光二极管）、半反射棱镜、物镜、透镜和光电二极管等。当激光头读取盘片上的数据时，从激光发生器发出的激光透过半反射棱镜汇聚在物镜上，物镜将激光聚焦成为极其细小的光点并打到光盘上。此时，光盘上的反射物质就会将照射过来的光线反射回去，透过物镜再照射到半反射棱镜上。此时，由于棱镜是半反射结构，因此不会让光束完全穿透它并回到激光发生器上，而是经过反射，穿过透镜，到达光电二极管上面。由于光盘表面是以凹凸不平的点来记录数据的，因此反射回来的光线就会射向不同的方向。设计者将射向不同方向的信号定义为"0"或者"1"，LED 接收到的是那些以"0""1"排列的数据，并最终将它们解析成所需要的数据。

在激光头读取数据的整个过程中，寻迹和聚焦直接影响光驱的纠错能力与稳定性。寻迹就是保持激光头能够始终正确对准记录数据的轨道。当激光束正好与轨道重合时，寻迹误差信号就为 0，否则寻迹信号就可能为正数或者负数，激光头会根据寻迹信号对姿态进行适当的调整。如果光驱的寻迹性能很差，在读盘时就会出现读取数据错误的现象，最典型的就是在读音轨时出现跳音现象。所谓聚焦，就是指激光头能够精确地将光束打到盘片上并收到最强的信号。当激光束从盘片上反射回来时会同时打到 4 个光电二极管上，它们将信号叠加并最终形成聚焦信号。只有当聚焦准确时，这个信号才为"0"，否则，它就会发出信号，矫正激光头的位置。聚焦和寻道是激光头工作时最重要的两项性能，读盘好的光驱都是在这两方面性能优秀的产品。目前，市面上英拓等少数高档光驱产品开始使用步进马达技术，通过螺旋螺杆传动齿轮，因此 1/3 寻址时间从原来的 85 ms 降低到 75 ms，甚至更低，相对同类 48 倍速光驱产品 82 ms 的寻址时间，性能上得到明显改善。

光驱的聚焦与寻道很大程度上与盘片本身关系密切。目前，市场上不论是正版盘还是盗版盘都存在不同程度的中心点偏移和光介质密度分布不均的情况。当光盘高速旋转时，会造成光盘强烈震动的情况，不但使光驱产生风噪，而且迫使激光头以相应的频率反复聚焦和寻迹调整，严重影响光驱的使用寿命。因此，在 36~44 倍速的光驱产品中，普遍采用全钢机芯技术，通过重物悬垂实现能量的转移。但面对每分钟上万转的高速产品，全钢机芯技术显得有些无能为力，目前市场上已经推出了以 ABS 技术为核心的英拓等光驱产品。ABS 技术主要是通过在光盘托盘下配置一副钢珠轴承，当光盘出现震动时，钢珠会在离心力的作用下滚动到质量较轻的部分进行填补，以起到瞬间平衡的作用，从而改善光驱性能。

（2）光驱的读盘速度。CD-ROM 速度的提升发展非常快，一般有 2 倍速、4 倍速、8 倍速、16 倍速、24 倍速、32 倍速、48 倍速、52 倍速。值得注意的是，光驱的速度都是标称的最快速度，这个数值是指光驱在读取盘片最外圈时的最快速度，而读内圈时的速度要低于标称值，大约在 24 倍速的水平。目前，很多光驱产品在遇到偏心盘、低反射盘时采用阶梯性自动减速的方式，也就是说，从 48 倍速到 32 倍速再到 24 倍速最后到 16 倍速，这种被动减速方式会严重影响主轴马达的使用寿命。

操作过程中按住前控制面板上"Eject"键 2 s，光驱就会直接从最高速自动减速到 16 倍速，避免机芯器件不必要的磨损，延长光驱的使用寿命。同样，再次按下"Eject"键 2 s，光驱将恢复读盘速度，提升到 48 倍速。此外，缓冲区大小、寻址能力同样起着非常大的作用。以目前的软件应用水平，对光驱速度的要求并不是很苛刻，48 倍速光驱产品在一段时间内完全能够满足使用需要。此外，CD-ROM 作为数据的存储介质，使用率远远低于硬盘。

（3）光驱的容错能力。相对读盘速度，光驱的容错性显得更加重要。或者说，稳定的读盘性能是追求读盘速度的前提。由于光盘是移动存储设备，并且盘片的表面没有任何保护，因此难免会出现划伤或沾染上杂物等情况，这些都会影响数据的读取。为了提高光驱的读盘能力，各大厂商不断开发新技术，其中，"人工智能纠错"是一项比较成熟的技术。AIEC 通过对上万张光盘的采样测试，"记录"下适合它们的读盘策略，并保存在光驱 BIOS 芯片中，以方便光驱针对偏心盘、低反射盘、划伤盘进行自动读盘策略的选择。由于光盘的特征千差万别，因此目前市面上以英拓为首的少数光驱产品还专门采用了可擦写 BIOS 技术，使 DIYer 可以通过在线方式对 BIOS 进行实时修改。因此，Flash BIOS 技术的采用，对光驱整体性能的提高起到了巨大作用。

另外，一些光驱为了提高容错能力，提高了激光头的功率。当光头功率增大后，读盘能力确实有一定程度的提高，但长时间"超频"使用会使光头老化加速，严重影响光驱的寿命。一些光驱在使用仅三个月后就出现了读盘能力下降的现象，这很可能是光头老化的结果。这种以牺牲寿命换取容错性的方法是不可取的。判断购买的光驱是否被"超频"的方法如下：在购买时可以让光驱读一张质量稍差的盘片，如果在盘片退出后表面温度很高，甚至烫手，那就有可能是被"超频"了，但也不能排除是光驱主轴马达发热量大的结果。

2. 光驱的日常维护与基本方法

（1）光驱的日常维护。

①光盘的选择。在选用光盘时，应尽量挑盘面光洁度好、无划痕的盘，并且对盘的厚度

也需要加以注意。质量好的盘通常会稍厚一些；而质量差的盘则比较薄，使光驱夹紧机构运转很吃力。质量不好的光盘，如盘片变形、表面严重划伤、污染及盗版光盘等，在光驱内进行读取时，光学拾取头的物镜将不断上下跳动和左右摆动，以保证激光束在高低不平和左右偏摆的信息轨迹上实现正确聚集和寻道，加重了系统的负担，加快了机械磨损。同时，为了减少光驱的磨损，延长光驱的使用寿命，不要经常用光驱长时间播放 VCD 影碟，因为这会增加电机与激光头的工作时间，从而缩短光驱的使用寿命。另外，在关机时，如果劣质光盘留在离激光头很近的地方，当电机转起来后很容易划伤光头。

②光驱的入盒和出盒。尽量将光盘放在光驱托架中，有一些光驱托盘很浅，若光盘未放好就进盒，易造成光驱门机械错齿卡死。同时，进盘时不要用手推光驱门，应使用面板上的进出盒键，以免入盘时齿轮错位。

在不使用光驱时，应尽量取出光盘，因为若光驱中有光盘，主轴电机就会不停地旋转，光头不停地寻迹、对焦，这样会加快其机械磨损，使光电管老化。

不要在光驱读盘时强行退盘，因为这时主轴电机还在高速转动，而激光头组件还未复位。一方面会划伤光盘；另一方面还会打花激光头聚焦透镜并造成透镜移位。因此，应待光驱灯熄灭后再按出盒键退盘。

③保证光驱的通风良好。高倍速光驱的转速极快，几乎赶超了硬盘，所带来的最大弊端就是发热量极大。目前，市场上大部分的 CD-ROM 以塑料为机芯，高热量是降低其寿命的重要因素，因为塑料的耐热能力较差，长期使用自然会出现问题造成读盘不顺利。但光驱的机芯又很难像显卡或 CPU 那样依靠散热片和风扇来散热。因此，要把光驱放在一个通风良好的地方，以保持它具有良好的散热性，以便保证光驱能够稳定运行。

另外，日常维护还有其他很多方面，一定要养成良好的使用习惯和掌握保养方法，才能让光驱的寿命最大化。对于一些经常使用的光盘，如果是硬盘比较空闲的用户，最好把它制作成虚拟光驱文件。同时，要养成定期清洁激光头的习惯。

（2）光驱故障维修的基本操作方法。光驱的硬件故障主要集中在激光头组件上，一般可分为两种情况：一种是使用太久造成激光管老化；另一种是光电管表面太脏或激光管透镜太脏和位移变形。因此，在对激光管功率进行调整时，还需要对光电管和激光管透镜进行清洗。

①光电管及聚焦透镜的清洗。拔掉连接激光头组件的一组扁平电缆，记住方向，拆开激光头组件。这时能看到护套罩着激光头聚焦透镜，去掉护套后会发现聚焦透镜由四根细铜丝连接到聚焦、寻迹线圈上，光电管组件安装在透镜正下方的小孔中。用细铁丝包上棉花蘸少量蒸馏水擦拭（不可用酒精擦拭光电管和聚焦透镜表面），并观察透镜是否水平悬空正对激光管，否则需要进行适当调整。至此，清洗工作完毕。

②调整激光头功率。在激光头组件的侧面有一个像十字螺钉的小电位器，用色笔记下其初始位置，一般先顺时针旋转 $5°\sim10°$，装上试机，若不行再逆时针旋转 $5°\sim10°$，直到能顺利读盘。注意切不可旋转太多，以免功率太大而烧毁光电管。

3. 光驱的常见故障

光驱的平均无故障时间为 2 500 h 左右，正常的使用寿命一般为 2 年左右，当然这要看光驱的实际使用时间。时间久了，光驱常会出现不读盘的故障，一般均显示"驱动器 X 没有光盘，插入光盘再试"或"CDR101: NOT READY READING DRIVE X ABORT, RETRY,

FAIL？"。光驱由机械部件、电子部件和光学部件三类部件组成，在使用、维护时较普通软盘驱动器、硬盘复杂，且故障率较高，故障的分析、定位也较复杂。对光驱进行排查故障的一般过程如下：首先，检查和排除与光驱相连的各信号线、电源线等；其次，排除上述"其他故障"中的各个方面；再次，检查系统配置和参数设置情况，以及光学部件、机械部件因素；最后，检查电子部件故障。

光驱的故障按故障源一般有接口故障、系统配置故障、光学部件故障、机械部件故障、电子部件故障和其他故障六大类。

（1）接口故障。故障主要原因包括以下几点：光驱的接口与主板接口不匹配（出现"CDR-103"错误提示），在增加或减少新硬件时，造成光驱的信号线（包括与其他多媒体部件的连接线）、电源线、跳线等之间的松动，以及错误连接或断线等。这类故障的具体现象有"不认"光驱、"读写"错误、主机死机等。

（2）系统配置故障。故障的主要原因包括以下几点：系统增加了新硬件后 I/O、DMA 和 IRQ 有冲突；CMOS 中有关 CD-ROM 的设置不当；与硬盘的主从关系设置有误；等等。具体现象有光驱不工作、光驱灯亮一段时间后死机、"读写"错误、不出现盘符或误报多个盘符等。

故障现象：一台电脑加装一个 6 倍速的光驱，与 1.2 GB 的硬盘共用 Primary IDE 接口，使用一段时间后，按主板说明将光驱接到 Secondary IDE 接口上后光驱不能工作。

【解决方法】由于光驱接在 Primary IDE 口时工作正常，故可以排除光驱自身的问题，考虑到 CMOS BIOS 在改变插口后未设置，因此 BIOS 的设置对光驱可能有影响，开机进入 BIOS 设置，发现其中的 IDE Drive1 项设为"None"，于是将 IDE Drive1 项改为缺省值"AUTO"后，再开机，光驱能够正常工作。

（3）光学部件故障。故障的主要原因包括以下几点：激光二极管和光电接收二极管老化、失效；光头聚焦性能变差，激光不能正常聚焦到光盘上；信号接收单元不能正常接收信号；激光头表面和聚焦镜表面积尘太多，激光强度减弱；等等。具体现象是放入光盘后无反应、读取光盘上数据困难、读取时间变长、"死机"、"读写"错误、"不认"光盘、"挑盘"、提示"CDR-101"或"CDR-103"错误信息等。

CD-ROM 光头使用寿命一般为 2 000 ~ 3 000 h。随着使用时间的增长，光头功率逐渐下降，通过调整光头调节器以增大光头功率的方法，可改善其读盘能力，但这会加速光头的老化，减少光头的使用寿命。

故障现象：一台高仕达 16 倍速光驱，使用了半年后，发现原来一直能够正常使用的光盘绝大部分读不出来，并显示"CDR-101"错误。如果反复按"R"键再试，则可读出一些信息。

【解决方法】为了定位故障所在，先在光驱内放一张 CD 盘，发现能将整盘从头至尾播放完。由此排除了光驱的寻道和步进电机等机械部分、电子部件的故障，判定很有可能是激光头故障，导致不能正确读出光盘上的信号。将光驱拆开，使激光头露出来，用干净的丝绸缠在小木棍上，蘸上少许无水酒精轻轻擦拭激光头表面，然后置于干净环境中晾干，再把各部件按序装好，装回计算机，开机测试，发现光盘工作正常，故障消失。这是一种典型的光学部件故障。

（4）机械部件故障的分析与定位。故障的主要原因包括以下几点：机械部件磨损、损坏产生位移等现象导致激光头定位不准；压盘机械部分有纰漏，不能夹紧光盘，导致盘片转动失常。具体现象有"读写"错误、"挑盘"、托盘不能弹出、"不认盘"等，多出现在经常非法、强制操作或环境较恶劣的情况下。对于此类故障，可将 CD-ROM 机械部分重新进行装配，适当补偿部件磨损，调整机构运动精度，在压盘轴孔处加装垫片。

（5）电子部件故障。该故障较为少见，其主要原因有光驱电子线路板损坏、电子元件老化、损坏等。具体现象有光驱不工作、不能出现盘符、"读写"错误等。

出现此类故障一般要送回厂家维修点或专业维修店进行维修，具体是更换相应的电路板或元器件。

（6）其他故障。故障的主要原因有环境因素、设备驱动程序问题（出现"CDR-101：Bead Fail"提示信息）、CD-ROM 盘有灰尘、划痕、不正确的操作、固定螺钉太长、维修不当的残余物或上述诸多故障的综合。

4. 刻录机与刻录盘

（1）CD-R 与 CD-RW 的刻录原理。在刻录 CD-R 盘片时，通过大功率激光照射 CD-R 盘片的染料层，在染料层上形成一个个平面（Land）和凹坑（Pit），光驱在读取这些平面和凹坑时就能够将其转换为"0"和"1"。由于这种变化是一次性的，不能恢复到原来的状态，因此 CD-R 盘片只能写入一次，不能重复写入。

CD-RW 的刻录原理与 CD-R 大致相同，只不过盘片上镀的是一层 200~500Å（$1\text{Å}=10^{-8}\text{cm}$）厚的薄膜，这种薄膜的材质多为银、铟、硒或碲的结晶层，这种结晶层能够呈现出结晶和非结晶两种状态，等同于 CD-R 的平面和凹坑。通过激光束的照射，可以在这两种状态之间相互转换，因此 CD-RW 盘片可以重复写入。

（2）刻录机的接口规格。早期的刻录机有很多是 SCSI 接口，SCSI 接口的刻录机占用的系统资源很少，刻录时相对稳定，但必须安装 SCSI 卡，过程比较烦琐，价格也居高不下。刻录机广泛发展之后，虽然 SCSI 接口的刻录机仍然在市场上占有一席之地，但安装简单、价格低廉的 IDE 接口刻录机逐渐占领了大部分市场成为主流。目前，刻录机与主机相连的接口主要有 IDE、SCSI、USB 和 IEEE 1394 等，采用 USB 1.1 接口的外置式产品由于受到接口传输速率的限制，大多只能达到 4 倍速或 6 倍速，然而凭借其支持热插拔、携带安装方便等优点，逐渐成为移动办公的首选。IEEE 1394 接口的刻录机产品目前还很少见，价格也比较昂贵，但是从长远角度来看，外置式刻录机必将逐渐过渡到 IEEE 1394 接口和 USB 2.0 接口。

（3）刻录机的速度。刻录机和普通光驱一样也有倍速之分，只不过刻录机有三个速度指标，即刻录速度、复写速度和读取速度。例如，某刻录机标称速度为 $32 \times 12 \times 40$，说明此刻录机刻录 CD-R 盘片的最高速度为 32 倍速，复写和擦写 CD-RW 盘片的最高速度为 12 倍速，读取普通 CD-ROM 盘片（包括 CD-R 和 CD-RW）的最高速度为 40 倍速。

除了刻录机，CD-R 和 CD-RW 盘片都有标称的刻录速度，对于仅支持低速刻录的盘片，如果强行采用高速刻录方式，可能会造成记录层烧录不完全，导致数据读取失败甚至盘片报废，因此选择支持相应刻录速度的盘片是非常重要的。另外，所谓的"32X"也就是 32 倍速，1 倍速为 150 KB/s，32 倍速就是 4 800 KB/s。

（4）刻录机的缓存。为保证刻录质量，高速刻录时除了对盘片的要求比较高以外，缓存大小也十分重要。在刻录开始前，刻录机需要先将一部分数据载入缓存中，刻录过程中不断从缓存中读取数据刻录到盘片上，同时缓存中的数据也在不断补充。一旦数据传送到缓存的速度低于刻录机的刻录速度，缓存中的数据就会减少，缓存完全清空之后就会发生缓存欠载问题（Buffer Under Run），导致盘片报废。

因此，在没有防刻死技术的刻录机上，缓存大小直接影响刻录的成功率。缓存越大，发生缓存欠载问题的可能性就越低。曾经市场上一度出现了部分具有 8 MB 缓存的刻录机产品，当然价格也比只有 2 MB 缓存的产品贵一些。

（5）CAV、CLV、P-CAV 和 Z-CLV 的比较。CLV（恒定线速度）是早期光驱使用的读盘方式，多用于 8 倍速以前的光驱，特点是读取盘片内圈和外圈时的数据流量相同，想要达到这个要求，主轴电机就必须不断改变转速，读内圈数据时转速高，读外圈数据时转速低。随着光驱的速度不断提高，电机频繁地改变转速势必会大幅度缩短寿命，于是出台了 CAV（恒定角速度）。CAV 方式下主轴电机的转速恒定不变，读取内圈数据时数据流量较低，读取外圈数据时数据流量较高。P-CAV（局部恒定角速度）则是将以上两种方式的优点结合起来，在读取内圈数据时采用 CLV 方式，读取外圈数据时采用 CAV 方式。

Zone-CLV(区域恒定线速度）是出现在高速刻录机上的一种技术，有时也简写成 Z-CLV，采用 Zone-CLV 技术的刻录机在刻录时，提速过程并不像光驱读盘时采用的 CLV、CAV 或 P-CLV 方式——在读盘过程中连续提升转速，而是将一张刻录盘由内到外分成数个区域，刻录时以区域为单位逐步提升速度，同一个区域内的刻录速度是恒定的，这样可以在刻录机保证稳定的前提下再将速度提升到更高的阶段，避免马达转速过高带来的不稳定因素。

由一台 32 倍速刻录机的数据传输率曲线图可以看出，刻录速度从 16 倍速开始上升，经历了 20 倍速、24 倍速、28 倍速之后，最终达到 32 倍速的标称速度。而代表马达转速的曲线则始终保持在较低的位置，并且变化量很小，保证了刻录时的稳定性。

9.3.3 任务实现

1. 光驱的拆卸与清洗

【Step1】拆卸底板。将光驱底部向上平放，用十字形的螺丝刀拆下固定底板的螺钉，向上取下金属底板，此时能看到光驱底部的电路板；有些光驱底板上有卡销，卡销卡在外壳（凹形金属上盖）的相应卡扣上，拆卸这类光驱的底板时，需要将底板略向光驱后侧推，使之脱离卡销，然后向上取下底板。

【Step2】拉出托盘。在光驱进出盘按钮左侧，有一个直径为 1~1.5 mm 的强行退盘孔，将细铁丝插入应急退盘孔中并用力推入 2.5 cm 左右，托盘会向前弹出，再用手拉出托盘。也有些光驱没有强行退盘孔，可接通电源，按进出盘按钮使托盘滑出，然后关闭电源。

【Step3】拆卸前面板。前面板的两侧和顶部各有一只卡扣卡在金属外壳（凹形金属上盖）的卡孔中，向内轻推卡扣使之与卡孔脱离，向前拉出前面板。光驱的前面板是由螺钉固定在外壳两侧的，拧下螺钉即可向前抽出前面板。

【Step4】取出机芯。

① SONY 光驱的机芯（包括电路板）在拉出前面板后，已可向下从外壳中取出。

② OTI 光驱机芯是用螺钉固定在金属外壳（凹形金属上盖）顶部的，拧下螺钉即可取出机芯。

③ GCD-R542B 光驱的机芯两侧各有两只卡扣卡在金属外壳的卡孔中，先向内推卡扣，再略向前拉机芯使之与金属外壳尾部的凹形卡扣处脱离，然后向下取出机芯。

④ 将机芯正面向上，抽出光盘托就能看见激光头组件，激光头顶部黄豆大小的玻璃球状

透明体是聚焦透镜，这时就可以清洗聚焦透镜。

⑤如果看不到激光头组件，可旋转步进齿轮将激光头组件移到可视位置。

⑥有些光驱，如 OTI 光驱，则还需要拆除光盘上夹盖后才能看到激光头组件。

【Step5】试机判断故障源。

①放入一张质量好的正版光盘。

②现象主要包括以下几种。

a. 激光发射管亮（红色），光驱面板指示灯亮。

b. 激光头架有复位动作（回到主轴电机附近）。

c. 激光头由光盘的内圈向外圈步进检索，然后回到主轴电机附近。

d. 激光头聚焦透镜上下聚焦搜索三次，主轴电机加速三次寻找光盘。

③判断：如果激光发射管熄灭，主轴电机停转，则可能是激光头组件有故障，否则，应检查光驱控制电路和伺服电路是否正常。

【Step6】拆卸光盘上夹盖。

① SONY 光驱的光盘上夹盖在外壳顶部，此时已经能取下。

② GCD-R542B 光驱，先拧下螺钉，再由两侧向内推卡扣，然后向上取下光盘上夹盖。

③ OTI 光驱的光盘上夹盖固定点在机芯尾部中间，先用镊子向后侧推取下弹簧，将上夹盖前部向上扳，再向右平移取下即可。

【Step7】拆卸激光头组件。

①观察：激光发射管功率微调电位器体积仅有绿豆大小，大多在激光头组件侧部，一般需要拆下激光头组件才能调节。激光头组件一侧套在一根圆柱形金属滑动杆上，另一侧与步进电机传动机构相衔接，不同机芯衔接方式不一。

② SONY 光驱激光头组件的固定点在光驱上部，只需要拧下一颗螺钉，拔下软排线即可向上取下激光头组件。拔下软排线前建议先用有色铅笔在排线与插座接口处画一条直线，做好标记，以便在还原时判断是否正确回位。拔、插软排线请勿折叠，轻拔轻插，否则，损坏后极难维修。

③ GCD 光驱激光头组件的固定点在光驱下部，需要先拧下两颗螺钉，拔下机芯与电路板连接的软排线及插头，取下电路板，拧下激光头组件上固定圆柱形金属滑动杆端头的螺钉，再平移金属滑动杆，即可向上扳取出激光头组件，这时激光头虽未取下，但已能调节微调电位器。另外，也可拧下左侧固定步进转轴的三颗螺钉，再取下激光头组件。

④ OTI 光驱的激光头组件的固定点在光驱下部，需要先拧下两颗螺钉，拔下软排线及插头，取下电路板，再向内侧取出固定圆柱形金属滑动杆两端头的卡销，向上扳即可取下激光头组件。

【Step8】清洗聚焦透镜。

①仔细观察聚焦透镜表面会看到灰尘或雾蒙蒙的一片，用脱脂棉或镜头纸轻轻擦拭除去透镜表面的灰尘。

②一般情况下建议干擦，请不要蘸水擦拭，因透镜表面有一层膜，极怕受潮。医用酒精含水较多，工业酒精含杂质较多，也不宜使用。如果仔细观察确有无法擦除的油腻，建议蘸少许无水乙醇清洗。

③聚焦透镜安装在弹性体上，擦拭时可稍稍加力，但用力过大会使透镜发生位移或偏转而影响光驱读盘。如果使用镊子，则不要划伤透镜表面，也不要碰伤聚焦透镜侧部的聚焦线圈。

2. 读不出盘的光驱维护

【Step1】确定光盘没有问题。换几张质量好的光盘进行尝试，若还是不读盘，则继续下一步。

【Step2】清洗激光头。将光驱的螺钉拧开，打开光驱盖，可以看到激光头，拿棉签蘸少许酒精对激光头进行擦拭，若还是不读盘，则继续下一步。

【Step3】更换光驱。一般可能是光驱激光头老化，导致光驱不能正常工作，此时应选择更换光驱。

巩固练习

简答题

如何查看 USB 设备电流量？

项目 10

显示器与显卡

- ■ 显示器
- ■ 显卡

项目 10　显示器与显卡

> **知识学习目标**
> 1. 了解显示器的基本知识；
> 2. 了解显卡的基本知识。

> **技能实践目标**
> 1. 掌握选购显示器的策略；
> 2. 掌握显示器的日常维护方法；
> 3. 掌握显卡的选购策略；
> 4. 掌握显卡的日常维护方法。

10.1　显示器

10.1.1　任务分析

显示器是计算机的基本输出设备之一，计算机操作中的各种状态都会随时在显示器上呈现，显示器尺寸越大显示图像越清楚。由于 LCD 显示器具有低辐射、高环保、重量轻、体积小等优势，加上价格的不断下降，19 in 甚至更大尺寸的 LCD 显示器正在逐步走进主流。本节计划完成以下几方面任务。

（1）选购显示器的策略。
（2）液晶显示器的日常维护。
（3）液晶显示器的安装和拆卸技能。
（4）显示器的测试。

10.1.2　知识储备

1. 显示器的原理

显示器显示画面是由显卡控制的。

（1）CRT 显示器。CRT 显示器的显示系统和早期的电视机类似，主要部件是显像管（电子枪）。在彩色显示器中，通常是三个电子枪，也有将三个电子枪合在一起，称为单枪。显像管的屏幕上涂有一层荧光粉，电子枪发射出的电子击打在屏幕上，使被击打位置的荧光粉发光，从而产生图像。每个发光点又由"红""绿""蓝"三个小的发光点组成，此发光点就是一个像素。由于电子束是分为三条的，它们分别射向屏幕上这三种不同的发光点，因此在屏幕上出现彩色的画面。

CRT 显示器的参数主要包括以下几点。

①点距（Dot Pitc），主要是对使用孔状荫罩而言的，是荧光屏上两个同样颜色荧光点之间的最短距离。

②栅距（Bar Pitc），是计算其中荧光条之间的距离。

③像素（Pixel），屏幕上每个发光的点就称为一个像素，像素由红、绿、蓝三种颜色组成。

④分辨率（Resolution），是指构成图像的像素的总数，主要是由点距和显像管面积决定的。显示器的清晰度主要取决于分辨率。因为分辨率越高，同等面积下的像素就越高，所以显示效果必定清楚。例如，1 024×768 比 800×600 清晰；但同等面积下的像素多少又取决于点距的大小，因此换句话说，参数其实都是相互关联的，看到分辨率基本就可以知道其他参数。但显示效果不单由分辨率决定，如带宽等参数也很重要，因此要综合考虑。

（2）液晶显示器。液晶是一种介于固体和液体之间的特殊物质，是一种有机化合物，常态下呈液态，但是液晶的分子排列却与固体晶体一样非常规则，因此取名液晶，液晶的另一个特殊性质在于，如果给液晶施加一个电场，会改变其分子排列，此时如果给液晶配合偏振光片，液晶就具有阻止光线通过的作用（在不施加电场时，光线可以顺利透过），如果再配合彩色滤光片，改变加给液晶电压的大小，就能改变某一颜色透光量的多少，也可以形象地说，改变液晶两端的电压就能改变液晶的透光度（但实际中这必须与偏光板配合）。

液晶显示器的参数：屏幕比例即屏幕宽度和高度的比例，又称为纵横比或者长宽比，标准的屏幕比例一般有 4∶3 和 16∶9 两种，但 16∶9 也有几个"变种"，如 15∶9 和 16∶10。

①尺寸，如图 10-1 所示。显示器的尺寸为对角线的长度。

图 10-1　显示器的尺寸

②分辨率，一般为 1 920×1 080。分辨率可以从显示分辨率与图像分辨率两个方向进行分类。

显示分辨率（屏幕分辨率）是屏幕图像的精密度，是指显示器所能显示的像素有多少。由于屏幕上的点、线和面都是由像素组成的，显示器可显示的像素越多，画面就越精细，同样的屏幕区域内能显示的信息也越多，因此分辨率是显示器非常重要的性能指标之一。在显示分辨率一定的情况下，显示屏越小图像越清晰，反之，显示屏大小固定时，显示分辨率越高图像越清晰。

图像分辨率则是单位英寸中所包含的像素点数，其定义更趋近于分辨率本身的定义。

FHD 意思是全高清，即 Full HD，全称为 Full High Definition，一般能达到的分辨率为 1 920×1 080。当片源达到 1 080P 清晰度时，支持 FHD 分辨率输出的 LCD 显示屏能够完整表现。

UHD 代表"超高清"，HD（高清）、Full HD（全高清）的下一代技术。国际电信联盟（ITU）发布的"超高清 UHD"标准建议将屏幕的物理分辨率达到 3 840×2 160（4K×2K）及以上的显示称为超高清，是普通 FHD（1 920×1 080）宽高的各两倍，面积的四倍。

4K 的名称得自其横向解析度约为 4 000 像素，和目前主流的 1 080 P（1 920×1 080）相比，4K 分辨率是其显示清晰度的 4 倍。目前，主流彩电企业的超高清电视分辨率接近 4 K，为 3 840×2 160，分辨率标准的显示比例为 16∶9，与消费者目前接收的观看比例比较接近。超高清电视机的像素超过 800 万，相比之下，全高清电视的像素目前只有 200 万左右。

③可视角度，是指用户可以从不同的方向清晰地观察屏幕上所有内容的角度。获得无色彩偏差和文字缺失的标准图像的最大角度，一般最大广阔可视角度为 178°。

④不同的接头，显示器的接头如图 10-2 所示，分别为 HDMI+DP+VGA 和 1 入 2 出的 USB Hub。

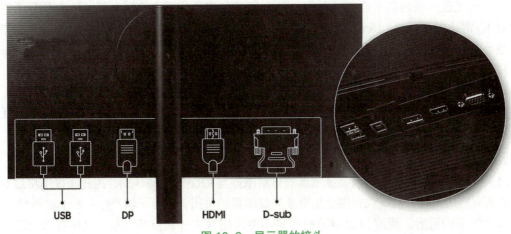

图 10-2　显示器的接头

HDMI（High Definition Multimedia Interface，HDMI）是一种数字化视频 / 音频接口技术，是适合影像传输的专用型数字化接口，可同时传送音频和影像信号，最高数据传输速度为 2.25 GB/s，在信号传送前无须进行数 / 模或者模 / 数转换。

DP（DisplayPort），也是一种高清数字显示接口标准，可以连接计算机和显示器，也可以连接计算机和家庭影院。

亮度（Lightness）是颜色的一种性质，或与颜色多明亮有关系的色彩空间的一个维度。在 Lab 色彩空间中，亮度被用于反映人类的主观明亮感觉。

亮度是指画面的明亮程度，单位是 cd/m^2 或称 nits。当前提高显示屏亮度的方法有两种：一种是提高 LCD 面板的光通过率；另一种就是增加背景灯光的亮度。

需要注意的是，较亮的产品不一定就是较好的产品，显示器画面过亮常常会令人感觉不适，不仅容易引起视觉疲劳，还会使纯黑与纯白的对比降低，影响色阶和灰阶的表现。因此，提高显示器亮度的同时，也要提高其对比度，否则就会出现整个显示屏发白的现象。另外，亮度的均匀性也非常重要，但在液晶显示器产品规格说明书中通常不做标注。亮度均匀与否，和背光源与反光镜的数量及配置方式息息相关，品质较好的显示器，画面亮度均匀，柔和不刺目，无明显的暗区。

传统的静态对比度是指屏幕全白与全黑之间可以分为多少个档，对比度越高细节表现就越好，现在主流的显示器静态对比度一般为 1 000∶1 至 1 500∶1。

动态对比度就是在原有基础上加进一个自动调整显示亮度的功能，这样就将原有对比度提高了几倍甚至几十倍,但本质上真正的对比度没有改变,因此画面细节并不会显示得更清晰,但因为其自动调节亮度的功能所以在很多游戏中会有比较好的表现。目前主流的动态对比度为 20 000∶1 至 80 000∶1。

购买显示器时一定要区分静态对比和动态对比,以免上当。对比度是屏幕上同一点最亮时(白色)与最暗时(黑色)的亮度的比值,高的对比度意味着相对较高的亮度和呈现颜色的艳丽程度。

品质优异的 LCD 显示器面板和优秀的背光源亮度,两者合理配合就能获得色彩饱满明亮清晰的画面。

在图像领域的液晶显示器响应时间,是液晶显示器各像素点对输入信号反应的速度,即像素由暗转亮或由亮转暗所需要的时间(其原理是在液晶分子内施加电压,使液晶分子扭转与回复)。常说的 25 ms、16 ms 就是指的这个反应时间,反应时间越短则使用者在看动态画面时越不会产生尾影拖曳的感觉。一般将反应时间分为两个部分,即上升时间(Rise Time)和下降时间(Fall Time),而表示时以两者之和为准。

刷新率是指电子束对屏幕上的图像重复扫描的次数。刷新率越高,所显示的图像(画面)稳定性就越好。刷新率高低将直接决定其价格,但是由于刷新率与分辨率两者相互制约,因此只有在高分辨率下达到高刷新率的显示器才能称其为性能优秀。

2. 液晶显示器的使用常识

(1)分辨率的设置。由于液晶显示器的显示原理与 CRT 有本质区别,因此建议用户最好使用屏幕所对应的最佳分辨率,否则会加重液晶显示器的负担,对显示器产生一些不良影响。

(2)屏幕的清洁。清洁 LCD 屏幕时尽量不要采用含水分太重的湿布,以免有水分进入屏幕而导致 LCD 内部短路等故障发生。建议采用眼镜布、镜头纸等柔软物对 LCD 屏幕进行擦拭,这样既可以避免水分进入 LCD 内部,也不会刮伤 LCD 的屏幕。如果条件允许,请购买 LCD 屏幕的清洁布和清洁剂进行清理。

(3)其他注意事项。

① LCD 的面板很脆弱,因此应尽量避免用手直接接触屏幕,以免对液晶屏造成损坏。

②由于液晶显示器的显示原理与 CRT 有本质区别,因此屏幕保护程序不能起到保护液晶屏的目的,正确的做法是不用时就把显示器关掉。

③液晶显示器所处的环境温度不能太高或太低,湿度也同样不能太高或太低。摆放的位置要避免阳光直射。

10.1.3 任务实现

1. 维护和清洁液晶显示器

(1)清洁。

【Step1】清洁之前将显示器插头从墙壁插座中拔下。

【Step2】用不起毛的非磨损布料清洁 LCD 显示器表面。

【注意】

避免使用任何液体、湿润剂或玻璃清洁剂。

（2）维护。

【Step1】通风：机壳背面或顶部的插槽和开口用于保持通风，请不要阻塞或遮盖。

【Step2】位置：显示器请勿放在散热器或热源附近，除非有良好的通风，否则也不可进行内置安装。

【Step3】注意：请勿将任何物体推入显示器，也不可使任何液体流入其中。

2. 安装液晶显示器——以 BL2420Z 显示器为例

【Step1】安装前的检查。打开包装时应该比照材料清单一一检查是否有遗漏。

材料清单：BenQ LCD 显示器、显示器支架、显示器底座、快速入门指南、光盘、电源线缆、视频线缆：D-Sub（带 D-Sub 输入端型号的可选附件）、使用入门等。

【Step2】了解显示器，如图 10-3 所示。

图 10-3　了解显示器

1—光传感器/省电传感器；2—控制按钮；3—电源按钮；4—线缆管理孔；
5—输入和输出端口（因型号而异）；6—Kensington 锁槽

【Step3】安装环境准备。在桌上清出一个平面区域，并将显示器包装袋等软性物置于桌上作为填料，以保护显示器和屏幕。

【注意】
　　请小心放置，以防损坏显示器。将屏幕表面置于订书机或鼠标等物上，会使玻璃破碎或损坏 LCD 的底基，该损坏不属于保修范围。在书桌上滑动或刮擦显示器会刮伤或损坏显示器的包围物和控制器。

【Step4】将屏幕面朝下置于一个平整、清洁、加上填料的平面上，如图 10-4 所示。根据图 10-4（b）将显示器支架连接到显示器底座；根据图 10-4（c）确保支架尾部的箭头与显示器上的箭头对准，顺时针旋转支架，直至无法继续转动；根据图 10-4（d）拧紧显示器底座底端的拇指螺钉；根据图 10-4（e）将支架臂与显示器对准并与其保持平行（①），然后将它们推压，直至锁定到位（②），轻轻尝试将它们拉开以检查是否正确接合，小心抬高显示器，将它翻过来并直立支架在完全平面的表面上。

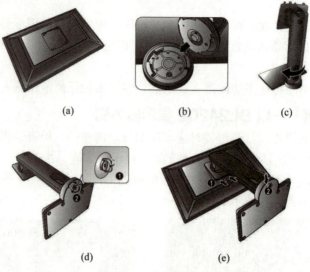

图 10-4 安装显示器

【Step5】调整显示器高度,如图 10-5 所示,握住显示器的左右两侧,以放低显示器或向上提起至所需高度。

> 【注意】
> (1)请勿将手放在高度可调节的支架的上方或下方或者显示器的底部,因为上升或下降的显示器可能会造成人身伤害。
> (2)进行此操作时请勿让儿童碰到显示器。
> (3)如果显示器旋转至纵向模式并需要调节高度,用户应注意,宽屏会将显示器降低至最低高度。

图 10-5 调整显示器高度

【Step6】如图 10-6 所示,连接计算机视频线缆(数据线),根据需要连接,拧紧所有螺钉,防止使用过程中插头意外松动(D-Sub、DVI-D 接头)。

D-Sub

DVI-D

HDMI

DP

图 10-6 连接计算机视频线缆

【注意】
　　请勿在一台 PC 上同时使用 DVI-D 线缆和 D-Sub 线缆。各种视频线缆的图像质量不同，较好质量的有 HDMI / DVI-D / DP，良好质量的有 D-Sub。

【Step7】连接主机及电源线。
【Step8】安装显示器驱动程序，为了充分利用显示器的功能，可以安装光盘中的驱动程序。

3. 拆卸液晶显示器——以 BL2420Z 显示器为例

【Step1】将数据线、电源线等连接显示器的设备拆除。
【Step2】准备环境。在桌子上清出一个平面并将毛巾等软物作为填料放在桌上以保护显示器和屏幕，然后将屏幕器面朝下放在清洁和加上填料的平面上。
【Step3】卸下显示器支架，如图 10-7 所示，按住 VESA 安装释放按钮（①），从显示器分开支架（②和③）。

(a)　　　　　　　(b)　　　　　　　(c)

图 10-7　卸下显示器支架

【Step4】卸下显示器底座，如图 10-8 所示，松开显示器底座底端的拇指螺钉；逆时针旋转支架，直至无法继续转动，然后从支架取下底座。

(a)　　　　　　　(b)　　　　　　　(c)

图 10-8　卸下显示器底座

4. 图像模糊故障排除

【Step1】观察是否有 VGA 延长线，如果有，卸下延长线后观察图像是否模糊。

【注意】
　　延伸信号线的传输损耗会导致图像模糊，这是正常现象。用户可以使用具有更高传导质量或内置放大器的信号线缆将这种损耗降到最低。

【Step2】调整屏幕分辨率。
【Step3】调整刷新率。

5. 安装液晶显示器驱动程序——以 BenQ_LCD 显示器为例

【Step1】进入"开始"—"控制面板"（查看方式选类别）—"查看设备和打印机"，如

图 10-9 所示，选中液晶显示器图标并右击"属性"，如图 10-10 和图 10-11 所示。

图 10-9　查看设备和打印机

图 10-10　找到液晶显示器图标

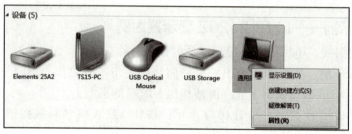

图 10-11　选中图标并右击

【Step2】如图 10-12 所示，单击"硬件"选项，选中"通用即插即用监视器"，然后单击"属性"按钮。

【Step3】如图 10-13 所示，单击"驱动程序"选项，然后单击"更新驱动程序"按钮。

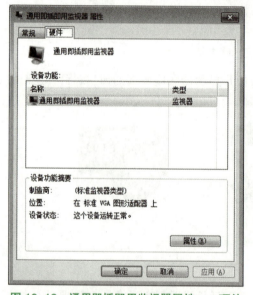

图 10-12　通用即插即用监视器属性——硬件

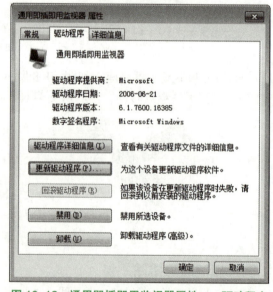

图 10-13　通用即插即用监视器属性——驱动程序

【Step4】将液晶显示器光盘放入电脑光驱。

【Step5】在更新驱动程序软件窗口中，选择浏览电脑查找驱动程序软件选项。

【Step6】单击浏览，浏览光盘目录，如 D：\BenQ_LCD\Driver\。

【Step7】从所提供驱动器列表中选择显示器的正确文件夹名称，然后单击"下一步"，系统会将正确的显示器驱动程序文件复制并安装到电脑。

【Step8】用户在完成驱动程序更新后，重新启动计算机驱动完成安装。

5. 如何设置两台显示器

【Step1】条件准备。准备具备双显示的显卡或者使用两张独立显卡。

【Step2】连接显示器。将两台显示器分别连接在不同的显卡接口上，检查无误后，打开计算机。

【Step3】设置显示器。默认情况下是"扩展显示"的功能。所谓扩展显示，就是将显示画面扩大到两个显示器的范围。

【注意】
独立显卡和集成显卡是不能同时输出图像的。

10.2 显　卡

选择显卡，以显存为主。

10.2.1 任务分析

播放显卡体验视频的网址为 https://player.youku.com/embed/XMzIxNDE1MTc1Mg？enablejsapi=1&autoplay=0。

显卡是众多游戏爱好者的核心选择指标，选择显卡，以显存为主。目前的超级计算机都包含显卡计算核心。本次学习需要完成以下几方面任务。

（1）显卡的基本知识。
（2）显卡的硬件安装。
（3）显卡驱动程序安装。
（4）SLI 安装。

10.2.2 知识储备

1. 显卡的基本知识

显卡（Video Card，Graphics Card）的全称为显示接口卡，又称显示适配器，是计算机最基本、最重要的配件之一。显卡作为电脑主机中的一个重要组成部分，是电脑进行数模信号转换的设备，承担输出显示图形的任务。显卡接在电脑主板上，将电脑的数字信号转换成模拟信号让显示器显示出来，同时显卡还有图像处理能力，可协助 CPU 工作，提高整体的运行速度。对于从事专业图形设计的人来说显卡非常重要。民用和军用显卡图形芯片供应商主要包括 AMD 和 NVIDIA 两家。目前 Top500 计算机都包含显卡计算核心。在科学计算中，显卡被称为显示加速卡。

2. 显卡的分类

显卡一般分为核芯显卡、独立显卡、集成显卡。

（1）核芯显卡。核芯显卡是 Intel 产品新一代图形处理核心，与以往的显卡设计不同，Intel 凭借其在处理器制程上的先进工艺和新的架构设计，将图形核心与处理核心整合在同一块基板上，构成完整的处理器。智能处理器架构这种设计上的整合大大缩减了处理核心、图形核心、内存和内存控制器间的数据周转时间，有效提升处理效能并大幅降低芯片组整体功耗，有助于缩小核心组件的尺寸，为笔记本、一体机等产品设计提供了更大的选择空间。

（2）独立显卡。独立显卡是指将显示芯片、显存及其相关电路单独做在一块电路板上，自成一体而作为一块独立的板卡存在，它需要占用主板的扩展插槽（ISA、PCI、AGP 和 PCI-E 四种，与之对应的四种显卡接口类型）。

（3）集成显卡。集成显卡是将显示芯片、显存及其相关电路都集成在主板上，与其融为一体的元件；集成显卡的显示芯片有单独的，但大部分集成在主板的北桥芯片中；一些主板集成的显卡也在主板上单独安装了显存，但其容量较小，集成显卡的显示效果与处理性能相对较弱，不能对显卡进行硬件升级，但可以通过 CMOS 调节频率或刷入新 BIOS 文件实现软件升级来挖掘显示芯片的潜能。

核芯显卡、独立显卡、集成显卡的比较见表 10-1。

表 10-1 核芯显卡、独立显卡、集成显卡的比较

显卡类型	优　点	缺　点
核芯显卡	低功耗、高性能	无法更换
独立显卡	单独安装显存，一般不占用系统内存，在技术上也较集成显卡先进得多，但性能肯定不差于集成显卡，容易进行显卡的硬件升级	系统功耗有所加大，发热量也较大，需要额外花费购买显卡的资金，同时（特别是对笔记本电脑）占用更多空间
集成显卡	功耗低、发热量小、无须花费额外费用	性能相对略低，且固化在主板或 CPU 上，本身无法更换，如果必须换，就只能换主板

3. 显卡的工作原理

数据（Data）一旦离开 CPU，必须通过以下四个步骤才会到达显示屏。

（1）从总线（Bus）进入 GPU（Graphics Processing Unit，图形处理器）：将 CPU 送来的数据送到北桥（主桥）再送到 GPU（图形处理器）进行处理。

（2）从 Video Chipset（显卡芯片组）进入 Video RAM（显存）：将芯片处理完的数据送到显存。

（3）从显存进入 Digital Analog Converter（RAM DAC，随机读写存储数-模转换器）：从显存读取出数据送到 RAM DAC 进行数据转换的工作（数字信号转模拟信号）。但如果是 DVI 接口类型的显卡，则不需要经过数字信号转模拟信号，而是直接输出数字信号。

（4）从 DAC 进入显示器（Monitor）：将转换完的模拟信号送到显示屏。

显示效能是系统效能的一部分，其效能的高低由以上四步所决定，它与显示卡的效能（Video Performance）不同，如果要严格区分，显示卡的效能应该受中间两步所决定，因为这两步的资料传输都是在显示卡的内部。第一步由 CPU（运算器和控制器共同组成的计算机的核心，称为微处理器或中央处理器）进入显示卡里面，最后一步是由显示卡直接送资料到显示屏上。

4. 显卡的一些参数

（1）核心频率。显卡的核心频率是指显示核心的工作频率，其工作频率在一定程度上可以反映出显示核心的性能，但显卡的性能是由核心频率、流处理器单元、显存频率、显存位宽等多方面的情况所决定的，因此在显示核心不同的情况下，核心频率高并不代表此显卡性能强劲。例如，GTS250 的核心频率达到 750 MHz，比 GTX260+ 的 576 MHz 高，但在性能上 GTX260+ 要强于 GTS250。在同样级别的芯片中，核心频率高的则性能要强一些，提高核

心频率就是显卡超频的方法之一。显示芯片主流的厂商只有 ATI 和 NVIDIA 两家,两家都提供显示核心给第三方厂商,在同样的显示核心下,部分厂商会适当提高其产品的显示核心频率,使其工作在高于显示核心固定的频率上以达到更高的性能。

（2）显卡内存。显存,就是显卡上用于存储图形图像的内存,越大越好,显卡上采用的显存类型主要有 SDR、DDR SDRAM、DDR SGRAM、DDR2、GDDR2、DDR3、GDDR3、GDDR4 和 GDDR5,目前主流是 GDDR3 和 GDDR5。

（3）带宽。显存位宽是显存在一个时钟周期内所能传送数据的位数,位数越大则相同频率下所能传输的数据量越大。2010 年,市场上的显卡显存位宽主要有 128 位、192 位、256 位几种。而显存带宽 = 显存频率 × 显存位宽 /8,它代表显存的数据传输速度。在显存频率相当的情况下,显存位宽将决定显存带宽的大小。例如,同样显存频率为 500 MHz 的 128 位和 256 位显存,它们的显存带宽计算如下：128 位为 500 × 128/8=8（GB/s）；而 256 位为 500 × 256/8=16（GB/s）,是 128 位的 2 倍。显卡的显存是由一块块显存芯片构成的,显存总位宽同样也是由显存颗粒的位宽组成的。显存位宽 = 显存颗粒位宽 × 显存颗粒数。显存颗粒上都带有相关厂家的内存编号,可以在网上查找其编号,这样就可以了解其位宽,再乘以显存颗粒数就能得到显卡的位宽。其他规格相同的显卡,位宽越大性能越好。

（4）容量。其他参数相同的情况下容量越大越好,但比较显卡时不能只注意到显存。例如,384 M 的 9 600 GT 就远强于 512 M 的 9 600 GSO,因为核心和显存带宽上有差距。选择显卡时显存容量只是参考之一,核心和带宽等因素更为重要,这些决定显卡的性能优先于显存容量。但必要容量的显存是必需的,因为在高分辨率、高抗锯齿的情况下可能会出现显存不足的情况。目前市面显卡显存容量从 256 MB~4 GB 不等。

（5）速度。显存速度一般以 ns（纳秒）为单位。常见的显存速度有 1.2 ns、1.0 ns、0.8 ns 等,越小表示速度越快、越好。显存理论工作频率的计算公式如下：等效工作频率（MHz）= $1\,000 \times n/$ 显存速度（n 因显存类型不同而不同,如果是 GDDR3 显存则 $n=2$；如果是 GDDR5 显存则 $n=4$）。

常见的生产显示芯片的厂商有 Intel、AMD、NVIDIA、VIA（S3）、SIS、Matrox、3DLabs。Intel、VIA（S3）、SIS 主要生产集成芯片；ATI、NVIDIA 以独立芯片为主,是市场上的主流；Matrox、3D Labs 则主要面向专业图形市场。

（6）DirectX 技术。DirectX 技术,是由微软公司创建的多媒体编程接口,是 Windows 中很多多媒体程序使用的一套技术。如果用户无法正常播放游戏或电影,DirectX 诊断工具则可以帮助用户查明问题的根源。运行 DirectX 诊断工具 dxdiag 命令一般检测三项,即显卡、游戏控制器、未"未签名"的驱动程序。

5. 显卡桥接器

显卡桥接器是一种在主板支持的情况下将多个显卡连接起来的设备,它能将可用传输带宽（与 NVIDIA Maxwell™ 架构相比）翻倍。

10.2.3 任务实现

1. 显卡硬件安装——以七彩虹显卡为例

操作关键提示：静电会严重损坏电子组件。在拿取显卡时必须采取防静电措施,如触摸计算机的金属外壳以释放静电、尽量拿显卡的边缘,不要接触电路部分。

【Step1】清点配件及相关资料。
【Step2】阅读说明显卡安装操作指南。
【Step3】关闭计算机电源,并拔出电源线(物理隔离)。
【Step4】释放静电。
【Step5】拆卸机箱盖。
【Step6】观察显卡安装插槽位置,并拆除对应金属后挡板(注意将螺钉和挡板放在指定位置)。
【Step7】显卡安装,如图10-14所示,技术要领如下:保证显卡放置方向垂直(①);如果需要,安装外接电源(②)。

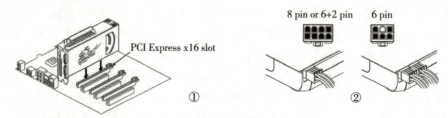

图10-14　显卡安装

【Step8】固定显卡:安装固定螺钉。
【Step9】重新盖好机箱盖。
【Step10】将显示设备连接到显卡对应的输出接口,并将连接端口的螺钉拧紧,连接电源线。
【Step11】开机测试:重新开启电脑,一般情况下Windows会检测到新安装在系统中的显卡。

2. 显卡软件安装——以七彩虹显卡为例

【注意】
　　如果之前系统安装过显卡,必须卸载原有驱动程序("控制面板"—"添加/删除程序"—"更换/删除程序"栏中选择原有的显卡驱动程序,然后单击删除即可)。

【Step1】如图10-15所示,将随显卡配置的光盘放入光驱①。

图10-15　驱动安装
①—光驱;②—光盘驱动器;③—Autorun.exe

【Step2】系统自动启动安装界面。
【Step3】一般按照显示的选项即可完成安装。
【Step4】如果未自动执行程序,可打开"我的电脑"或"此电脑",开启光盘驱动器②,执行"Autorun.exe"③。

3. SLI 安装

【Step1】阅读 SLI 安装图示，如图 10-16 和图 10-17 所示。

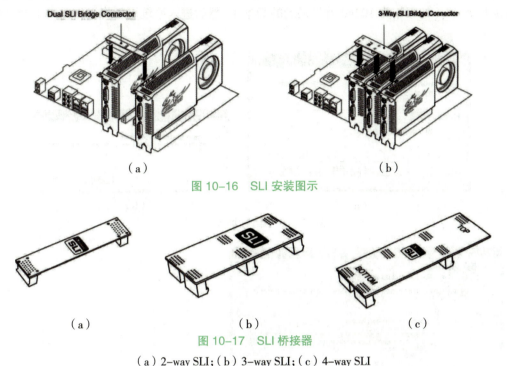

图 10-16　SLI 安装图示

图 10-17　SLI 桥接器

（a）2-way SLI；（b）3-way SLI；（c）4-way SLI

【Step2】显卡安装后，需要重新启动计算机。

> 【注意】
> 在安装过程中会等待一段时间，并且屏幕会出现闪动，这是正常现象。

在安装过程中，若用户收到 Microsoft WHQL（Windows Hardware Quality Labs）警示，请选择"Continue"或者"Install driver software anyway"，这是因为安装不具有危险性。

如果安装程序无法安装驱动程序，或者存在软件冲突，则可从显卡官网上下载最新软件，然后进行安装。

4. 安装显卡驱动后，黑屏解决方法

【Step1】分析原因：最大的原因是安装的显卡驱动版本错误，有时候使用第三方的软件安装显卡驱动时会出现这种情况，可以通过安全模式进入系统后将驱动卸载掉之后再重新上显卡官网下载和更新驱动。

【Step2】卸载驱动：在开机的同时按住"F8"键，进入安全模式，在系统桌面上找到"计算机"图标，选择"属性"，单击面板上的"设备管理器"，然后单击"显示适配器"就可以看到显卡型号，再右击需要卸载驱动的显卡型号，就会出现卸载的选项，根据提示单击就可以卸载驱动。

【Step3】下载最新驱动：根据说明书或百度可以登录显卡官网下载最新驱动（也可以通过"驱动之家"下载）。

【Step4】重新安装驱动。

5. 运行 dxdiag 图形诊断工具

按"win+R"组合键进入运行，如图 10-18 所示，输入"dxdiag"查看系统版本，如图 10-19 所示（如版本为 10240 就是最老的版本），然后进入系统更新将操作系统更新到最新版本。

（a） （b）

图 10-18 运行 dxdiag 命令

图 10-19 查 DirectX 版本

6. 读懂显卡参数

显卡产品参数见表 10-2。

表 10-2 显卡产品参数

主体	
品牌	影驰 GALAXY
型号	影驰 GTX 750 Ti GAMER
接口类型	PCI-E 3.0
核心	
核心品牌	NVIDIA
核心型号	GeForce GTX 750
核心频率	1150MHz（1229MHz）
流处理单元	640

续表

显存	
显存类型	DDR5
显存容量	2 GB
显存位宽	128 bit
显存频率	6 008 MHz
3D API	
DirectX	Microsoft DirectX 12
OpenGL	Open GL 4.3
接口	
DVI 接口	2 个
HDMI 接口	1 个
DP 接口	1 个
规格	
最大分辨率	4 096 × 2 160
SLI	支持
HDCP	支持
电源接口	6 Pin
特性	
尺寸	
建议电源	300 W
功耗	60 W

【Step1】显卡接口类型：PCI-E 3.0，既代表接口类型，也代表速度。
【Step2】核心品牌：NVIDIA 和 ATI。
【Step3】显存：支持 DDR5、容量 2 GB、位宽 128 bit。
【Step4】3D API：支持 Microsoft DirectX 12、Open GL 4.3，是指定义了一个跨编程语言、跨平台的编程接口规格的专业的图形程序接口。它用于三维图像（二维的也可），是一个功能强大、调用方便的底层图形库。
【Step5】接口情况：支持 DVI、HDMI 和 DP。
【Step6】最大分辨率：4 096 × 2 160（4 K）。
【Step7】SLI：支持多显示器。
【Step8】HDCP（High –bandwidth Digital Content Protection）：高带宽数字内容保护技术。

巩固练习

简答题

（1）请给出显示器字体发虚的解决办法。
（2）请给出显示器开机无显示的几种成因分析。
（3）显示卡和内存有问题，电脑开机都是黑屏的，如何区分？
（4）如何解决显卡接触不良问题？
（5）分析可能导致新显卡不能开机的原因并陈述解决方法。
（6）分析可能导致显卡花屏的原因及其相应的解决方法。
（7）电脑装好显卡驱动后进系统不定时蓝屏的可能原因。
（8）怎样做好显卡的日常维护？
（9）阐述计算机时常会闪的原因。
（10）为什么网上报道的显存频率比用软件看到显存频率高 1 倍？
（11）PCI-E 3.0 接口的显卡能否插在 PCI-E 2.0 接口的插槽上，请说明理由。
（12）简述计算机运行中显示花屏或驱动程序丢失的原因。
（13）组建 SLI 的条件和实现方法。

项目11

打印机与扫描仪

- ■ 打印机
- ■ 扫描仪

> **知识学习目标**
> 1. 了解打印机的基本知识;
> 2. 了解扫描仪的基本知识。
>
> **技能实践目标**
> 1. 选购打印机的策略;
> 2. 打印机的安装;
> 3. 打印机的日常维护;
> 4. 选购扫描仪的策略;
> 5. 扫描仪的日常维护。

11.1 打印机

打印机的好坏主要由分辨率、速度和噪声几部分决定。

11.1.1 任务分析

打印机是一种将计算机处理结果打印在纸等介质上的重要输出设备,按不同的分类方法可将打印机分为不同的种类。本次主要完成以下几方面任务。

(1)了解打印机的基本知识。

(2)选购打印机的策略。

(3)掌握打印机的安装技能。

(4)掌握打印机的日常使用技能。

(5)掌握打印机的日常维护技能。

11.1.2 知识储备

1. 打印机的分类

(1)根据打印的原理可分为击打式和非击打式。针式打印机为击打式打印机,喷墨打印机、激光打印机、喷蜡式打印机、热蜡式打印机、热升华打印机均属于非击打式打印机。

(2)根据能打印的颜色可分为单色打印机和彩色打印机。单色打印机,只能输出黑白灰度图;彩色打印机,既能输出彩色图样,也能输出黑白灰度图。

(3)根据打印的幅面可分为窄幅打印机和宽幅打印机。窄幅打印机,只能输出 A4 以下幅面;宽幅打印机,可以打印 A4 以上的幅面,如 A3、A2、A1 等。

(4)按连接方式可分为有线、无线、有线和无线、USB、云打印、移动 APP 打印等。

打印机正在向轻、薄、短、小、低功耗、高速度和智能化方向发展。

2. 打印机的特点

目前市场上针式打印机、喷墨打印机和激光打印机占主流地位。常见针式、喷墨和激光打印机如图 11-1 所示。

（a） （b） （c）

图 11-1 常见打印机

（a）针式打印机；（b）喷墨打印机；（c）激光打印机

（1）针式打印机的特点。它是唯一靠打印针击打介质形成文字及图形的打印机，针式打印机适用于要打印特别介质的部门，如发票的打印。

①优点：打印成本低廉；容易维修；打印介质广泛。

②缺点：打印质量差；打印速度不快；噪声大，有打印钢针撞击色带时产生很大噪声的致命缺点。

（2）喷墨打印机的特点。喷墨打印机在近几年发展迅速，其制造技术和打印技术都有很大的进步。

①优点：价格低；打印质量好；打印速度较快；打印噪声较小；墨盒容易干涸和堵头；体积小。

②缺点：对打印纸张有一些特别的要求；打印出来后，墨水遇水会褪色。喷墨打印机的打印质量较针式打印机提高了很多，分辨率几乎可以和激光打印机相比，打印色调也更加细腻，因此喷墨打印机适用于一般的办公室和家庭。

（3）激光打印机的特点。激光打印机是目前打印机中打印质量最好的打印装置之一。

①优点：打印速度快；分辨率高；打印质量好、不褪色。

②缺点：打印成本较高，主要是指耗材硒鼓或粉仓价格较贵。激光打印机适用于对打印质量要求高、打印速度要求快的场合。

3. 打印机的主要性能指标

（1）打印分辨率。在选定某种类型的打印机后，就应针对此类打印机的各种技术指标挑选合适的型号，其中比较重要的技术指标是打印机的分辨率，打印分辨率单位为 DPI（Dots Per Inch，是指图像每英寸面积内的像素点数），分辨率越大，打印质量越好。

（2）打印幅面。打印幅面是指打印机打印的最大介质的尺寸，以 A4 主，还有 A3 等其他幅面，一般幅面越大，价格越高。

（3）打印速度。打印速度，单位为 ppm（Pages Per Minute），每分钟输出的纸张数，是衡量打印机打印速度的重要参数。不同打印分辨率、不同打印幅面的打印机价格差别较大，可根据用户的使用需求和经济实力进行相应的选择。

4. 激光打印机的安装环境要求

（1）位置和电源：建议将打印机放在靠近墙壁插座的地方，便于插头的拔下；放置打机的平台稳定；放置位置避免电源线被踩踏；打印机机箱、后部或底部的插槽用于通风，不要阻塞或盖住；摆放位置不要封闭；不要放在沙发、床、地毯或其他类似的表面上；尽量避免与其他设备使用同一个电源插座；如果使用电源延长线，一定要确保插入延长电源线的设备的额定功率不超过延长线的额定功率。

（2）不要在潮湿的环境中使用打印机。

（3）千万不要向机箱插槽内插入物体，否则可能会接触到危险电点或使部件短路，从而引起火灾和电击。

（4）激光打印机在打印过程中会产生作为副产品的臭氧气体，因此应注意通风。

11.1.3 任务实现

1. 安装打印机——以 Epson EPL-2180 为例

【Step1】开打印机包装，清点设备，如图 11-2 所示。一般包括打印机、硒鼓、电源线、数据线、打印机软件光盘、说明书。

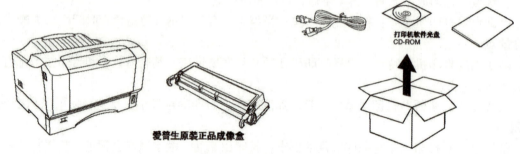

图 11-2 开打印机包装

【Step2】阅读打印机安装说明书，了解使用激光打印机的注意事项、安全指导和打印机对环境的要求。

【Step3】选择安装位置，如图 11-3 所示，具体要求参见相关知识。

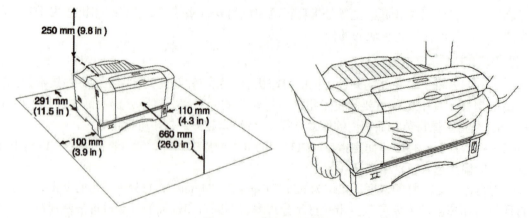

图 11-3 选择安装位置

【Step4】如图 11-4 所示，取下打印机固定胶条，开启硒鼓安装位置舱。

图 11-4　取下打印机固定胶条

【Step5】如图 11-5 所示,硒鼓轻轻按方向摇晃数次。如图 11-6 所示,笔直拉出封条。

图 11-5　硒鼓安装准备（一）　　　　　　图 11-6　硒鼓安装准备（二）

【Step6】如图 11-7 所示,双手平拖硒鼓,按照箭头指示方向将硒鼓推到指定位置。

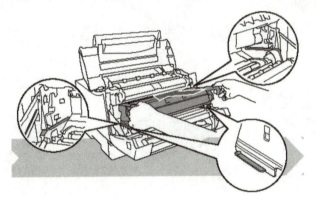

图 11-7　将硒鼓放入打印机

【Step7】如图 11-8 所示,按箭头指示方向关闭舱盖。

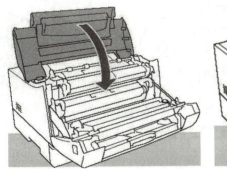 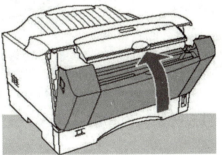

图 11-8　关闭舱盖

【Step8】如图 11-9 所示,在确保电源关闭的条件下,连接数据线。

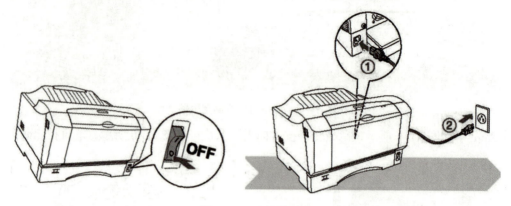

图 11-9　连接数据线

【Step9】如图 11-10 所示,装入打印纸。

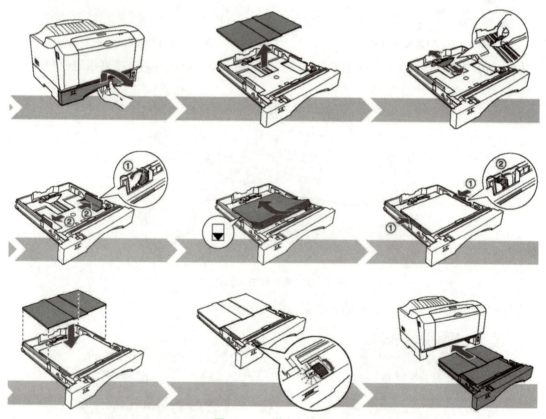

图 11-10　装入打印纸

【Step10】打开电源,如图 11-11 所示,安装打印机软件(Windows)。

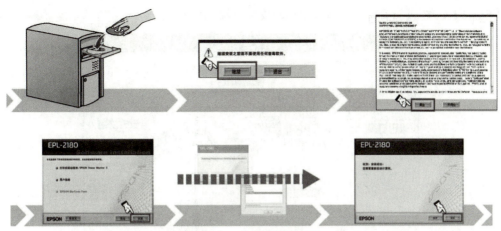

图 11-11　安装打印机软件

【Step11】测试打印机，如图 11-12 所示，"开始"—"打印机和传真"。

图 11-12　测试打印机

2. 安装打印机驱动——以 Windows 7 为例

【Step1】打印机与电脑通过数据线连接，如图 11-13 所示，进入"计算机"—"光驱"—"明基打印机驱动"—双击"SetupMain"程序安装图标。

图 11-13　驱动程序文件夹

【Step2】如图 11-14 所示，单击"驱动安装"项。

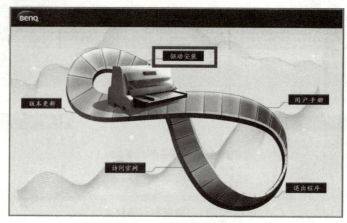

图 11-14　驱动程序安装界面

【Step3】如图 11-15 所示，选择打印机与电脑连接的端口类型，再选择打印机型号，单击"驱动安装"按键。

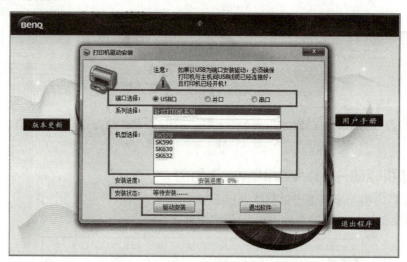

图 11-15　选择端口类型和打印机型号

【Step4】如图 11-16 所示，在弹框提示界面，选择"始终安装此驱动程序软件"。

图 11-16　选择"始终安装此驱动程序软件"

【Step5】如图 11-17 所示,若打印机与电脑端未能连接成功,或电脑未识别到打印机,会出现错误提示,请确认数据线是否连接好。

图 11-17　驱动无法识别提示

【Step6】如图 11-18 所示,驱动安装完毕,选择"退出软件"。

图 11-18　驱动安装完毕

3. 卸载打印机驱动——以 Windows XP 系统为例

【Step1】单击"开始"菜单,选择"打印机和传真",如图 11-19 所示。

【Step2】在"SK570"上右击,选择"删除设备",如图 11-20 所示,在弹出的界面中单击"是"。

图 11-19　选择"打印机和传真"

图 11-20　删除设备

【Step3】删除打印机驱动文件。删除所选打印机后，还需要继续删除打印机驱动文件。在"打印机和传真"界面空白处右击—"打印服务器属性"—"驱动程序"，如图11-21所示，选中"SK570"，然后删除。

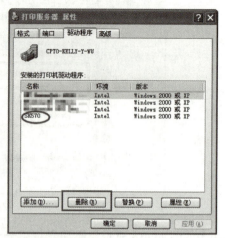

图 11-21　打印服务器 属性

4. 卸载打印机驱动——Windows 7 系统为例

【Step1】单击 Windows 图标，选择"设备和打印机"，如图 11-22 所示。

【Step2】在"SK570"上右击，选择"删除设备"。如图 11-23 所示，在弹出的界面中单击"是"。

图 11-22　选择"设备和打印机"

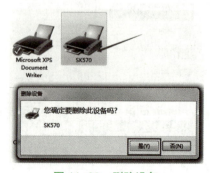

图 11-23　删除设备

【Step3】删除所选打印机后，还需要删除打印机驱动文件。选中某个打印机或传真，如图 11-24 所示，单击"打印服务器属性"。

图 11-24　打印服务器属性

【Step4】删除驱动程序，如图 11-25 所示，单击"驱动程序"—选中"SK570"—单击"删除"，弹出如图 11-25 所示对话框，选择"仅删除驱动程序（R）"，单击"确定"，根据提示最后完成驱动程序。

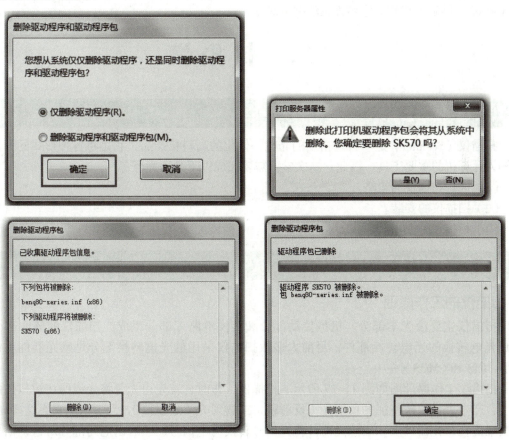

图 11-25　删除驱动程序

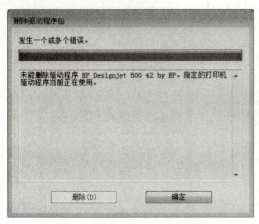

图 11-26 驱动程序正在使用

【Step5】若出现"未能删除驱动程序 HP Designjet 500 42 by HP。指定的打印机驱动程序当前正在使用",如图 11-26 所示。

【Step6】清除打印任务。将打印机和电脑连接断开,再查看打印软件中是否有打印任务(进入"设备和打印机"菜单,选择"文件"选项,下拉菜单中选择"查看正在打印",选择"打印机"并"取消所有文档")。

【Step7】重新启动"print spool"。如果确认操作正确还不能删除,在计算机上右击选择"管理",在"服务与应用程序"下拉菜单选择"服务",在右侧服务明细中找到"print spool",右击选择"重新启动",重新启动后再进入上述步骤删除驱动,若能删除则成功删除驱动。

【Step8】注册表中删除。如果还是无法删除,可进入注册表进行删除残留驱动。单击"开始"中的"运行",输入"regedit"后按"Enter"键,进入注册表编辑器。在注册表编辑器中,在 HKEY_LOCAL_MACHINE\SYSTEM\CurrentControlSet\Control\Print\Environments\WindowsNT x86\Drivers,路径下找到对应名称驱动删除即可。

11.2 扫描仪

11.2.1 任务分析

扫描仪(Scanner)是一种高精度的光电一体化的高科技产品,它是将各种形式的图像信息输入计算机的重要工具。因此,本次学习需要完成以下几方面任务。
(1)选购扫描仪的策略。
(2)扫描仪的安装。
(3)扫描仪的使用。

11.2.2 知识储备

1. 扫描仪的工作原理

扫描仪主要由光学部分、机械传动部分和转换电路三部分组成。扫描仪的核心部分是完成光电转换的光电转换部件,目前大多数扫描仪采用的光电转换部分是感光器件(包括 CCD、CIS 和 CMOS)。

扫描仪工作原理图如图 11-27 所示。扫描仪工作时,首先由光源将光线照在被扫描的图稿上,产生表示图像特征的反射光(反射稿)或透射光(透射稿)。光学系统采集这些光线,将其聚焦在感光器件上,由感光器件将光信号转换为电信号,然后由电路部分对这些信号进行 A/D 转换和处理,产生对应的数字信号并送入计算机中。当机械传动机构在控制电路的控制下带动装有光学系统和 CCD 的扫描头与图稿进行相对运动时,将图稿全部扫描一遍,一幅完整的图像就可输入计算机中。

扫描仪获取图像的过程中，有两个元件起到关键作用：一个是光电器件，它将光信号转换为电信号；另一个是 A/D 转换器，它将模拟信号转换为数字信号。这两个元件的性能直接影响扫描仪的整体性能指标，同时是选购和使用扫描仪时如何正确理解与处理某些参数及设置的依据。

（1）扫描仪的相关术语。

① CCD。CCD 是 Charge Couple Device 的缩写形式，称为电荷耦合器件，它是利用微电子技术制成的表面光电器件，可以实现光电转换功能。CCD 在摄像机、数码相机和扫描仪中应用广泛，只不过摄像机中使用的是点阵 CCD，包括 x、y 两个方向用于摄取平面图像；而扫描仪中使用的是线性 CCD，它只有 x 一个方向，y 方向扫描由扫描仪的机械装置完成。

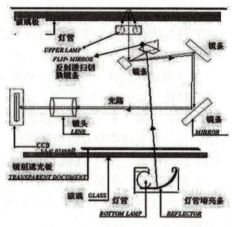

图 11-27　扫描仪工作原理图

② CIS。CIS 是接触式感光元件，它与 CCD 技术几乎是同时出现的。CIS 一般使用制造光敏电阻的硫化镉作为原料，因此很容易形成一长条阵列，并且成本也只有 CCD 的 1/3。但由于其自身物理特性的原因，CIS 各感光单元间的干扰稍大，只能贴近稿件扫描。

③ 景深。通俗地说，景深就是对远近不同物体的表现能力。一般情况下，如果扫描的物体不是平面的，那么必然有些部分离扫描仪工作台近一些，另一些要远一些，景深好的扫描仪可以将远近不同的物体真实还原，其色彩和亮度等都不会有大的改变。一般 CCD 的景深要比 CIS 好。

④ 光学分辨率。光学分辨率是指扫描仪的光学系统可以采集的实际信息量，也就是扫描仪的感光元件——CCD 的分辨率。例如，最大扫描范围为 216 mm×297 mm（适合 A4 纸）的扫描仪可扫描的最大宽度为 216 mm，它的 CCD 含有 5 100 个单元，其光学分辨率为 5 100/8.5=600（DPI）。常见的光学分辨率有 300×600、600×1 200，或者更高。

⑤ 最大分辨率。最大分辨率又称为插值分辨率，它是在相邻像素之间求出颜色或者灰度的平均值从而增加像素数的办法。内插算法增加了像素数，但不能增添真正的图像细节。例如，扫描一朵花，如果增大光学分辨率，则可能将花瓣上的脉络都看得清楚；而如果只是增大插值分辨率，则只是将已经看清楚的部分放大一些而已，无法对细节部分进行更进一步的表现。

⑥ TWAIN。TWAIN（Technology Without An Interesting Name）是扫描仪厂商共同遵循的规格，是应用程序与影像捕捉设备间的标准接口。只要支持 TWAIN 的驱动程序，就可以启动符合这种规格的扫描仪。例如，在 Microsoft Word 中就可以启动扫描仪，方法是打开菜单栏的"插入"—"图片"—"来自扫描仪"。利用 Adobe Photoshop 也可以做到这一点，方法是打开"File"—"Import"—"Select TWAIN_32 Source"。

⑦ OCR。OCR 是字符识别软件的简称，它是英文 Optical Character Recognition 的缩写，原意是光学字符识别。它的功能是通过扫描仪等光学输入设备读取印刷品上的文字图像信息，利用模式识别的算法，分析文字的形态特征，从而判别不同的字符。中文 OCR 一般只适合识别印刷体汉字。使用扫描仪加 OCR 可以部分代替键盘输入汉字的功能，是省力快捷的文字输入方法。

（2）扫描仪的分类。扫描仪的种类繁多，根据扫描仪扫描介质和用途的不同，目前市面上的扫描仪大体上分为平板式扫描仪、名片扫描仪、底片扫描仪、馈纸式扫描仪和文件扫描仪，除此之外还有手持式扫描仪、鼓式扫描仪、笔式扫描仪、实物扫描仪和3D扫描仪。

①平板式扫描仪。平板式扫描仪又称为平台式扫描仪、台式扫描仪，如图11-28所示，此类扫描仪诞生于1984年，是目前办公用扫描仪的主流产品。

从指标上看，平板式扫描仪的光学分辨率为300~8 000 DPI，色彩位数从24位到48位，部分产品可安装透明胶片扫描适配器用于扫描透明胶片，少数产品可安装自动进纸实现高速扫描。扫描幅面一般为A4或是A3。

从原理上看，平板式扫描仪分为CCD技术和CIS技术两种，从性能上讲CCD技术优于CIS技术，但由于CIS技术具有价格低廉、体积小巧等优点，因此在一定程度上获得了广泛的应用。

②名片扫描仪。名片扫描仪顾名思义是能够扫描名片的扫描仪，如图11-29所示。它以其小巧的体积和强大的识别管理功能，成为许多办公人士必备的扫描仪。名片扫描仪由一台高速扫描仪、一个质量稍高的OCR（光学字符识别系统）、一个名片管理软件组成。

图11-28　平板式扫描仪

图11-29　名片扫描仪

目前，主流的名片扫描仪的主要功能大致上以高速输入、准确识别率、快速查找、数据共享、原版再现、在线发送、能够导入PDA等为基本标准。尤其是通过计算机可以与掌上电脑或手机连接使用，这一功能越来越为使用者所看重。另外，名片扫描仪的操作简便性和便携性也是选购者比较重视的两个方面。

2. 扫描仪的维护

（1）保护好光学部件。扫描仪在扫描图像的过程中，通过光电转换器的部件把模拟信号转换成数字信号，然后送到计算机中。这个光电转换设置非常精确，光学镜头或者反射镜头的位置对扫描的质量有很大的影响。因此，在工作的过程中，不要随便改动这些光学装置的位置，同时要尽量避免对扫描仪的震动或者倾斜。

遇到扫描仪出现故障时，不要擅自拆修，要送到厂家或者指定的维修站进行维修。另外，大部分扫描仪都带有安全锁，在运送扫描仪时，一定要把扫描仪背面的安全锁锁上，以避免改变光学配件的位置。

（2）定期做保洁工作。扫描仪是一种比较精密的设备，平时一定要认真做好保洁工作。扫描仪中的玻璃平板以及反光镜片、镜头，如果落上灰尘或者其他一些杂质，会使扫描仪的反射光线变弱，从而影响图片的扫描质量。因此，一定要在无尘或者灰尘较少的环境下使用扫描仪，用完以后，一定要用防尘罩把扫描仪遮盖起来，以防止更多的灰尘侵袭。当长时间不使用时，也要定期对其进行清洁。

3. 扫描仪的选购

（1）扫描仪的精度。分辨率通常用每英寸扫描图像上所含有的像素点的个数表示，即DPI。目前，多数扫描仪的分辨率为300~2 400 DPI。分辨率有水平与垂直之分。日常所看到的300×600 DPI 或 600×1 200 DPI 两种类型中，前面的数值指的是扫描仪的水平分辨率，后面的数值指的是垂直分辨率。

其中，水平分辨率的高低取决于扫描仪使用的感光元件本身和光学系统的性能，水平分辨率的高低直接决定了扫描仪的扫描精度，可以说水平分辨率就是扫描仪真正能达到的分辨率；而垂直分辨率则取决于步进电机的步长，这个指标是指扫描仪将所要扫描的文件分为相应的单位进行扫描，因此扫描仪的参数说明中会有300×600 或 600×1 200 的写法，目前300×600 扫描仪已逐渐被600×1 200 所取代。目前，市面上的产品大多是600×1 200 的产品。

（2）色彩精度。扫描仪的色彩精度能标识出扫描仪在色彩空间上的识别能力。色阶的位数越高，对颜色的区分就越细腻。色彩数表示彩色扫描仪所能产生的颜色范围，通常用表示每个像素点上颜色的数据位数（bit）表示。例如，常说的真彩色图像指的是每个像素点的颜色用24位二进制数表示，共可表示2的24次方，也就是$16.8×10^7$种颜色，通常称这种扫描仪为24 bit 真彩色扫描仪。色彩数越多，扫描图像就越生动艳丽。色彩位数作为衡量扫描仪色彩还原能力的主要指标，经历了24 bit 到30 bit 再到36 bit 的过渡，而36 bit 是保证扫描仪实现色彩校正、准确还原色彩的基础。同时，各主要扫描仪厂家现在也已经停止了更低规格扫描仪的生产，因此不宜选用36 bit 以下的产品。至于更高色彩位数的产品，如42 bit，目前价格仍然偏高，因此不可能作为一般用途使用。市场上一些廉价的48 bit 扫描仪，其48 bit 与其他扫描仪的36 bit 色彩位数不是统一的测量标准，不能直接进行比较。

（3）扫描仪的接口。扫描仪的接口一般分为EPP 并口、USB 接口和SCSI 接口三大类。其中，SCSI 接口扫描仪安装时需要在计算机中安装一块适配卡，可能还会碰到地址、中断冲突等问题，安装复杂，需要具有一定的计算机知识。

而EPP 并口扫描仪和USB 接口扫描仪则不存在这些问题。但EPP 接口要占用宝贵的并口，这不利于以后的升级，并且没有明显的价格优势，因此不推荐使用。最适宜的接口应是USB 接口，USB 接口已经成为消费者的购买趋势。

（4）扫描仪的感光器件。目前扫描仪所采用的感光器件大致有四类，即光电倍增管、硅氧化物隔离CCD、半导体隔离CCD、接触式感光器件（CIS 或 LIDE）。这里着重介绍价位适中且适合普通用户使用的后两类感光器件。

半导体隔离CCD 与日常使用的半导体集成电路相似，在一片硅单晶上集成几千到几万个光电三极管，这些光电三极管分为三列，分别用红、绿、蓝色的滤色镜罩住，从而实现彩色扫描。光电三极管在受到光线照射时可以产生电流，经放大后输出。这种类型的扫描仪扫描图像清晰锐利、色彩还原准确、细节表现充分。

接触式感光器件，又称为CIS 或 LIDE，这是最近几年发展强劲的新技术。其实，这种技术与CCD 技术几乎是同时出现的，接触式感光器件使用的感光材料一般是用于制造光敏电阻的硫化镉，接触式感光器很容易制成一条长的阵列，并且生产成本只有半导体隔离CCD 的1/3，因此这种扫描仪在市场中有很高的价格优势且体积小巧。但经过实际比较，600 DPI 的CIS 技术扫描仪的清晰度略好于300 DPI 的CCD 扫描仪，色彩还原能力则有较明显的差距,但是它价格低廉、携带方便,600 DPI 的产品与 300 DPI 的 CCD 扫描仪价格相当,并且 300 DPI 的 CCD 扫描仪即将退出市场,因此 600 DPI 的 CIS 技术扫描仪逐渐取代 300 DPI 的 CCD 扫描仪。

4. 扫描仪的日常维护

(1)避免在灰尘多的环境下操作扫描仪。如果不用扫描仪时,将盖板盖上,这是因为灰尘或异物可能会对机件造成损坏。

(2)不要让扫描仪受到过于剧烈的震动,否则可能会损坏内部零件。

(3)避免撞击或敲打扫描仪的玻璃面板。

(4)如果想要清洁玻璃面板,找一块柔软无棉絮的布,喷上一些温和的玻璃清洁剂,然后轻轻擦拭玻璃面板。请勿将清洁剂直接喷在扫描仪的玻璃面板上,勿使液体流入扫描仪内部。过量的溶剂残留会弄花玻璃面板或使之起雾,甚至会损坏扫描仪组件。

(5)扫描仪的最佳操作温度为 10℃ ~40℃。

11.2.3 任务实现

1. 安装扫描仪——以 Epson DS-1610 为例

【Step1】开扫描仪包装,清点设备,如图 11-30 所示。一般包装包括扫描仪、电源线、数据线、打印机软件光盘和说明书。

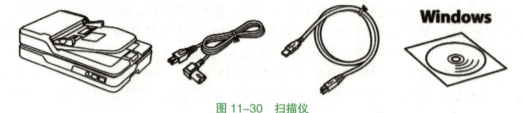

图 11-30 扫描仪

【Step2】将扫描仪从包装中小心取出,放置在平坦的地方(如桌面等),并且应尽量靠近待连接的计算机。

【Step3】去掉保护材料,如图 11-31 所示。

【Step4】连接电源线和数据线,如图 11-32 所示。

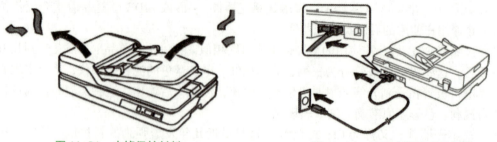

图 11-31 去掉保护材料　　　　　　　　图 11-32 连接电源线和数据线

【Step5】安装驱动,如图 11-33 和图 11-34 所示,网络下载安装扫描仪驱动。

图 11-33　光盘安装驱动　　　　　　　图 11-34　网络安装驱动

2. 安装扫描仪——以 CanoScan 3000 为例

【Step1】开扫描仪包装，清点设备，如图 11-35 所示。一般包装包括扫描仪、电源线、数据线、打印机软件光盘和说明书。

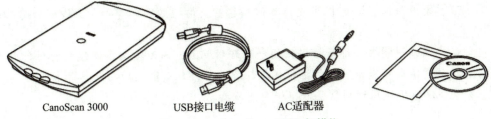

图 11-35　CanoScan 3000 扫描仪

【Step2】安装软件，将扫描仪光盘放入光驱，根据提示安装软件。

【Step3】撕去扫描仪的封条，将扫描仪轻轻反转，如图 11-36 所示。

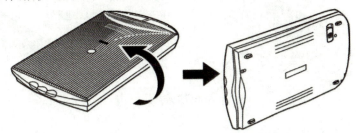

图 11-36　撕去封条，轻轻反转扫描仪

【Step4】打开扫描仪安全锁，如图 11-37 所示，打开锁定开关，然后将扫描仪反转回水平位置。

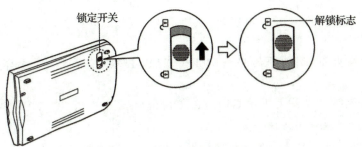

图 11-37　打开扫描仪安全锁

【注意】

（1）部分扫描仪没有锁。

（2）扫描仪锁的位置一般在扫描仪底部或顶部靠前的一个角落，它的作用是用于保护扫描仪的光学组件在搬运过程中免受震动移位而造成损害。

（3）准备使用扫描仪时务必先要将此开关推到开锁的位置，若要运输时则要将此开关锁住。

【Step5】连接扫描仪，如图11-38所示。

【注意】

（1）连接电源线时，与数据线连接类似，尽量使用扫描仪自带的电源线，如图11-39所示。

（2）认真阅读说明书，确定扫描仪的电压适用范围，因为各国所使用的电压标准不尽相同，电压使用不当可能会造成扫描仪的损坏。例如，日本所使用的电压标准即为110 V，在220 V电压环境下使用时则需要外接一个变压器。

【Step6】测试扫描仪，一般根据扫描仪使用说明操作即可。

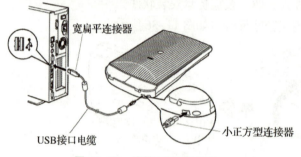

图 11-38　连接 USB 数据线

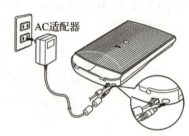

图 11-39　连接电源

巩固练习

简答题

（1）阅读说明书文件夹下的 LQ-630KII_SH.PDF 文件，熟悉针式打印机的安装及使用方法。

（2）阅读说明书文件夹下的 G1000ser_OnlineManual_Win_SC_V03.PDF 文件，熟悉喷墨打印机的安装及使用方法。

（3）阅读说明书文件夹下的 N670UN676UN1240Uquickstartguide-sc.PDF，熟悉其他扫描仪的安装及使用方法。

（4）简单说明扫描仪安全锁的作用。

项目12

键盘与鼠标

- 键盘
- 鼠标

> **知识学习目标**
> 1. 键盘的基本知识：结构、工作原理、选择键盘的策略；
> 2. 鼠标的基本知识：结构、工作原理、选择鼠标的策略。
>
> **技能实践目标**
> 1. 掌握键盘的维护与维修方法；
> 2. 掌握鼠标的维护与维修方法。

12.1 键　盘

12.1.1 任务分析

键盘是用户使用最频繁的输入设备，手感、布局、大小和接口类型都十分重要。因此，本次学习需要完成以下几方面任务。

（1）键盘的基本知识：结构、工作原理。

（2）选择键盘的策略。

12.1.2 知识储备

1. 键盘的工作原理

键盘是计算机操作中最基本的输入设备，它一般由按键、导电塑胶、编码器和接口电路等组成。

键盘上的每个按键负责一个功能，当用户按下其中一个按键时，键盘中的编码器能够迅速将此按键所对应的编码通过接口电路输送到计算机的键盘缓冲器中，由 CPU 进行识别处理。通俗来讲，就是当用户按下某个按键时，它会通过导电塑胶将线路板上的这个按键排线接通产生信号，产生的信号会迅速通过键盘接口传送到 CPU 中。

在键盘的内部设计中有定位按键位置的键位扫描电路、产生被按下键代码的编码电路以及将产生代码送入计算机的接口电路等，这些电路被统称为键盘控制电路。

根据键盘工作原理，可以把计算机键盘分为编码键盘和非编码键盘。

键盘控制电路的功能完全依靠硬件自动完成，这种键盘称为编码键盘，它能自动将按下键的编码信息送入计算机。而另外一种键盘的键盘控制电路功能要依靠硬件和软件共同完成，这种键盘称为非编码键盘。非编码键盘响应速度不如编码键盘快，但它可通过软件为键盘的某些按键重新定义，为扩充键盘的功能提供极大的方便，从而得到广泛应用。

2. 键盘的结构

计算机键盘可以分为外壳、按键和电路板三个组成部分。键盘的外壳主要用于放置电路板，同时为操作者提供一个操作平台。一般键盘外壳上都有可以调节键盘角度和高度的调节装置，键盘外壳上大多提供了指示灯，用于指示某些按键的功能状态。键盘的按键是最常用的输入设备，早期的电脑键盘共由 83 个键组成。后来不断增加新的控制键，逐渐发展成了标准的 101 键 PC 键盘。随着 Windows 系统的广泛应用，又出现了 Windows 加速键盘，将按键增加到 104 个，目前市面上销售的大多是 104 键盘。另外，一些厂商为了使用户操作更加方便，还增加了一些特殊的功能键，如上网键、关机键等。但特殊的功能键需要特定软件的支持才能正常使用，因此应用范围不是很广，此类键盘大多应用于品牌机上。键盘的按键大致可以分为 4 个区域，即主键盘区、副键盘区、功能键区和数字键盘区。

电路板是键盘的心脏，由逻辑电路和控制电路组成，用于对键盘指令进行解释和执行。

3. 键盘的分类

（1）根据按键方式分类。以按键方式分，有机械式、塑料薄膜式、导电橡胶式、电容式四种。

①机械式键盘的按键类似于金属接触式开关，工作原理是使触点导通或断开。在实际应用中，机械开关的结构有多种，最常用的是交叉接触式，它的优点是结实耐用，缺点是不防水，敲击比较费力，打字速度快时容易漏字。

②塑料薄膜式键盘内有四层，塑料薄膜一层有凸起，按下时使其上下两层触点接触，输出编码。这种键盘无机械磨损，可靠性较高，目前在市场占相当大的份额，它最大的特点就是低价格、低噪声、低成本。

③导电橡胶式键盘触点的接触是通过导电的橡胶接通的。其结构是有一层带有凸起性的导电橡胶，凸起部分导电，而这部分对准每个按键，互相连接的平面部分不导电，当键帽按下去时，由于凸起部分导电，接通下面的触点。

④电容式键盘采用一种类似电容式开关的原理，通过按键改变电极间的距离而产生电容量的变化，暂时形成震荡脉冲允许通过的条件。一般来讲，电容的容量是由介质、两极的距离和两极的面积决定的。因此，当键帽按下时，两极的距离发生变化，引起电容容量改变，当参数设定合适时，按键时就有输出，而不按键就无输出，这个输出再经过整形放大，然后驱动编码器。

（2）根据应用范围分类。键盘也可以根据应用范围分为台式机键盘、笔记本电脑键盘和工业控制用键盘。而日常使用的键盘就是台式机键盘。

（3）根据键盘键数分类。一般的台式机键盘又可以根据键盘键数分为 101 键盘（普通键盘）、104 键盘（即通常所说的 Windows 95 键盘）和 108 键盘（Windows 98 键盘）。后来出现的 Windows 95 键盘增加了 3 个 Windows 功能键，Windows 98 键盘增加了 3 个电源管理键。

（4）其他分类。随着电脑的普及，键盘的功能也越来越多，如增加了很多功能键的多媒体网络键盘、带手写板功能的手写键盘、符合人体工程学的人体工程学键盘等。根据键盘的接口又可分为 AT 接口（大口）、PS/2 接口（小口）、USB 接口等种类的键盘，根据键盘与电脑的连接方式还可以分为有线键盘和无线键盘等。

4. 键盘的选购

键盘作为输入设备，它是电脑必不可少的部件之一，购买时应该慎重选择。

（1）键位布局。不同厂家的键盘，按键的布局可能会有所差异。标准键盘的"\"键、"BackSpace"键、"Enter"键和"Windows"功能键的布局不同，有的"Enter"键较大，有的却较小；有的"\"键在"Enter"键上面，有的在其下面。很多人习惯了某种键位，购买新键盘时又没有注意，结果买回了不同键位的键盘，使用过程中有诸多不便，因此购买时要注意选购符合自己习惯的键盘。

目前，很多键盘都附带很多快捷键。这些快捷键通过驱动程序可以启动一些程序，这类键盘通常被称为多媒体键盘。如果需要这些功能，则可以考虑购买。

（2）键盘做工。键盘做工质量是选购中主要考察的对象。对于键盘，要注意观察键盘材料的质感，边缘有无毛刺、异常突起、粗糙不平，颜色是否均匀，键盘按钮是否整齐合理，是否有松动；键帽印刷是否清晰，好的键盘采用激光蚀刻键帽文字，这样的键盘文字清晰且不容易褪色。另外，还要注意反面的底板材料和铭牌标识。某些优质键盘还采用排水槽技术减少进水造成损害的可能。

（3）操作手感。键盘按键的手感是键盘对使用者的最直观体验，也是键盘是否"好用"的主要标准。按键的结构分为机械式和电容式两种，这两种结构的按键手感不同，要视个人习惯选择。好的键盘按键应该平滑轻柔，弹性适中而灵敏，按键时无水平方向的晃动，松开后立刻弹起。好的静音键盘在按下弹起的过程中应该是接近无声的。

（4）舒适度。由微软发明的人体工程学键盘，将键盘分成两部分，两部分呈一定角度，以适应人手的角度，使输入者不必弯曲手腕。另有一个手腕托盘，可以托住手腕，将其抬起，避免手腕上下弯曲。这种键盘主要适用那些需要大量进行键盘输入的用户，价格较高，并且要求使用者采用正确的指法，用户应视自身情况选购。目前，很多标准键盘也增加了手腕托盘，能在一定程度上保护手腕。此类键盘也往往自称人体工程学键盘，因此要注意区分。

（5）接口的类型。购买时需注意主板支持的键盘接口类型，目前市面上常见的键盘接口有三种，即 PS/2 接口（俗称小口）、USB 接口和无线。

5. 键盘的维护

对键盘做得最简单的维护就是将键盘反过来轻轻拍打，使其内部的灰尘落出，并且用湿布清洗键盘表面，但要注意防止水滴进入键盘内部。禁止对键盘进行热插拔，否则可能烧坏键盘和接口。另外，由于键盘各键位使用频率不同，有时按键用力过大、金属物掉入键盘或茶水等溅入键盘，都会造成键盘内部微型开关弹片长期按压变形或被灰尘油污锈蚀，出现键位接触不良或失去作用的现象。一方面，可以使用普通的注射针筒抽取无水酒精，然后对准不良键位接缝处注射，并且不断按键以加强清洗效果；另一方面，可以将故障键拆开，看到两片小金属片构成的触点，用镊子夹一块小酒精棉球在触片上反复擦拭，直到露出金属光亮为止。

长时间使用的键盘需要拆开进行维护。首先，拔掉接头，打开键盘背面的防水板；其次，检查键盘按键胶垫是否松动脱落，小心清洗电路板上的污物，并将所有按键胶垫按原位放回；最后，将键盘防水板盖上，上好螺钉，完成清洗工作。

对于机械式按键键盘，则可以取下电路板，拔下电缆线与电路板连接的插头，用油漆刷扫除电路板和键盘按键上的灰尘，尽量不要使用湿布。如果有某个按键失灵，可以焊下按键开关进行维修。但组成按键开关的零件极小，维修不便，最简单的办法就是用同型号的键盘按键或不常用的按键与失灵按键交换位置。

对于电容式按键键盘，打开后盖后，会发现底板上有三层薄膜，这三层薄膜分别是下触点层、中间隔离层和上触点层，上、下触点层压制有金属电路连线和与按键相对应的圆形金属触点，中间隔离层上有与上、下触点层对应的圆孔。所有按键嵌在前面板上，在底板上三层薄膜，前面板按键之间有一层橡胶垫，橡胶垫上凸出部位与嵌在前面板上的按键相对应，按下按键后胶垫上相应凸出部位向下凹，使薄膜上、下触点层的圆形金属触点通过中间隔离层的圆孔相接触，送出按键信号。由于此类键盘通过上、下触点层的圆形金属触点接触送出按键信号，如果薄膜上触点有氧化现象，可以用橡皮擦拭干净。另外，三层薄膜可以使用油漆刷清扫干净。

12.1.3　任务实现

1. 键盘的拆卸

【Step1】翻转键盘，将原来卡住的底板用螺丝刀往左右方向敲击。拆下键盘外壳，取出整个键盘，将键帽拔出。

【Step2】用电烙铁将按键的焊脚从印刷电路板上焊掉，使开关和印刷电路板脱离（电烙铁应有良好的接地，以防将键盘逻辑器件击穿）。

【Step3】用镊子将按键两边的定位片向中间靠拢，将定位片轻轻从下方顶起，按键便能从定位铁中取出。

【Step4】取下键杆，拿下弹簧和簧片，用无水酒精或四氯化碳等清洗液将链杆、键帽、弹簧和簧片上的灰尘与污垢清除干净，用风扇吹干或放通风处风干。

【Step5】若簧片产生裂纹或已断裂，则应予以更换；若簧片完好，而弹力不足时，可将其折弯部位再轻轻折弯一些，以便增强对接触簧片的压力。

【Step6】装好簧片、弹簧和键杆，将按键插入原位置，使焊脚插入焊孔并露出尖端部分，用电烙铁将其与焊孔焊牢，装上键帽即可。

2. 键盘进水如何处理

【Step1】断电：立即拔下键盘插头（或去除无线键盘的电池），切断键盘电源连接。

【Step2】排水：自然水平抬高键盘，让水顺畅排除键盘至无水滴为止。

> 【注意】
> 请不要翻转键盘排水。

【Step3】晾干：把键盘放在通风干燥处自然晾干。

3. 键盘保洁方案

【Step1】拍打键盘。关掉电脑，将键盘从主机上取下。在桌上放一张报纸，把键盘翻转朝下，距离桌面 10 cm 左右，轻轻拍打并摇晃。

【Step2】吹掉杂物。使用吹风机对准键盘按键上的缝隙吹，以吹掉附着在其中的杂物，然后将键盘翻转朝下并轻轻摇晃拍打。

【Step3】擦洗表面。用一块软布蘸上稀释的洗涤剂（注意软布不要太湿），擦洗按键表面，然后用吸尘器将键盘吸一遍。

【Step4】消毒。键盘擦洗干净后，可以再蘸上酒精、消毒液或药用过氧化氢等进行消毒处理，最后用干布将键盘表面擦干即可。

【Step5】彻底清洗。如果想给键盘进行彻底清洁，则需要将每个按键的键帽拆下来。普通键盘的键帽部分是可拆卸的，可以用小螺丝刀把它们撬下来。空格键和"Enter"键等较大的按键帽较难回复原位，因此尽量不要拆。最好先用相机将键盘布局拍下来或画一张草图，拆下按键帽后，可以浸泡在洗涤剂或消毒溶液中，并用绒布或消毒纸巾仔细擦洗键盘底座。

12.2 鼠 标

12.2.1 任务分析

鼠标和图形化界面的出现，使人们不再需要学习很多的命令或规则，只需轻轻按动一下鼠标，计算机就会按要求完成很多操作，即使是初学者也能在鼠标的帮助下很快地学会使用计算机。因此，鼠标的出现，大大推进了计算机使用的普及。

鼠标是目前使用频率较高的一种输入设备，它直接影响使用者每一天的工作。因此，本次学习需要完成以下几方面任务。

（1）鼠标的基本知识：结构、工作原理。

（2）选择鼠标的策略。

12.2.2 知识储备

鼠标的分类方法很多，通常按照键数、接口形式、内部构造进行分类。

（1）按键数分类。按键数分类，鼠标可以分为传统双键鼠标、三键鼠标和新型的多键鼠标。

①传统双键鼠标。根据微软最早的要求定义的鼠标只需要左右两个键，早期计算机的鼠标右键在 Windows 3.X 中应用是十分有限的，一直到了 Windows 95 操作系统右键的应用才有所增加。双键鼠标结构简单，应用广泛，一般无须驱动程序就可以在 Windows 9X 下正常运行。

②三键鼠标。三键鼠标是 IBM 公司在双键鼠标的基础上进一步定义而成的，又被称为 PC Mouse，与双键鼠标相比，三键鼠标上增加了中键，使用中键在某些特殊程序中往往能起到事半功倍的效果。例如，在 Auto CAD 软件中就可以利用中键快速启动常用命令，使工作效率成倍增加。早期的三键鼠标一般都有一个微型拨动开关，用于切换两键与三键两种不同工作模式。为了与现有的操作系统兼容并发挥中键的作用，很多产品都配备自己的第三方驱动程序，将中键在 Windows 系统中设置成某一常用功能的快捷键。

③新建的多键鼠标。多键鼠标是在微软发布 Microsoft 智能鼠标（IntelliMouse）之后，鼠标发展的新领域——"多功能应用"而产生的新一代多功能鼠标。微软智能鼠标带有滚轮，使上下翻页变得极为方便，在 Office 软件中可实现多种特殊功能，随着应用的增加，之后其他厂商生产的新型鼠标除了有滚轮，还增加了拇指键等快捷按键，进一步简化了操作。多键多功能鼠标将是鼠标未来发展的目标与方向。

（2）按接口形式分类。鼠标接口可以分为 COM、PS/2、USB 三类。

传统的鼠标是 COM 口连接的，它占用了一个串行通信口，又称串行鼠标；PS/2 鼠标使用一个六芯的圆形接口，它需要主板提供一个 PS/2 的端口，PS/2 鼠标是目前市场上的主流产品，而且种类繁多，造型多样；USB 接口鼠标是随着 USB 接口的兴起而出现的。

（3）根据鼠标内部构造分类。这是鼠标分类最常用的一种方式，可以分为机械、光电机械和光电三大类。

①机械鼠标：结构最为简单，由鼠标底部的胶质小球带动 X 方向滚轴和 Y 方向滚轴，在滚轴的末端有译码轮，译码轮附有金属导电片与电刷直接接触。鼠标的移动带动小球的滚

动，而摩擦作用使两个滚轴带动译码轮旋转，接触译码轮的电刷随即产生与二维空间位移相关的脉冲信号。由于电刷直接接触译码轮和鼠标小球与桌面直接摩擦，因此精度有限，电刷和译码轮的磨损也较为严重，直接影响机械鼠标的寿命。因此，机械鼠标已基本淘汰，而被同样价廉的光电机械鼠取而代之。

②光电机械鼠标：是一种光电和机械相结合的鼠标，是目前市场上最常见的一种鼠标。光电机械鼠标在机械鼠标的基础上，将磨损最严重的接触式电刷和译码轮改进成为非接触式的 LED 对射光路元件（主要由一个 LED 和一个光栅轮组成），在转动时可以间隔地通过光束产生脉冲信号。采用的非接触部件使磨损率下降，从而大大提高了鼠标的寿命，并且能在一定范围内提高鼠标的精度。光电机械鼠标的外形与机械鼠标没有区别，不打开鼠标的外壳很难分辨。出于这个原因，虽然市面上绝大部分鼠标采用了光机结构，但习惯上人们还称其为机械鼠标。

③光电鼠标。通过 LED 和光敏管协作测量鼠标的位移，早期的光电鼠标一般需要一块专用的光电板将 LED 发出的光束部分反射到光敏接收管，形成高低电平交错的脉冲信号。这种结构可以做出分辨率较高的鼠标，并且由于接触部件较少，鼠标的可靠性大大增强，适用于对精度要求较高的场合。

（4）其他鼠标。

①跟踪球（轨迹球）鼠标。跟踪球鼠标的工作原理与机械鼠标类似。其球座固定不动，直接用手拨动轨迹球向电脑发号施令，控制鼠标的箭头在屏幕上移动。有的跟踪球直接与键盘合成在一起。

②无线遥控式鼠标。无线遥控式鼠标分为红外无线型鼠标和电波无线型鼠标两种。红外无线型鼠标一定要对准红外线发射器后才可以活动自如，否则就不能正常工作；相反，电波无线型鼠标可以"随时随地传信息"。

③网络鼠标（Net Mouse）。随着 Internet 的发展，Net Mouse 应运而生。最先是微软出售这种便于浏览网页的鼠标，它在原有双键鼠标的基础上增加了一个滚轮键。安装相应的驱动程序后，会令网上冲浪更加舒适，如果使用 Windows 98，驱动程序也可以不用安装。它拥有特殊的滑动和放大功能，手指轻轻滑动滚轮就可以使网页上下翻动。

12.2.3 任务实现

1. 认识鼠标外观

鼠标外观如图 12-1 所示。

图 12-1　鼠标外观

2. 鼠标选购

【Step1】鼠标的接口形式。选择鼠标时，必须确定所使用机器的鼠标接口与所用的鼠标接口一致。由于计算机的外设越来越丰富，端口资源日趋紧张，应该避免过多的资源浪费。因此，如果主板支持 PS/2 接口，应尽可能选购 PS/2 接口的鼠标。

【Step2】鼠标的功能。普通计算机用户：标准的两键或三键鼠标就完全能够满足常规操作。

专业用户：经常使用 CAD、3DS 等软件，一款高精度的鼠标甚至专业的轨迹球，将会使用户在精密制图场合定位精确，多键鼠标可以自定义部分按键的宏命令而使工作效率成倍提升。

上网用户或经常使用 Office 软件的用户：选择带有滚轮或类似装置的鼠标，在 Office 软件和 IE 浏览器中它会更加便于操作。

鼠标的软件可以对鼠标的标准功能做进一步的拓展，某些鼠标通过特制的驱动程序可以定义多种功能对参数进行微调，更适合个性化的需求。

【Step3】鼠标的手感。如果要长时间使用鼠标，就应该注意鼠标的手感，长期使用手感不合适的鼠标，可能会引起上肢的一些综合病症，因此鼠标的手感是相当重要的。好的鼠标应该是符合人体工程学原理设计的外形，握时感觉舒适、体贴，按键轻松而有弹性，屏幕指标定位精确。

【Step4】鼠标的价格与售后服务。对于服务，不同的品牌有不同的标准，用户可根据实际需要进行选择。

3. 光标不随着鼠标移动的解决方案

【Step1】使用鼠标垫后测试。

【Step2】请在白纸上移动鼠标，以确定是否因为使用的特殊表面导致光标不动的问题。

4. 光标抖动的解决方案（雷柏）

【Step1】请用户检测周围有无其他无线设备干扰。

【Step2】请用户检查底盖透镜孔是否有脏物。

【Step3】检查下盖与鼠标垫是否出现不平整现象，请更换其他鼠标垫。

5. 无线鼠标不能正常工作的解决方案（雷柏）

【Step1】检查设备是否开机。

【Step2】检查接收器是否已经插在主机的 USB 接口上。

【Step3】若不能识别接收器，重新拔插接收器。

【Step4】电池是否装反。

【Step5】更换新的电池。

【Step6】检查周围是否存在无线干扰。

【Step7】保持通信范围内无大的障碍物。

【Step8】如果还不能解决，建议用户登录雷柏官方网站下载雷柏产品对码驱动重新对码。

6. 调整鼠标灵敏度

【Step1】打开"控制面板"，在控制面板中选择"鼠标"选项。

【Step2】在"设备和打印机"中用鼠标右击"鼠标"选项的"设置鼠标"。

【Step3】如图 12-2 所示，在"鼠标键"中改变"鼠标双击"的速度，单击应用即可。

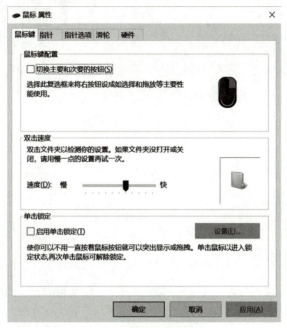

图 12-2　鼠标灵敏度调整

巩固练习

简答题

如何解决鼠标手感过"飘"的问题？

项目13

电源与机箱

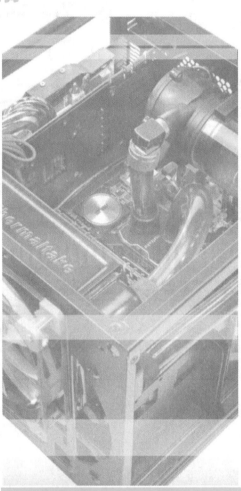

- 电源
- 机箱

项目 13　电源与机箱

> 🔍 **知识学习目标**
> 1. 了解电源的基本知识；
> 2. 了解电源接头的知识；
> 3. 了解机箱的知识。
>
> 🔍 **技能实践目标**
> 1. 掌握电源功率的估算办法；
> 2. 掌握电源的选择方法；
> 3. 掌握机箱的选购技巧。

13.1　电　源

计算机属于弱电产品，计算机用久了，可能会出现各种问题。例如，经常有"轰轰"的噪声；显示屏上有波纹干扰；主机经常二次启动；超频不稳定；硬盘出现坏磁道；光驱读盘性能不佳；断电数据丢失；等等。

其实，这些现象的出现都是与电源关联的，因此配备一台 UPS 是十分必要的。

13.1.1　任务分析

可以形象地将电源称为计算机的心脏，其中流动的电流称为血液。电源是否稳定直接决定了计算机的工作稳定与否。

目前，电网至少存在以下九种问题，即断电、雷击尖峰、浪涌、频率震荡、电压突变、电压波动、频率漂移、电压跌落、脉冲干扰，因此从改善电源质量的角度来说给电脑配备一台 UPS 是十分必要的。

电源是整个主机的"动力"。虽然电源的功率只有 300 W~500 W，但是由于输出电压低，输出电流很大，因此其中的功率开关晶体管发热量十分大。除了功率晶体管加装散热片之外，还需要用风扇把电源盒内的热量抽出。在风扇向外抽取热量时，电源盒内形成负压，使电源盒内的各个部分吸附了大量灰尘，特别是风扇的叶片上更是容易堆积灰尘。功率晶体管和散热片上堆积灰尘将影响散热，风扇叶片上的积尘将增加风扇的负载，降低风扇转速，也将影响散热效果。在室温较高时，如果电源不能及时散热，将会烧毁功率晶体管。因此，电源的除尘维护是十分必要的。本次学习需要完成以下几方面任务。

（1）了解台式机电源的基本知识。

（2）掌握主机电源的选购方法。

（3）掌握主机电源的日常维护。

（4）掌握 UPS 电源的日常维护。

（5）键盘开机、网络唤醒、软件开机的设置。

13.1.2 知识储备

1. 台式机电源知识

（1）电源的接头。机箱中的电源是整个计算机系统的能源中心。如图13-1所示，有很多电源输出线，它们分别给机箱内部的设备，如主板、硬盘、光驱、风扇等提供电源的连接线。从大小看，不同的设备需要不同级别的电源，并且在设计上为用户提供易于识别与操作的接头。通常的电源输出接头有四种。

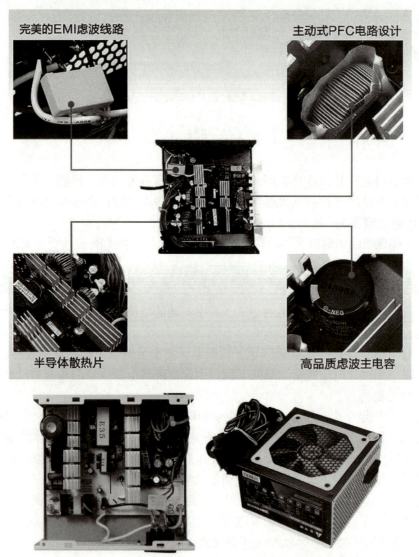

图13-1 电源内外结构

①主板的电源接头。它为主板本身供电，供电接头最大，由20根电源线组成，在连接头的一边，还有用于起固定作用的夹子，线有不同的颜色。主板电源线颜色与作用见表13-1。另外，CPU、各种接口卡（如显卡、声卡）等设备供电均由主板供电。

表 13-1　主板电源线颜色与作用

颜　色	用　途
灰	Power good 发出电源良好信号
红	+5 V 电源，为 CPU 和 PCI、AGP、ISA 等集成电路的工作电压，是电脑中主要的工作电源
黄	+12 V 电源，硬盘、光驱的主轴电机、寻道电机扩展插槽提供工作电压和串口设备等电路逻辑信号电平
蓝	−12 V 电源，为串口提供逻辑判断电平
白	−5 V 电源，为逻辑电路提供判断电平，可有可无
橙	+3.3 V，这是 ATX 电源专业设置的，为内存提供电源
紫	+5 V 待机电源，网络唤醒、开机、USB 提供电源
绿	+1.8 V，通过电平控制电源的开启
黑	Ground，接地

注意观察，在主板的电源插座上的一边有一个小小的凸块，安装时，只要把电源接头的夹子对准这个凸出块，然后用力向下压，电源接口线就会与电源插座有良好的接触，接口上的夹子会自动夹住凸块，使接触牢固。

②大四芯电源接头。在电源的所有接头中，大四芯接头是数量最多的一种，由于该接头的两个边角是斜面，因此也称为 D 型头或 D 型插座。

大四芯电源接头是为硬盘、光驱等 IDE 设备提供电源的。这些设备上都有相应的 D 型插座。因此，能够很容易地把电源线接到这些设备上。

③小四芯接头。小四芯接头主要是为软驱供电。软驱的电源插座与小四芯接头都没有采用"D 型"设计，但在小四芯接头上有一个突出的棱，并且在背面有一个小凸块，对应软驱的电源插座上也有相应的凹槽，一般情况下不会插反。

④风扇电源接头和 P4 主板的专用接头。由于 P4 主板的耗电非常大，加之其他板卡随着功能的增强耗电量也不断增加。因此，Intel 在发布 P4 的设计规格时，增加了两个电源输出接头，一个四芯接头和一个六芯接头，但并不是所有的 P4 主板都需要这两个辅助接头。

（2）电源功率估算方法。各电源生产厂商功率计算方法、标准各不相同，现举例仅供参考：如图 13-2 所示，电源铭牌上标出 +5V 为 15A，+3.3V 为 22A，+12V 为 21A，−5V 为 2.5A，−12V 为 0.5A，+5V 为 15A，电压输出变化范围 ±30%，所以有

$$最大功率 = 5 \times 15 + 3.3 \times 22 + 12 \times 21 + 5 \times 2.5 + 12 \times 0.5 + 5 \times 15 = 493.1 \approx 500（W）$$

2. 电源的认证

目前，电源的认证标准基本上与家用电器的认证是一样的，都有 CE、UR、FC、CB 等国家的 3C 标准，3C 认证标志的英文名为 "China Compulsory Certification"，即 "中国强制性认证"。如图 13-2 所示，认证标志图案由基本图案（CCC）和认证种类标注两部分组成。认证种类标注在基本图案右侧，证明产品所获得的认证种类，目前的种类主要有三种，即 CCC（S）、CCC（EMC）和 CCC（S&E）。

安全规范认证即 CCEE 认证，其标志与城墙类似，因此也称为长城认证。

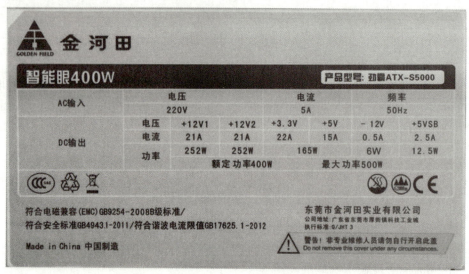

图 13-2 认证标志

3. 台式机电源的选购

总的原则为掂重量、看外观、选材质、选品牌、防水货。

（1）确保电源输出要稳定。由于电源是关系到电脑各个部分能否正常运作的重要部件，一旦电源输出不稳定，就有可能导致硬盘在读取数据时，磁头因突然停电或者电源输出不稳定而划伤磁道甚至损伤硬盘，或者计算机可能会出现其他的各种故障现象。因此，一定要保证电脑电源在连接不同负载时，都能有稳定的输出，这样电脑电源就能适应不同用户的不同需求，或者适应不同配置的电脑。

（2）选择有较好市场信誉的品牌电源。目前市场上的电源产品类型繁多，许多劣质电源充斥着整个市场，这种伪劣产品不但在线路板的焊点、器件等方面不规则，而且没有温控、滤波装置，这样很容易导致电源输出的不稳定。但对这些劣质的产品，普通用户无法使用一般仪器进行检测，只有专业技术人员借助专门的测试工具才能识别出来，因此普通用户为了避免购买到劣质的电源产品，最好选择在目前市场上享有良好声誉和口碑的电源产品，如长城牌电源、安规电源 SPI 和 DTK 电源等。

（3）电源产品必须有安规认证。用户必须确保自己选择的电源产品取得国际或者国家质量认证，如中国电工产品的认证，或者是符合其他认证标准，如 CE 认证、FCC 认证、TUV 认证和 CSA 认证等，因为符合这些认证标准的电源产品，在材料的绝缘性、阻燃性、电磁波的防范性等方面有严格的规定，这种安全规格一旦被申请通过，就不能被随意更改或者修订，所以有安规认证的电源产品的安全性比没有安规认证的电源产品的安全性要高许多。

（4）保证产品有过压保护功能。由于目前的市电供电极不稳定，经常会出现尖峰电压或者其他输入不稳定的电压，这种不稳定的电压如果直接通过电源产品输入电脑中的各个配件部分，就可能使电脑的相关配件工作不正常或者导致整台电脑工作不稳定，甚至可能会损坏计算机；因此，为了保证计算机的安全，必须确保选择的电源产品具有双重过压保护功能，以便有效抑制不稳定电压对电脑各个配件的伤害。

（5）电源盒中的风扇转动要良好。由于电源在工作过程中会发出热量，如果不把这些热量迅速排出电源盒，那么电源盒中的温度就会升高，这样会很容易烧坏电源，或者使电源工作不稳定，因此必须确保安装在电源盒中的散热风扇转动良好，具体表现为风扇在运行过程中不能出现明显的噪声，不能出现风扇叶被卡住的现象，并保证风扇转动顺畅等。

（6）电源输出功率要大。为了确保自己的电脑能带动更多的外接设备，用户应该保证选择的电源功率不能低于 250 W，并且是越大越好；因为一旦电源功率过小，日后外挂硬盘或者安装光驱时，这些外接设备就会因功率过小而无法正常启动，如果用户频繁地对电脑进行超频，那就更应该选择一只电源功率大的产品。

4. 电源的性能指标

开关电源主要包括输入电网滤波器、输入整流滤波器、变换器、输出整流滤波器、控制电路、保护电路。

（1）输入电网滤波器：消除来自电网（如电动机的启动、电器的开关、雷击等）产生的干扰，同时防止开关电源产生的高频噪声向电网扩散。

（2）输入整流滤波器：将电网输入电压进行整流滤波，为变换器提供直流电压。

（3）变换器：是开关电源的关键部分，将直流电压变换成高频交流电压，并且起到将输出部分与输入电网隔离的作用。

（4）输出整流滤波器：将变换器输出的高频交流电压整流滤波得到需要的直流电压，同时还可防止高频噪声对负载的干扰。

（5）控制电路：检测输出直流电压，并将其与基准电压比较，进行放大。调制振荡器的脉冲宽度，从而控制变换器以保持输出电压的稳定。

（6）保护电路：当开关电源发生过电压、过电流短路时，保护电路使开关电源停止工作以保护负载和电源本身。

5. UPS 电源

（1）UPS 基础。UPS（Uninterruptible Power System），意为不间断电源，如图 13-3 所示，是一种含有储能装置、以逆变器为主要组成部分的恒压、恒频的电源设备，是一种保护设备。

UPS 电源的主要功能如下。

①在市电供电时对市电进行电流稳压供应给负载使用；在市电停电时进行逆变，及时产生供计算机等设备继续使用的电力，使设备仍能持续工作一段时间，以便处理好未完成的工作，如数据存储、备份，并防止因突然停电导致的硬盘损坏。

图 13-3　UPS 电源

②具有抑制电网中的高压浪涌、低压跌落、畸变、电磁干扰等功能，为计算机和其他精密设备提供一个幅值与频率稳定、波形连续、光滑、没有畸变的正弦波电压。

（2）UPS 的分类。UPS 有多种不同的分类方式。如果从技术的角度上讲，UPS 可以分为三类，即后备式（又称离线式）、在线式和在线互动式。

一般来说，在不同的市电环境下，UPS 分别有两种工作状态：当市电供电正常时，由市电通过 UPS 给负载供电，此时 UPS 主要负责对市电进行滤波、稳压和稳频调整，以便向负载提供更稳定的电流，同时通过充电器把电能转变为化学能储存在电池中；当市电供应意外中断时，UPS 会在瞬时切换到电池供电模式，这时它通过逆变器把化学能转变为交流电能提供给负载，从而保证能对负载提供不间断的电力供应。

UPS 还有一种旁路工作状态，就是在刚开机或机器发生故障时，可以把输入电流经高频滤波后直接输出，以保证能为负载提供正常供电。

①后备式UPS的工作特征。当输入电源的电压、频率满足输入指标时，由市电逆变供电转换控制电路输出三路信号：第一路控制信号由电磁继电器构成的单刀双掷开关接通市电供电（这条线路就是交流旁路），此时负载直接由市电供电；第二路控制信号送到面板显示电路，用于显示市电的供电状态；第三路控制信号送至逆变器，以切断逆变电路。另外，市电还经过降压、整流，再经由充电电路为蓄电池充电。

当市电因意外而中断时，市电逆变供电转换控制电路输出信号会发生变化，蓄电池内的直流电源会经过逆变器的作用而转变为交流电源，经输出变压器升压后，向负载提供220 V的交流电。但是，由电磁继电器控制单刀双掷开关从市电供电状态切换到逆变器供电时有一小段时间间隔，在此期间电流供应会发生中断；计算机这类的用电设备由于主机电源内有滤波电容的存在，因此当断电的瞬间滤波电容所储存的电能可以维持计算机继续工作至少8~10 ms，而电磁继电器的切换时间一般只有2~4 ms，所以不会发生因计算机重新启动而引发数据丢失的情况；但是，如果用电设备要求断电时间不得超过4 ms，则必须选用以双向可控硅作为切换元件的UPS或在线式UPS。

一般来说，后备式UPS具有运行效率高、噪声低、价格较低等优点，常见的小型后备式UPS可向满负载提供的供电时间一般为12~15 min。

②在线式UPS的工作特征。在线式UPS不采用断电切换的工作方式，而是可以持续供电。

简单地说，当市电供电正常时，它首先将市电交流电变为直流电，接下来逆变器将直流电变为功率放大的脉宽调制驱动电源信号，再经逆变器的输出滤波器重新变成交流电提供给负载。后备式UPS可以向负载提供稳压精度高、频率稳定、波形失真度小、无干扰的瞬态响应特性好的高质量交流电。当在线式UPS的输出端承受100%的加载或减载时，它的输出电压波动不但小于5%，而且即便是这样小的瞬态电压波动也会在20 ms内恢复到正常稳压值。当市电供电中断时，UPS中的逆变器利用机内蓄电池所提供的直流电维持负载的正常运转，由于不存在从市电供电到逆变器供电的转换步骤，因此不存在转换时间长短的问题。可以向用电设备提供高质量的电流，这是在线式UPS的最大优势。

（3）UPS的使用。UPS的安装相当简单，只要将UPS接入市电电网，再将用电设备接到UPS上即可。但是，与其他外设相比，UPS属于比较脆弱的设备，出现故障的概率比较大；若要降低UPS发生故障的概率，一定要正确使用，这样就可以大大延长UPS的使用寿命。一般来说，在使用UPS时应该注意以下几点。

①蓄电池的使用。蓄电池如同UPS的心脏，因此一定要学会正确使用。

a. 位置：蓄电池应当正立安装放置，不要倾斜。

b. 连接：电池组中每个电池间的端子连接要牢固。

c. 初充电：在安装完新电池后，一定要进行一次较长时间的初充电，初充电的电流大小应符合说明书中的要求。

正常充电时，最好采用分级定流充电的方式，即在充电初期采用较大的电流，充电一段时间后改用较小的电流，充电后期则改用更小的电流。这种充电方式的效率较高，所需充电时间较短，充电效果也较好，同时可以延长电池的使用寿命。

d. 不要让电池过度放电或发生短路。过度放电不仅容易使蓄电池的端电压低于蓄电池所允许的放电电压，还会造成电池内部正负极板的弯曲，极板上的活性物质也容易脱落，所造成的后果是蓄电池的可供使用容量下降，甚至会损坏电池。

e. UPS 应尽可能安装在清洁、阴凉、通风、干燥的地方，尽量避免受到阳光、加热器等辐射热源的影响。

f. UPS 既不要长期闲置不用，也不要使蓄电池长期处于浮充状态而不放电，这样做有可能会造成蓄电池因超过其存储寿命而引起内阻增大或永久性损坏。新购置或存放已久的 UPS，在使用前，要先充电 12 h。对于长期闲置不用的 UPS 电源，应每隔一个月为电池充电一次，时间保持 10~20 h。如果市电供电一直正常，也可每隔一个月人为停电一次，使 UPS 电源在逆变状态下工作 5~10 min，以便保持蓄电池良好的充放电特性。

g. 蓄电池都有自放电的特性，因此需要定期进行充放电。

② 接线方面的知识。在安装 UPS 时，应严格遵守厂家产品说明书中的有关规定，保证 UPS 所接市电的火线、零线顺序符合要求。如果将火线与零线的顺序接反，那么从市电状态向逆变状态转换时极易造成 UPS 的损坏。

③ UPS 电源的关闭与开启。不要频繁关闭和开启 UPS 电源，一般要在关闭 UPS 电源 6 s 后才能再次开启，否则 UPS 电源可能处于"启动失败"的状态，即 UPS 电源处于既无市电输出也无逆变器输出的状态。

④ 不要超负载使用 UPS。UPS 电源的最大负载量应该是其标称负载量的 80%。如果超载使用，会造成其中的逆变三极管被击穿。

（4）UPS 的选购。UPS 在金融、证券和工商服务业等领域得到了广泛应用，几乎是每机必配；因为这些领域的电脑一般不允许出现停电现象，如果 UPS 是用在这些领域的，一般应配置在线式大功率的 UPS，对不是特别重要的计算机，也可配小功率的后备式 UPS。

用户在挑选 UPS 电源时，应根据自己的要求确定挑选标准，选择最适合自身业务需求的 UPS，而不是最便宜或最高档。在选购 UPS 之前，用户应就负载设备所处理资料的重要性、各种用电设备对电源质量的要求、安装与空间要求和经济预算等因素进行综合考虑。另外，UPS 的重量和体积也是选购时应注意的关键问题。

① UPS 的负载容量确定。用户应了解所需 UPS 的容量，并考虑未来扩充设备时的总容量进行计算。一般考虑容量为所需容量乘 1.3 加未来需求容量。

② 技术性能。选择有信誉的品牌与制造商是必不可少的。在购买 UPS 时还要注意其输出功率、可供电时间长短、输出电压波形、瞬时响应特性、输出频率稳定度、波形失真系数、输出电压稳定度、安全性能、可维护性能和价格等诸多问题。用户应根据自身的业务需求选购适当的 UPS 产品。

对供电质量要求很高的计算中心、网管中心等，为确保对负载供电的万无一失，常需要采用以下几种具有"容错"功能的冗余供电系统。

a. 主机－从机型"热备份"冗余供电系统：其结构是将主机 UPS 的交流旁路连接到从机 UPS 的逆变器电源输出端，万一主机 USP 出现故障，可改由从机 UPS 带载。这种冗余工作方式由于没有"扩容"功能和可能出现 4 ms 的供电中断，因此其应用范围有限。

b. 利用双机冗余供电系统：通过将两台具有相同功率的 UPS 输出置于同幅度、同相位和同频率的状态而直接并联起来。正常工作时，由两台 UPS 各承担 1/2 负载电流，万一其中一台 UPS 出现故障，则由剩下的一台 UPS 承担全部负载。这种并机系统的平均故障工作时间（MTBF）是单机 UPS 的 7~8 倍，从而大大提高了系统的可靠性。

一般来说，离线式 UPS 对负载的保护较差，在线互动式则稍强，在线式可以解决几乎所有常见的电力供应问题，当然其售价也最高；因此，在购买 UPS 时应考虑到负载对电力的要求程度，做到心中有数，以便按需选购。UPS 作为保护性的电源设备，其性能参数具有重要的意义，也是选购时需要考虑的重点。如果市电电压输入范围宽，则意味着 UPS 对市电的利用能力强，这可以减小电池放电的概率；如果输出电压、频率范围小，则表明 UPS 对市电的调整能力强，输出稳定。除此之外，波形畸变率、电压稳定度等也是选购 UPS 时应予以考虑的参数。

③工作方式。对于一般计算机用户，选择后备式 UPS 电源即可。

④UPS 的保护时间。

其计算公式为

$$T = V \times AH \times N \times PF \div W$$

式中　V——UPS 电压；

　　　AH——UPS 容量；

　　　N——蓄电池数量；

　　　PF——功率因素；

　　　W——负载功率；

　　　T——供电时间（hour）。

这种换算公式一直以来被 UPS 的经销商所使用，部分经销商的定价也是来源于此，因此用户可以将此公式作为购买的参考。

⑤服务保证。山特和山顿品牌推出了 5 年质保的售后承诺，因此用户在选购时应该多考虑质保时间较长的产品。

⑥价格。货比三家，价格是购买产品时应考虑的重要因素之一。

（5）UPS 的维护。UPS 是使用简单但又容易损坏的设备。科学使用和维护将会延长 UPS 的寿命，可以从以下几方面维护 UPS。

①尽量不接电感性负载。因为电感性负载的启动电流往往会超过额定电流的 3~4 倍，这样容易引起 UPS 的瞬时超载，影响 UPS 的寿命。电感性负载包括电风扇、冰箱等。

②不宜满载或过度轻载，应留有余量。UPS 的使用应低于其额定功率，不要将空着的接口连接其他电器。长期满载状态将直接影响 UPS 的使用寿命。

③保护好蓄电池，UPS 非常重要的一个组成部分就是蓄电池。目前，多数 UPS 采用的是无须维护的密封式铅酸蓄电池。虽然表面上它不需要维护，但不注意使用，同样会出毛病，何况这种电池价格较高，要求在 0℃~30℃环境中工作。

④定期维护。通常每半年应为 UPS 测量电池的端电压。如果电压超过 1 V 就应该使用均衡的恒压限流（0.5 A）充电。若不奏效，只能更换新电池。如果当地长期不停电，必须定期（一般为 3 个月）人为中断供电，使 UPS 带负载放电。

⑤注意关机顺序。需要关闭 UPS 或 UPS 发生故障时，不要急于关闭计算机，而应先切断 UPS 供电电源，再切断与计算机的连接线路。

⑥注意防雷击。一定要注意保证 UPS 的有效屏蔽和接地保护。

13.1.3　任务实现

1. 电源认识

【Step1】认识电源外观和内部结构（图 13-4）。

图 13-4　电源外观和内部结构

①电源铭牌；②电源提供的各种接口；③电源散热风扇；④电源内部各部件；⑤电源输入/输出接口

【Step2】认识电源各种接口（图 13-5）。

图 13-5　电源提供的各种接口

①主板电源接口；②大电源接口，为光驱、硬盘提供电源接口；③小 4 Pin 电源接口，一般为 CPU 辅助供电接口；④6 Pin 显卡供电接口；⑤SATA（串口硬盘或光驱）供电接口

【Step3】认识电源铭牌提供的信息。如图 13-6 所示，显示出电源的最大输出功能。电源的最大功率是指电源在单位时间内电路元件上能量的最大变化量。数值越大，电源所能负载的设备就越多，特别是现在 CPU 和显卡等主要配件对供电量的要求比较高。

交流输入（AC INPUT）	115-240V~, 10-5A, 60-50Hz				
直流输出（DC OUTPUT）	+3.3V	+5V	+12V	-12V	+5Vsb
	22A	18A	54A	0.3A	2.5A
峰值输出功率（MAX.POWER）	130W		648W	3.6W	12.5W
额定输出功率	700W	峰值功率800W			

图 13-6　电源铭牌

> 【提示】
> 　　一般 P4 或 AM2 闪龙平台，功率选择 250 W 以上即可；双核平台或者高性能显卡功率一般在 300 W 以上。

2. 电源选购

【Step1】掂电源的重量：这是最简单同时是最准确的选购标准。

【Step2】确定电源与机箱的匹配：这里指的主要是功率的匹配，因为目前计算机的能耗都比较大。

【Step3】注意电源认证，如 3C 认证。

3. 电源维护

【Step1】拆卸电源盒。电源盒一般是用螺钉固定在机箱后侧的金属板上，拆卸电源时从机箱后侧拧下固定螺钉，即可取下电源。有些机箱内部若有电源固定螺钉也应当取下。电源向主机各个部分供电的电源线也应该取下。

【Step2】开电源盒。电源盒由薄铁皮构成，一般是凸形上盖扣在凹形底盖上用螺钉固定，取下固定螺钉，将上盖略从两侧向内推，即可向上取出上盖。

【Step3】为电路板和散热片除尘。取下电源上盖后即可用油漆刷（或油画笔）为电源除尘，固定在电源凹形底盖上的电路板下常有不少灰尘，可拧下电路板四角的固定螺钉取下电路板为其除尘。

【Step4】风扇除尘。电源风扇的四角用螺钉固定在电源的金属外壳上，为风扇除尘时先卸下这四颗螺钉，取下风扇后即可用油漆刷为风扇除尘。风扇也可以用较干的湿布擦拭，但注意不要使水进入风扇转轴或线圈中。

【Step5】给风扇加油。风扇使用一两年后，转动的声音明显增大，大多是轴承润滑不良造成的。

①用小刀揭开风扇正面的不干胶商标，可看到风扇前轴承（国产的还有一个橡胶盖，需撬下才能看到），在轴的顶端有一卡环，用镊子将卡环口分开，然后将其取下，再分别取下金属垫圈、塑料垫圈。

②为风扇加油时，先用手指捏住扇叶往外拉出，此时前后轴承都一目了然。

③将钟表油分别在前后轴承的内外圈之间滴上 2~3 滴（油要浸入轴承内），重新将轴插入轴承内，装上塑料垫圈、金属垫圈、卡环，贴上不干胶商标，再把风扇装回机器。

稳压电源、CPU、打印机风扇应每年加油一次，以减小噪声，提高工作效率，同时减少轴承的磨损。

4. 正确使用 UPS

【Step1】阅读 UPS 说明书，了解使用条件和接线方法。

【Step2】确定正确负载匹配。在匹配功率时要尽量留有余量，如 1 000 W 的 UPS 按 80% 负载率即 800 W 去配负载，1 000 V·A 的 UPS 按 80% 换算成 800 W 再按 80% 负载率即 640 W 匹配负载。

【Step3】不要经常开关机。UPS 要长期处于开机状态（建议星期一至星期五 24 h 开机，星期六关机）。

【Step4】开机时先打开 UPS，稍后（最好的习惯是滞后 1~2 min 让 UPS 充分进入工作状态）再开通负载电源开关，并且负载开关是一个一个开通，关机时则倒过来，先一个一个关掉负载电源开关。UPS 内电池是有可能耗尽或接近耗尽的，为补偿电池能量和提高电池寿命，UPS 要进行及时的连续充电，一般不少于 48 h（可以带负载，也可以不带负载），以避免由于电池衰竭而引起故障，增加不必要的麻烦和损失。

【Step5】定期充电与放电。

13.2　机　箱

机箱的结构、材质、尺寸、防辐射、散热、外观是机箱选择需要注意的因素。

13.2.1　任务分析

如果把计算机当作一个大家庭，那么 CPU、主板、显卡、电源等配件就是组成这个家庭的"成员"，而它们共同"栖息"的地方——机箱，则是本次任务的主角。

有人认为机箱只是一种装饰，因此对机箱的选择不够重视。这种想法是错误的，机箱实际是计算机大部分配件的载体。机箱的外观、材质、结构、稳定性等都十分重要，如果不认真选择，会产生漏电、设备安装不稳、划手等问题。

本次学习主要完成以下几方面任务。

（1）认识机箱的外观、内部结构。

（2）掌握机箱的选购原则。

机箱视图如图 13-7 所示。

图 13-7　机箱视图

13.2.2　知识储备

1. 机箱的作用

机箱的作用大致相当于房子对于家庭，具备以下几方面作用。

（1）表现计算机形象。

（2）保护、屏蔽、防尘。

机箱起保护主机内部组件的作用，因此必须做得坚固、严密。由于有时必须承受显示器的重压和运输、使用中的种种损坏等，因此还必须具有一定的整体刚度、抗冲击和抗变形能力。为避免内部温度过高而发生故障，设计时还要考虑解决通风、散热问题。为避免外界电磁场对主机的干扰以及主机对外界和人体的电磁辐射，机箱的保护作用还表现在它具有电磁屏蔽性，这也同时使主机泄密的可能性大大减小。

（3）固定配件。为牢固、可靠、容易地安装主机板、扩展卡、硬盘、软驱、电源和光驱等硬件提供依托等任务。

（4）提供计算机操作的接口。机箱配备电源开关、复位开关、扬声器、前置 USB 接口和音箱接口。

（5）提供指示系统。显示的内容包括电源、硬盘等指示灯。

（6）提供冗余接口。一般要预留主机与键盘、打印机等外部设备和网络间的通信口，同时还要考虑以后的升级、发展预留余地。

2. 机箱的结构

机箱的结构是指机箱在设计和制造时所遵循的主板结构规范标准。每种结构的机箱只能安装该规范所允许的主板类型。机箱结构与主板结构是相对应的关系。机箱的结构一般也可分为 AT、Baby-AT、ATX、Micro-ATX、LPX、NLX、Flex ATX、EATX、WATX 和 BTX 等。

（1）老机箱结构：AT 和 Baby-AT，已经淘汰。

（2）国外的品牌机：LPX、NLX、Flex ATX，是 ATX 的变种。

（3）服务器 / 工作站机箱：EATX 和 WATX。

（4）市场上最常见的机箱结构：ATX，扩展插槽和驱动器仓位较多，扩展槽数可多达 7 个，而 3.5 in 和 5.25 in 驱动器仓位也分别至少达到 3 个或更多，目前大多数机箱采用此结构。

（5）迷你机箱：Micro-ATX 又称 Mini ATX，是 ATX 结构的简化版，扩展插槽和驱动器仓位较少，扩展槽数通常为 4 个或更少，而 3.5 in 和 5.25 in 驱动器仓位也分别只有 2 个或更少，多用于品牌机。

（6）下一代的机箱结构：BTX。

> 【注意】
> 各种结构的机箱只能安装与其相对应的主板（向下兼容的机箱除外，如 ATX 机箱除了可以安装 ATX 主板之外，还可以安装 Baby-AT、Micro-ATX 等结构的主板）。因此，在选购机箱时要注意根据自己的主板结构类型进行选购，以免出现购买回的机箱无法使用的情况。

3. 机箱的样式

机箱样式是指机箱的外观样式，其基本形式有立式和卧式两种。其他外形各异的机箱也基本上是从这两种形式发展变化出来的，如 1U 刀片式服务器机箱和机柜式机箱等。

（1）卧式机箱。卧式机箱在电脑出现之后的相当长的一段时间内占据了机箱市场的绝大部分份额，卧式机箱外形小巧，对整台电脑外观的一体感也比立式机箱强，同时因为显示器可以放置于机箱上面，因此占用空间少。但与立式机箱相比，卧式机箱的缺点也非常明显，如扩展性能和通风散热性能都差，这些缺点也导致了在主流市场中卧式机箱逐渐被立式机箱所取代。一般来说，现在只有少数商用机和教学用机才会采用卧式机箱。

（2）立式机箱。立式机箱（有时又被称为塔式）虽然出现历史比卧式机箱短得多，但其扩展性能和通风散热性能比卧式机箱好得多。因此，从奔腾时代开始，立式机箱大受欢迎，以至于目前立式机箱已经在市场上占有很大份额。立式机箱按照外观大小又可分为全高、3/4 高、半高、Micro-ATX 等类型。全高机箱扩充性较强，空间较大，适合服务器使用。半高和 3/4 高机箱扩充性适中，空间较为宽敞，适合台式机使用；而 Micro-ATX 机箱扩充性较差，空间较小，只适合追求外观的品牌机使用。

13.2.3 任务实现

1. 认识机箱外观和内部结构

机箱外观和内部结构如图 13-8 所示。机箱结构各部件图示和含义，见表 13-2。

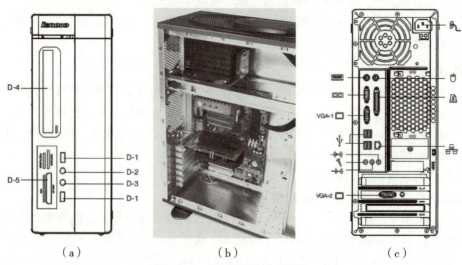

图 13-8 机箱外观和内部结构
（a）机箱前视图；（b）机箱内部结构；（c）机箱后视图

表 13-2 机箱结构各部件图示和含义

图 示	含 义
D-1	前置 USB 接口：用于接 USB 设备
D-2	麦克风接口：接麦克风，可以将麦克风接收的声音输入电脑
D-3	前置音箱或耳机接口：接音箱或者耳机，需要接耳机时，将音箱接头拔下，换上耳机接头
D-4	光驱
D-5	读卡器：可以读取 MS、MS PRO、MS Duo、SD、MMC、SM、CF、MD 等类型的存储卡（非必须）
![]	220 V 电源接口：用于向主机供电
![]	PS/2 鼠标接口：用于接 PS/2 接口的鼠标
![]	PS/2 键盘接口：用于接 PS/2 接口的键盘
![]	串行口：用于接串行接口设备（COM 口）
![]	并行口：用于接并行接口设备，如打印机
VGA-1	板载显卡接口：用于输出显示器的信号（VGA 信号），接显示器的信号线（在接有外接显卡的机型上，板载显卡信号被屏蔽，没有 VGA 信号输出）（部分机型有此接口）
![]	USB 接口：用于接 USB 设备
![]	网卡接口：可以连接局域网或用于连接宽带上网设备
VGA-2	外接显卡接口：用于输出显示器的信号（VGA 信号），接显示器的信号线，显卡如果附加有 S 端子接口，通过连线与电视相连，可以将电脑的画面转换到电视上播放
DVI	DVI 接口（部分机型外接显卡有 DVI 接口）：用于输出给显示器的信号，接 DVI 接口的数据线
![]	音频输入接口：用于将音频输入计算机
![]	音频输出接口：接音箱或者耳机
![]	麦克风接口：接麦克风，接收来自麦克风的音频

2. 选购机箱

【Step1】考虑机箱的"适用主板规格"。这里所强调的规格只有一个部分需要注意，那就是"适用主板规格"。目前，主板最常见的就是 ATX、Micro-ATX，以及 BTX，最少见的是 Micro-BTX，建议选择完全支持以上几种主板规格的机箱，否则至少要能够支持 ATX 和 Micro-ATX。

主板的大小尺寸直接关系机箱的选择，选择超薄的或小机箱不便于大主板的安装与热量的释放。因此，选择机箱时必须考虑主板和各配件的机箱空间使用。

【Step2】机箱外观。就外观而言，外表经过镜面、圆滑、烤漆等处理过的虽然外形比较美观，但容易留下指纹（镜面最严重），其中烤漆处理的外表是兼具好看又不留指纹的代表。

主要要求是机箱外观不粗糙，同时机箱的边缘要垂直，然而一般的机箱都已经做到了这些要求。

【Step3】机箱的设计。设计方面：若是放在客厅，建议选择卧式造型的机箱，不但能与其他视听设备互相搭配，而且大方不落俗套。同时，还要注意多媒体输出/输入端口位置，若是立式机箱，则最好是在前方顶端；相反，若是卧式机箱，则在中间以上的位置会比较方便连接。

在散热方面，散热风扇内置的越多越好，其次是设有散热孔才能有效帮助机箱内散热与空气流通。对于配件，所有固定用的螺钉最好都是十字螺钉或免工具型的，可缩短组装的时间。

【Step4】验证机箱内外质地。初次验证：通常先采取一掂和三按。一掂，掂分量，即用手试重，这不能作为唯一的标准，但实践中比较有效；三按，一按铁皮是否凹陷，二按铁皮是否留下按印，三按塑料面板是否坚硬。

安装与拆卸验证：亲手拆装侧板，看侧板的拆装是否顺畅，按照常规卡槽设计的机箱侧板在安装时有些费力，但也可作为合格产品。真正拆装方便的机箱一般价格也较贵。

【Step5】观看机箱内部布局是否合理。机箱内部布局的合理是机箱选择的重要项目，包括电源、光驱、硬盘、挡板、面板等的位置，以及安装易用程度。

综合以上几点，用户即可挑选出最符合需求的机箱。

3. 机箱日常维护

【Step1】断电。

【Step2】外部清洁。先从机箱的外观开始着手，用3M擦拭布，将外表上看到的灰尘、指纹等擦拭干净。

【Step3】清洁散热风扇。将擦拭好的机箱外壳搁置在一旁，用小刷子或皮老虎将散热风扇上的灰尘去除，以确保风扇正常运行。

【Step4】清洁机箱内部杂物。用皮老虎清洁机箱内角落处，必要时可用3M擦拭布或是棉签进行清理。

巩固练习

简答题

（1）简述机箱电源选购的关注点。

（2）简述日常UPS电源的习惯性维护操作。

（3）简述选购机箱的注意事项。

项目 14

让计算机更安全

- ■ 数据备份 / 恢复
- ■ 病毒的防治与清除
- ■ 系统加固

> **知识学习目标**
> 1. 掌握数据安全保护基本知识；
> 2. 了解数据备份与恢复的知识；
> 3. 了解计算机病毒的知识。
>
> **技能实践目标**
> 1. 掌握计算机病毒的清除方法；
> 2. 掌握数据备份方法；
> 3. 掌握基本数据恢复操作技能；
> 4. 掌握系统加固的技能。

14.1 数据备份/恢复

14.1.1 任务分析

系统伴随着各种病毒、系统漏洞、黑客的泛滥经常出现数据丢失、系统瘫痪，因此系统的及时备份就显得十分重要，当系统发生问题后，可以马上利用系统备份快速还原系统继续使用。避免耗费很长时间安装操作系统、应用软件、工具软件等。Ghost 为用户提供了很好的解决方案，该软件能够完整而快速地复制备份，并还原整个硬盘或单一分区，极大地方便了对系统的维护。本次学习主要完成以下几方面任务。

（1）了解数据保护知识。
（2）用 Ghost 软件备份系统。
（3）用 Ghost 软件还原系统。

14.1.2 知识储备

1. 硬盘数据保护常识

（1）硬盘读取数据时不要断电。
（2）计算机开机状态下不要搬动机箱。
（3）定期备份重要数据，并且备份数据后要确认备份的数据是否完整。
（4）计算机必须放置在以下条件的地方：温、湿度合适的地方；清洁的地方；没有震动的地方。
（5）当计算机出现故障时请专业人士进行维修，以免发生不必要的损坏。
（6）请慎重使用分区、磁盘修复等磁盘操作软件。
（7）要经常使用杀毒软件，并且确保定期升级。
（8）当丢失数据时，不要随意使用数据恢复等软件，以免恶化损伤程度。
（9）建议使用 UPS 确保供电正常，防止计算机突然断电引起对硬盘的损伤。

（10）硬盘出现"嘎嘎"响声时尽量不要开机，应立即向专业人士请教。

（11）一般情况下不要打开机箱外壳。

2. 数据恢复基本常识

（1）数据可以恢复的原理。误删除文件一般存储在硬盘、U盘、内存卡等存储设备的扇区中，其他程序不能改变已经存有文件数据的扇区。删除或格式化操作只改变文件系统关键字节，使操作系统看不到文件，这个时候文件数据还是存在的。但是，由于操作系统认为文件已经删除，这个文件数据所在的区域也就没有操作系统的"保护"，任何数据的写入都有可能覆盖文件数据所在区域。

在文件数据被覆盖之前，文件可以被恢复，文件数据一旦被覆盖，将完全无法恢复。如果文件的一部分被覆盖掉，则整个文件被损坏。损坏的文件能恢复到什么程度与文件格式及损坏程度有关。

（2）误删除的数据恢复：删除是对文件的元数据做了改动或删除标记，被删除的文件所占用的空间不会发生任何变化。因此，误删除的文件只要不被新的数据覆盖就可以完美恢复。

（3）误分区后的数据恢复。误分区是指删除原有分区并重建新分区。执行分区操作只对分区表进行操作，不会破坏分区内数据。因此，如果只是做了分区操作而并没有进行格式化操作，数据可以完整恢复。如果分区后格式化了新的分区，可能对数据造成小部分破坏，大部分数据还是可以恢复出来的。

（4）误格式化的数据恢复。误格式化情况比较复杂，要看格式化前所使用的文件系统是FAT格式还是NTFS格式，并且与格式化操作时的两种格式有关系，对数据恢复来说，虽然恢复过程复杂，但还是可以恢复的。

（5）误克隆的数据恢复：误克隆是使用Ghost软件误克隆分区（多个分区误操作后变成一个分区），或克隆到别的分区使数据丢失等。对于数据恢复也分为两种情况，少数情况有可能无法恢复，大多数情况能够恢复全部的数据。

（6）病毒感染的数据恢复：不是很严重的病毒感染所造成的数据丢失，比较简单，可以恢复全部数据。但有些病毒不但更改数据，而且对数据加密，这样恢复出来的数据会有部分缺失。

（7）数据丢失后的注意事项。文件丢失后，请不要直接操作丢失文件所在分区；文件丢失之后，应立即停止向原分区写入任何数据，最好立即停止对该分区进行任何操作（若写入数据，则系统会随机写入数据到系统认为是空闲的扇区中，从而导致"已删除文件"被二次破坏，完全不可恢复）；请不要将数据恢复软件下载或安装到用户需要恢复的分区；下载和安装数据恢复软件时，不要下载或安装到用户有数据需要恢复的分区，以免造成数据二次破坏；严禁将扫描到的文件恢复到用户有数据需要恢复的分区；严禁将扫描到的文件恢复到用户有数据需要恢复的分区（如丢失的是D盘的文件，那么禁止恢复到D盘）；文件只允许恢复到原分区之外的分区，因为恢复文件等于是给磁盘写入新的文件，如果恢复到原来的分区，极有可能造成文件二次破坏。如果丢失的文件位于操作系统所在的分区（操作系统通常是位于C分区），最好立即关闭计算机供电（关机时操作系统会写入大量数据到系统盘，导致丢失的文件数据被破坏，因此需要直接关闭电源），然后将硬盘接到另外一台电脑上进行文件恢复。如果用户暂时找不到第二台电脑，可以为原来的电脑制作U盘启动盘，启动到

PE 系统，然后进行数据恢复操作；文件丢失之后不要进行磁盘检查，一般情况下，文件系统或者操作系统出现错误之后，操作系统开机进入启动画面时会提示是否进行磁盘检查，默认 10 s 之内用户没有操作就会进行 DskChk 磁盘检查。DskChk 磁盘检查可以修复一些微小损坏的文件目录，但是更多的是会破坏原来的数据，极有可能造成文件永久性丢失。因此，在重启系统提示是否进行 DskChk 磁盘检查时，一定要在 10 s 之内按任意键跳过检查，进入操作系统；不要格式化需要恢复的分区，当遇到提示格式化时，一定不要格式化，以免造成数据二次破坏；很多盗版数据恢复软件破解不完全，不能升级到最新版本，没有官方技术支持，甚至含有病毒；软件有价但数据无价，为了用户的数据安全，请务必使用正版软件；请保持读卡器、USB 设备接触良好，请使用高质量的读卡器，保持 USB 设备的良好连接，移动硬盘的稳定供电。如果是台式电脑，建议将 USB 设备直接插在电脑机箱后面；请勿使用盗版数据恢复软件。

3. 如何恢复相机、摄像机拍摄的 MOV、MP4、MTS 视频

相机、摄像机等设备录制的视频，由于视频文件特别大，极易产生文件碎片，因此需要专业视频恢复软件恢复。

14.1.3 任务实现

1. 用 Ghost 备份系统盘

【Step1】备份前的准备。将系统调整到最佳运行状态：升级最新系统补丁、删除不用文件、清空回收站，进行病毒木马等扫描与清除、碎片整理、磁盘扫描。

【Step2】运行 Ghost 软件。Ghost 运行界面如图 14-1 所示。

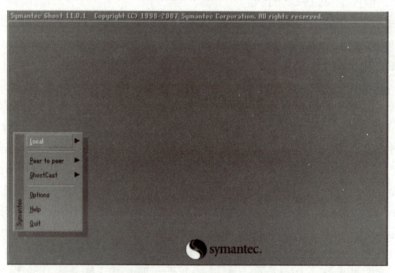

图 14-1　Ghost 运行界面

【Step3】打开 Local 子菜单，如图 14-2 所示，选择 Local 项，下面 Disk、Partition、Check 几个子菜单。

【Step4】打开 Partition 子菜单，如图 14-3 所示。

图 14-2 Local 子菜单

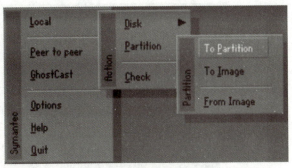

图 14-3 Partition 子菜单

【Step5】选择 "To Image" 项，再选择要备份的分区所在的物理硬盘，如图 14-4 所示。

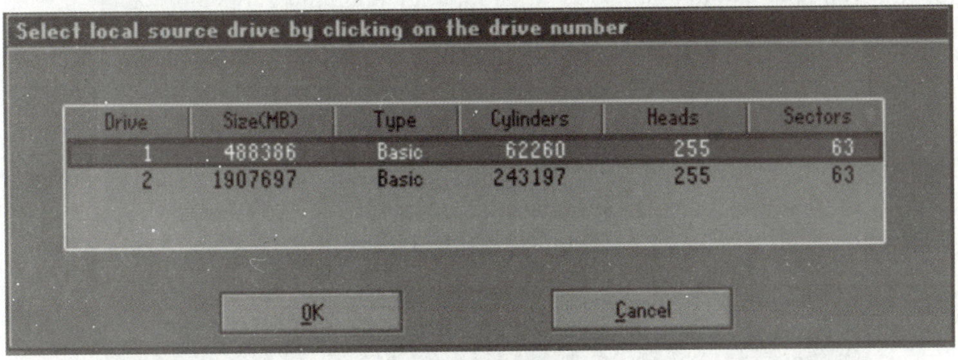

图 14-4 选择硬盘

硬盘分区信息如图 14-5 所示。

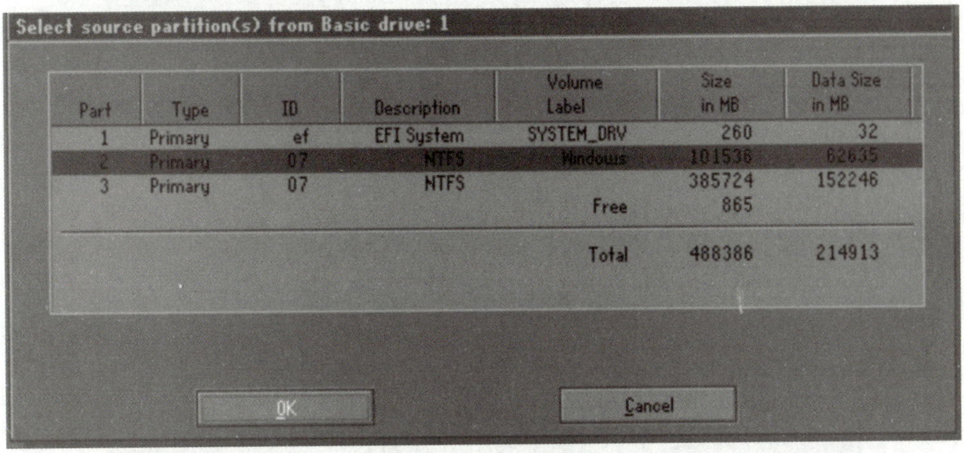

图 14-5 硬盘分区信息

【Step6】选择要备份的 C 盘分区，然后单击 "OK" 按钮，出现如图 14-6 所示的保存备份文件对话框。

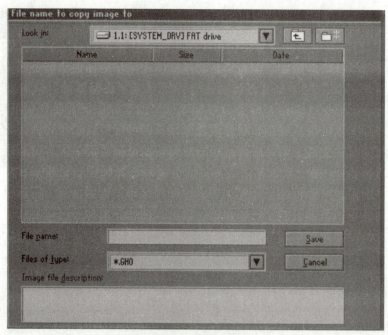

图 14-6 保存备份文件

【Step7】在下拉列表选择要保存备份文件的分区或驱动器,如图 14-7 所示。

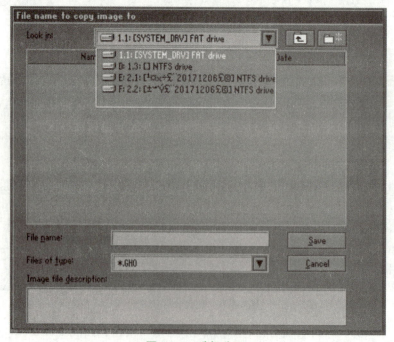

图 14-7 选择分区

在"File name"栏内输入备份文件的名字,如图 14-8 所示,然后单击"Save"按钮。

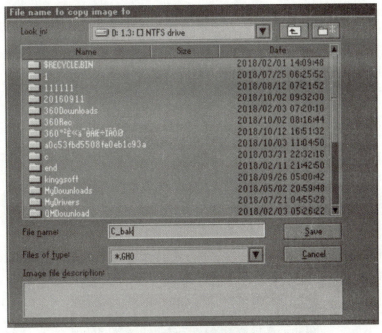

图 14-8 输入备份文件名

程序提示是否要压缩备份,以节省空间,如图 14-9 所示。

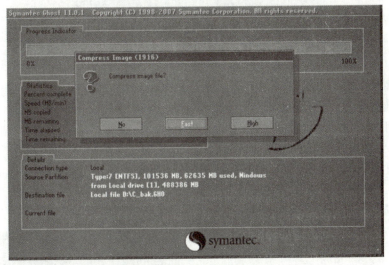

图 14-9 提示是否要压缩备份

【Step8】单击"Fast",程序要求进一步确认是否要进行分区备份,如图 14-10 所示,并在背景界面显示本次操作的信息。其中,Source Partition 为源分区,即需要备份的分区;Desitination file 为目的文件,即备份后得到的那个文件。确认后单击"OK"按钮。

图 14-10　Ghost 选项

【Step9】备份完毕的界面如图 14-11 所示。程序显示备份的情况，如备份的分区信息、备份的速度、备份所用的时间、备份的文件名等。

图 14-11　备份完毕

2. 使用 Ghost 恢复系统

【Step1】准备 Ghost 备份启动盘。既可以是光盘或 U 盘，也可以是支持启动的移动存储设备，如移动硬盘。

【Step2】用启动盘启动计算机。

【Step3】启动 Ghost 软件，如图 14-1 所示。

【Step4】打开菜单，如图 14-12 所示，单击 "Local" "Partition" "From Image"，单击 "From Image"。

【Step5】选择需要恢复的备份文件，如图 14-13 所示，鼠标单击 "Open"。

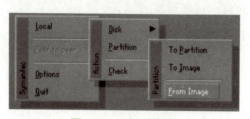

图 14-12　打开菜单

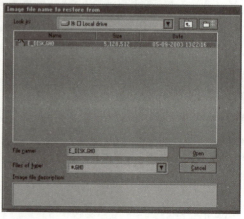

图 14-13　选择需要备份的文件

【Step6】选择要恢复的硬盘，如图14-14所示，单击需要恢复到的硬盘，单击"OK"。

图14-14　选择恢复到的硬盘

【Step7】选择要恢复的分区，如图14-15所示，单击需要恢复到的分区，单击"OK"。

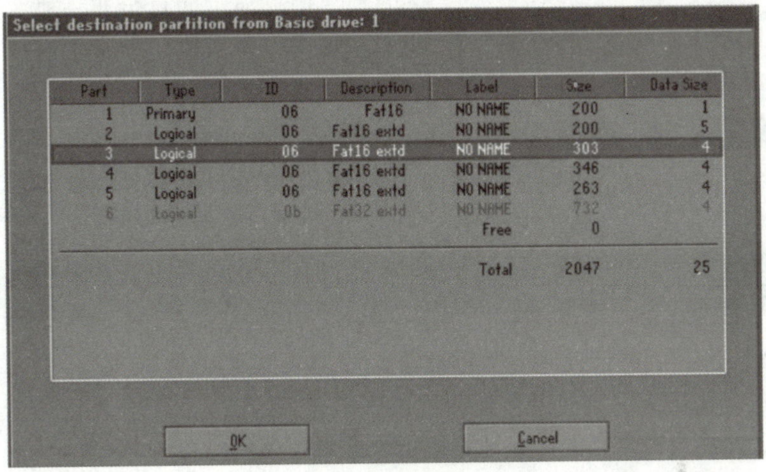

图14-15　选择恢复到的分区

【Step8】最后确认，如图14-16所示，单击"Yes"开始恢复，单击"No"则取消本次操作。

【注意】

用Ghost软件恢复系统时，请勿中途终止，如果在恢复过程中企图重新启动计算机，那么将无法启动；同样，用Ghost备份系统时也不要中途终止，如果终止了，那么在目标盘上将出现大量文件碎片。因此，在运行Ghost软件之前，应确保计算机在备份期间不要断电。

【Step9】恢复成功，如图14-17所示，恢复成功"Clone Completed Successfully"，单击"Reset Computer"。

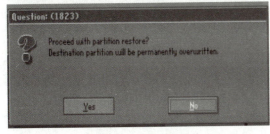

图14-16　最后确认

图14-17　恢复成功

14.2 病毒的防治与清除

病毒是指编制者在计算机程序中插入的破坏计算机功能或者破坏数据，影响计算机使用并且能够自我复制的一组计算机指令或者程序代码。

14.2.1 任务分析

图 14-18 病毒检测提示

如图 14-18 所示，在安装了 360 杀毒软件的计算机上，杀毒软件提示"活动病毒正在感染您的电脑！"，预示着用户的计算机可能受到病毒的危害。病毒的危害有恶作剧干扰、数据丢失、网络中断、信息显示面目全非。那么如何才能预防和清除病毒，并营造一个安全的计算机使用环境呢？本节主要完成以下几方面任务。

（1）了解病毒的基本知识。
（2）了解病毒的防护技能。
（3）选择与安装杀毒软件。

14.2.2 知识储备

1. 病毒的含义

计算机病毒是指人为编制或者在计算机程序中插入的破坏计算机功能或者毁坏数据，影响计算机使用，并能自我复制的一组计算机指令或者程序代码。

2. 病毒的执行过程

病毒程序代码是一些具有破坏性的指令，依附于某些存储介质（传染源）上，当被执行（传染）时，通过传染介质（计算机网络、U 盘等），病毒把自己传播到其他计算机系统、程序。病毒先把自己拷贝（自我复制）在其他程序或文件中，当这个程序或文件执行（病毒激活）时，计算机病毒就会包括在指令中一起执行，进行各种破坏活动，表现出各种症状。

根据病毒制造者的动机，这些指令可以做出任何事情，包括显示一段信息、删除文件或改变数据，甚至破坏计算机的硬件。

【注意】
有些情况下，计算机病毒并没有破坏具体文件，而是占据磁盘空间、CPU 时间或网络的连接。

3. 计算机病毒的表现

计算机病毒的表现各种各样：破坏系统、文件和数据；窃取机密文件和信息；造成网络堵塞或瘫痪；引导时出现死机现象或计算机运行中频繁出现死机现象；程序载入的时间变长；计算机运行速度变慢；开机后出现陌生的声音、画面或提示信息，以及不寻常的错误信息或乱码；系统内存或硬盘的容量突然大幅减少；屏幕出现一些莫名其妙的图形、雪花、亮点等；

蜂鸣器发出异常声响；磁盘文件变长，文件属性、日期、时间等发生改变；系统自动生成一些特殊文件；文件莫名其妙丢失或文件内容改变；平时能运行的文件无法正常工作；正常外部设备无法使用；等等。

"熊猫烧香"的典型特征：被感染的用户系统中所有 .exe 可执行文件全部被改成熊猫举着三根香的模样，如图 14-19 所示。

"熊猫烧香"的危害：感染系统中 .exe、.com、.pif、.src、.html、.asp 等文件，中止大量的反病毒软件进程，同时会删除扩展名为 .gho 的文件。

图 14-19　熊猫烧香病毒表征

4. 计算机病毒的类别

（1）引导型病毒。引导型病毒藏匿在软盘或硬盘的第一个扇区，即平常所说的引导扇区（Boot Sector）。引导型病毒通过引导动作而侵入内存，若用已经感染的磁盘引导，那么病毒将立即感染硬盘。因为 DOS 的设计结构使引导型病毒可以于每次开机时，在操作系统还没有被载入之前就被载入内存中，这个特性使病毒可以针对 DOS 的各类中断（Interrupt）得到完全控制，并且拥有更大的能力进行传染与破坏。

引导型病毒又可以分为传统引导型病毒、隐型引导型病毒、目录型引导病毒。

①传统引导型病毒。传统引导型病毒大多由软盘传染，进入计算机后再伺机传染其他文件，最有名的例子是"米开朗琪罗"病毒。

②隐型引导型病毒。隐型引导型病毒感染的是硬盘的引导扇区，它伪造引导扇区的内容，使杀毒软件以为系统是正常的。

③目录型引导病毒。目录型引导病毒只感染计算机的文件分配表（FAT），一旦文件分配表被破坏，则计算机中的文件读写就会不正常，甚至丢失文件。

（2）文件型病毒。文件型病毒通常寄生在可执行文件（如 .com、.exe 等）中。当这些文件被执行时，病毒的程序就跟着被执行。文件型的病毒根据传染方式的不同，又可分为非常驻型、常驻型和隐型文件型三种。

①非常驻型病毒（Non-memory Resident Virus）。非常驻型病毒将自己寄生在 .com、.exe 或 .sys 文件中。当这些中毒的程序被执行时，就会尝试传染给另一个或多个文件。

②常驻型病毒（Memory Resident Virus）。常驻型病毒躲在内存中，往往对磁盘造成更大的伤害。一旦常驻型病毒进入内存中，只要可执行文件被执行，它就会对其进行感染动作。将它赶出内存的唯一方式就是冷开机（完全关掉电源之后再开机）。

③隐型文件型病毒。隐型文件型病毒会把自己植入操作系统中，当程序向操作系统要求中断服务时，它就会感染该程序，并且无明显感染迹象。

（3）复合型病毒（Multi-Partite Virus）。复合型病毒兼具引导型病毒和文件型病毒的特性。它们既可以传染 .com、.exe 文件，也可以传染磁盘的引导扇区（Boot Sector）。由于这个特性，因此这种病毒具有相当程度的传染力。例如，欧洲流行的 Flip 翻转病毒就是如此。

（4）变体型病毒（Polymorphic/Mutation Virus）。变体型病毒的可怕之处在于，每当它们繁殖一次，就会以不同的病毒码传染到别的地方去。每一个被病毒感染的文件中，所含的病毒码都不一样，对扫描固定病毒码的杀毒软件来说，这无疑是一个严峻的考验。例如，Whale 病毒依附于 .com 文件时，几乎无法找到相同的病毒码，而 Flip 病毒则只有 2 字节的共同病毒码。

（5）宏病毒（Macro Virus）。宏病毒是目前最热门的话题，它主要是利用软件本身所提供的宏能力设计病毒，因此凡是具有写宏能力的软件都有宏病毒存在的可能，如 Word、Excel、AmiPro 都相继传出宏病毒危害的事件。

5. 计算机病毒的传播途径

计算机病毒的传播主要通过以下途径进行。

（1）U 盘。通过使用外界被感染的软盘，机器可能感染病毒发病，并传染给未被感染的"干净"的 U 盘。大量的 U 盘数据交换，合法或非法的程序拷贝，随便使用各种软件造成了计算机病毒的广泛传播。盗版光盘上的软件和游戏与非法拷贝是目前传播计算机病毒的主要途径。

（2）硬盘。通过硬盘传染也是重要的渠道。例如，硬盘向软盘上复制带毒文件，带毒情况下格式化软盘，向光盘上刻录带毒文件，硬盘之间的数据复制，以及将带毒文件发送至其他地方等。

（3）网络。这种传染途径病毒扩散极快，是目前病毒传染的主要方式，能在很短的时间内传遍网络上的机器，主要通过下载染毒文件和程序与电子邮件等使计算机病毒在网络上广泛传播。

6. 计算机病毒的防治

计算机病毒的防治包括两个方面：一是预防；二是清除。预防胜于治疗，因此预防计算机病毒对保护计算机系统免受病毒破坏是非常重要的。但是，如果计算机真的被病毒攻击，清除病毒是不可忽视的。

（1）计算机病毒预防的措施。以预防为主，堵塞病毒的传播途径。计算机病毒的预防应从两方面入手：一是从管理上防范；二是从技术上防范。管理上应制定严格的规章制度，技术上可利用防病毒软件和防病毒卡担任在线病毒警戒，一旦发现病毒，立即报警。另外，要注意对硬盘上的文件、数据定期进行备份，具体如下。

①使用正版操作系统软件和应用软件，及时升级系统补丁程序。提倡尊重知识产权的观念，不要使用盗版软件，只有这样才能确实降低使用者计算机中发生中毒的机会。

②重要的资料经常备份。毕竟杀毒软件不能保证完全还原中毒的资料，只有靠自己的备份才是最重要的。

③制作一张紧急修复磁盘。磁盘要求干净并可引导，DOS 的版本要与硬盘操作系统的相同。

制作方法：利用操作系统本身或工具软件，做一张紧急修复盘，并将紧急修复磁盘写保护。

④不浏览不熟悉的网站；不要随便使用来路不明的文件或磁盘；对于不了解的邮件（尤其是带有附件的），尽量避免打开；使用 Word、Excel 和 PowerPoint 时，将"宏病毒防护"选项打开；在 IE 或 Netscape 等浏览器中设置合适的因特网安全级别；使用即时通信软件（MSN、QQ）时，不增加不熟悉的联系人。

使用前，先用杀毒软件扫描以后再用。随时注意文件的长度和日期，以及内存的使用情况。

⑤避免使用 U 盘开机，尽量从硬盘引导系统。在 CMOS 中取消使用 U 盘开机，准备好一些防毒、扫毒、杀毒软件，并且定期使用。

⑥尽量做到专机专用、专盘专用；重要的计算机系统和网络一定要严格与互联网物理隔离。

⑦在计算机和互联网之间安装使用防火墙，提高系统的安全性；计算机不使用时，不要接入互联网。

⑧建立正确的病毒基本观念，了解病毒感染、发作的原理，提高警觉性。

⑨学习中毒后数据的恢复，如利用杀毒软件提供的数据恢复与抢救功能。

⑩选择、安装经过权威机构认证的防病毒软件，经常升级杀毒软件、更新计算机病毒特征代码库，以及定期对整个系统进行病毒检测、清除工作，并启用防杀计算机病毒软件的实时监控功能。

（2）计算机病毒的清除方法。

①关闭电源，断开网络物理连接（即将网线从网卡中拔出，由于目前网络病毒很多，杀毒中新的病毒的进入和蔓延随时存在，因此这一项规范是非常重要的）。

②以干净的引导盘开机（一般杀毒软件都带有启动计算机的 U 盘或光盘）。

另外，也可以选择在安全模式下开机，即启动时按"F8"键进入安全模式。

③备份数据。计算机感染了病毒，清除病毒即可。但是在清除病毒过程中及之后必须做有用数据的备份工作。因为计算机中的数据对用户的工作、学习和娱乐来说是非常重要的，应该尽可能保护。而备份是一种较为有效的方法。建议备份的数据包括用户创建的 Word、Excel 等文档，重要的财务数据，以及股票软件所产生的相关数据等。

一般数据的备份方法，只需要通过系统中的复制、粘贴功能将所需要的数据备份到 U 盘等其他存储设备中即可，专有程序数据请专业人员完成备份（如 SQL 数据库）。

④用杀毒软件扫描病毒。

⑤若检测到病毒，则清除、隔离（重要数据感染的必须先隔离，以保证数据安全）或删除它。

a. 清除病毒：是默认的方式，杀毒软件将被感染文件中的病毒代码清除。

b. 隔离（不处理）：是由于防病毒软件认为文件已经被病毒感染但是无法清除病毒，杀毒软件会将此文件进行隔离（有的会有提示），即将该文件放入特定的文件夹中，并且停止使用该文件。对于隔离区中的文件，若用户确认无病毒，可以单击恢复将文件回复到原有位置并可以正常使用，也可以将文件发送给杀毒厂商，以确认是否真正存在病毒。

c. 删除染毒文件：是三种处理方式中最彻底并且最有危险性的操作，杀毒软件一般将认为被病毒感染放入隔离区中，此时若用户确认该文件的病毒无法清除，同时确认对用户的计算机系统或者应用程序来说是无用文件，用户可以选择删除文件，彻底清除病毒。

⑥用紧急修复盘或其他方法救回资料。

⑦查杀病毒后的工作。经常更新防毒软件的病毒库，以建立完善坚固的病毒防护系统；升级 Windows 补丁程序；若通过防病毒软件查杀病毒后，发现病毒依然存在或未完全被清除，这时用户可能要寻求防病毒软件厂商的帮助，访问相关软件厂商的网站，查询该病毒是否有专杀工具。若有专杀工具，按照专杀工具的方法查杀病毒。若专杀工具无效或者没有专杀工具，此时清除病毒的最简单方法是重新安装操作系统（最好重新分区格式化，重新安装操作系统）；若出现某个应用程序无法使用，则需重新安装此应用程序；如果病毒破坏了系统的核心文件，可能造成系统运行不稳定、蓝屏死机等，则需要重新安装操作系统，做好日志工作。

14.2.3 任务实现

1. 使用计算机病毒专杀工具——Funlove 病毒专杀工具（tools）

【Step1】准备杀毒。

①网络用户在清除该病毒时，首先要将网络断开。

②取消共享文件夹。

③不使用其他应用程序。

【Step2】用 U 盘（干净介质）引导系统，用单机版杀毒软件对每一台计算机分别进行病毒的清除工作。

【Step3】启动 Windows 环境，运行 KillFunlove.exe 程序，如图 14-20 所示，然后根据对话框上的设置选择路径进行清除，由于在 NT 下是启动 Service 进行清除工作，因此启动速度可能会比较慢，需要耐心等候。

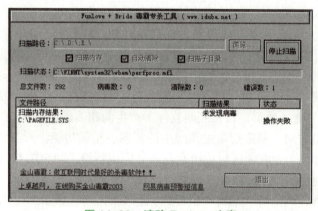

图 14-20　清除 Funlove 病毒

【Step4】KillFunlove 程序将根据选择进行清除工作，默认设置情况下将首先扫描内存，将内存中的 Funlove 病毒杀灭，然后对 Windows 所在驱动器的全部文件进行查毒，并自动清除所找到的 Funlove 病毒。

【Step5】由于在 Windows 下进行操作，可能有些文件正被 Windows 系统占用，如果出现这种情况，请依据程序提示重新启动计算机，以彻底清除 Funlove 病毒。

【Step6】在重新启动机器之后，建议再使用此程序对硬盘检查一遍，以确保没有 Funlove 病毒存留在机器中。

【Step7】若服务器端染上 Funlove 病毒，并且使用 NTFS 格式，用 DOS 系统盘启动后，找不到硬盘，则需要将染毒的硬盘拆下，放到另外一个干净的 Windows NT/2000 系统下作为从盘，然后用无毒的主盘引导机器后，使用主盘中安装的杀毒软件对从盘进行病毒检测、清除工作。

【Step8】确认各个系统全部清除病毒后，在服务器和工作站安装防病毒软件，同时启动实时监控系统，恢复正常工作。

2. 安装与使用杀毒软件

【Step1】获取防病毒软件。常见的病毒清除软件很多，常见反病毒软件见表 14-1。用户可以根据自己的使用体验，决定选择病毒清除软件。本小节选择免费的 360 杀毒软件。

表 14-1 常见反病毒软件

厂商	类别	标志	网址
symantec	国外	Norton	https://cn.norton.com/
360 杀毒	国产		http://sd.360.cn/
瑞星	国产		http://www.rising.com.cn/
江民	国产	JIANGMIN 江民科技	http://www.jiangmin.com/
卡巴斯基	国外	KASPERSKY	http://www.kaspersky.com.cn/
金山毒霸	国产	金山毒霸	http://www.ijinshan.com/

【Step2】启动安装程序，如图 14-21 所示，可以更改安装目录，单击"立即安装"，如图 14-22 所示，开始安装。

图 14-21 启动安装程序

图 14-22 启动安装程序

【Step3】如图 14-23 所示，安装成功，并进行检测。

图 14-23 安装成功

【Step4】使用杀毒软件，如图 14-23 所示，可以选择"全盘扫描"或"快速扫描"对计算机进行病毒检测和清除，单击"快速扫描"，如图 14-24 所示，分别对系统设置、常用软件、内存活跃程序、开机启动项、系统关键位置进行扫描。

图 14-24　快速扫描

【Step5】扫描结果处理，如图 14-25，可以单击"暂不处理"或"立即处理"进行处理。也可以单独针对一项进行处理。

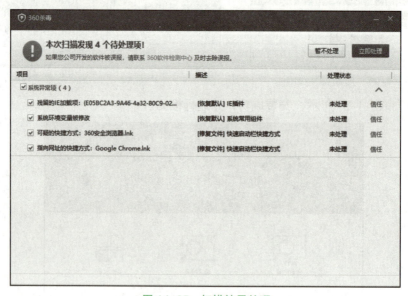

图 14-25　扫描结果处理

14.3　系统加固

计算机被病毒攻陷，通常是因为存在容易被病毒利用的"软肋""漏洞""缺陷"或"弱点"。

14.4.1 任务分析

随着 IP 技术的飞速发展,一个组织的信息系统经常会面临内部和外部威胁的风险,网络安全已经成为影响信息系统的关键问题。虽然传统的防火墙等各类安全产品能提供外围的安全防护,但并不能真正彻底消除隐藏在信息系统上的安全漏洞隐患。信息系统上的各种网络设备、操作系统、数据库和应用系统存在大量的安全漏洞,如安装、配置不符合安全需求,参数配置错误,使用、维护不符合安全需求,被注入木马程序(图 14-26),安全漏洞没有及时修补,应用服务和应用程序滥用,以及开放不必要的端口和服务等。这些漏洞会成为各种信息安全问题的隐患,一旦漏洞被有意或无意利用,就会对系统的运行造成不利影响,如信息系统被攻击或控制、重要资料被窃取、用户数据被篡改、隐私泄露乃至金钱上的损失、网站拒绝服务。面对这样的安全隐患,安全加固就是一个比较好的解决方案(图 14-27)。对于系统加固本节应该完成以下几方面任务。

(1)端口和漏洞的基本知识。
(2)掌握系统加固方法。
(3)掌握端口查看办法。
(4)掌握修改安全配置的方法。
(5)通过第三方软件对系统加固(360)。

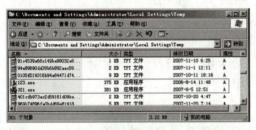

图 14-26 计算机被病毒程序放置了可执行文件

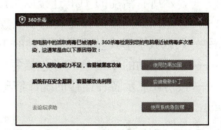

图 14-27 系统加固提示

14.3.2 知识储备

1. 端口知识

(1)端口的概念。在网络技术中,端口(Port)大致有两层含义:一是物理意义上的端口,如 ADSL Modem、集线器、交换机、路由器,或用于连接其他网络设备的接口,如 RJ-45 端口、SC 端口等;二是逻辑意义上的端口,一般是指 TCP/IP 协议中的端口,端口号的范围为 0~65 535,如用于浏览网页服务的 80 端口、用于 FTP 服务的 21 端口等。下面介绍的是逻辑意义上的端口。

(2)端口的分类。逻辑意义上的端口有多种分类标准,下面将介绍两种常见的分类。

①按端口号分布划分。

a. 知名端口(Well-Known Ports):知名端口即众所周知的端口号,范围为 0~1 023,这些端口号一般固定分配给一些服务。例如,21 端口分配给 FTP 服务,25 端口分配给 SMTP(简单邮件传输协议)服务,80 端口分配给 HTTP 服务,135 端口分配给 RPC(远程过程调用)服务,等等。

b. 动态端口(Dynamic Ports):动态端口的范围为 1 024~65 535,这些端口号一般不固定分配给某个服务，也就是说，许多服务都可以使用这些端口。只要运行的程序向系统提出访问网络的申请，那么系统就可以从这些端口号中分配一个供该程序使用，如1024端口就是分配给第一个向系统发出申请的程序。在关闭程序进程后，就会释放所占用的端口号。但是，动态端口也常常被病毒木马程序所利用。

②按协议类型划分。按协议类型划分，可以分为TCP、UDP、IP和ICMP（Internet控制消息协议）等端口。下面主要介绍TCP和UDP端口。

　　a. TCP端口：传输控制协议端口，需要在客户端和服务器之间建立连接，这样可以提供可靠的数据传输。常见的TCP端口包括FTP服务的21端口、Telnet服务的23端口、SMTP服务的25端口，以及HTTP服务的80端口等。

　　b. UDP端口：用户数据包协议端口，无须在客户端和服务器之间建立连接，安全性得不到保障。常见的UDP端口有DNS服务的53端口、SNMP(简单网络管理协议)服务的161端口、QQ使用的8000和4000端口等。

（3）查看端口。在Windows中要查看端口，可以使用Netstat命令：依次单击"开始"—"运行"，键入"cmd"并按"Enter"键，打开命令提示符窗口。在命令提示符状态下键入"netstat -a-n"，按"Enter"键后就可以看到以数字形式显示的TCP和UDP连接的端口号与状态。

命令格式为Netstat-a -e -n -o -s。

a——显示所有活动的TCP连接以及计算机监听的TCP和UDP端口。

e——显示以太网发送和接收的字节数、数据包数等。

n——只以数字形式显示所有活动的TCP连接的地址和端口号。

o——显示活动的TCP连接并包括每个连接的进程ID（PID）。

s——按协议显示各种连接的统计信息，包括端口号。

2. 漏洞

漏洞是在硬件、软件、协议的具体实现或系统安全策略上存在的缺陷，从而可以使攻击者能够在未授权的情况下访问或破坏系统，是系统的弱点。

Windows系统漏洞，是指Windows操作系统本身所存在的技术缺陷。系统漏洞往往会被病毒利用侵入并攻击用户计算机。Windows操作系统供应商将定期对已知的系统漏洞发布补丁程序，用户只要定期下载并安装补丁程序，从而可以保证计算机不会轻易被病毒入侵。

漏洞补丁：操作系统，尤其是Windows，以及各种软件、游戏，在原公司程序编写员发现软件存在问题或漏洞，统称为BUG，可能使用户在使用系统或软件时出现干扰工作或有害于安全的问题后，写出一些可插入源程序的程序语言，这就是补丁。

3. 记住账号

Windows默认的账户有两个，即Administrator和Guest。

（1）Administrator：管理计算机（域）的内置账户，可以用于登录系统并获得最高权限（包括添加或删除别的用户、安装特殊软件等），当系统崩溃时还可以用该账户进入调试模式恢复系统。

（2）Guest：供来宾访问计算机或访问域的内置账户。在默认情况下，没有特殊用户登录需求，Guest账户是禁用的，如果用户仅使用管理员账号进行所有操作，建议将Guest账号禁用，从而降低被攻击的风险。

4. 密码规则

密码是区别用户的一道重要屏障，切不可忽视，且必须遵循以下要求。

管理员用户必须设置密码；用户的密码最好由用户自己管理，但也必须有管理员管理，防止密码丢失后数据不能恢复；尽可能避免使用较容易的密码，如生日、姓名、与用户名相同等；密码的长度最好等于系统密码要求最大位数，防止密码过短而被轻易破解；使用强密码和合适的密码策略有利于保护计算机免受攻击。

弱密码：根本没有密码；包含用户名、真实姓名或公司名称；包含完整的字典词汇，如Password就属于弱密码。

强密码：长度至少有七个字符；不包含用户名、真实姓名或公司名称；没有规则、规律，没有具体意义，一般由数字（0、1、2、3、4、5、6、7、8、9）、字母（A、B、C 等，以及 a、b、c 等）和特殊字符（`、~、!、@、#、$、%、^、&、*、(、)、_、+、-、=、{、}、|、[、]、\、:、"、;、'、<、>、?、,、.、/）混合而成；不包含完整的字典词汇。

> 【注意】
> 满足强密码条件的不一定是最安全的密码，如 Hello2！。

另外，还可以创建包含扩展 ASCII 字符集字符的密码，使用扩展 ASCII 字符可以在创建密码时增加字符的选择范围。因此，密码破解软件破解包含扩展 ASCII 字符的密码要比破解其他密码花费更多时间。在密码中使用扩展 ASCII 字符之前，需要先对它们进行完全测试，以便确保包含扩展 ASCII 字符的密码与企业所使用的应用程序相兼容。如果企业使用几种不同的操作系统，那么在密码中使用扩展 ASCII 字符时需要特别小心。

14.3.3 任务实现

1. 关闭 135、137、138、139 和 445 端口

【Step1】通过"控制面板"打开防火墙，如图 14-28 所示。

【Step2】如图 14-28 所示，单击"高级设置"，如图 14-29 所示，打开"高级安全 Windows 防火墙"窗口。

图 14-28　控制面板—防火墙

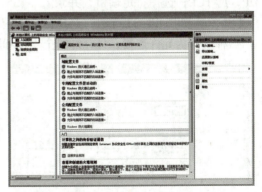

图 14-29　高级安全 Windows 防火墙

【Step3】如图 14-29 所示，单击"入站规则"，如图 14-30 所示，观察右边的"新建规则"。

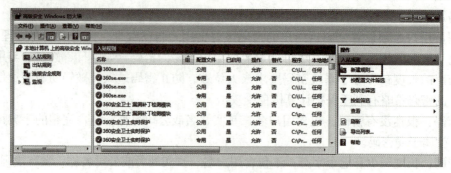

图 14-30 入站规则

【Step4】如图 14-30 所示，单击"新建规则"，如图 14-31 所示，打开"新建入站规则向导"，选择单选钮"端口"，单击"下一步"。

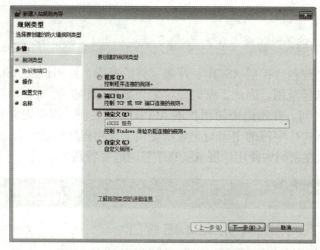

图 14-31 新建入站规则向导—规则类型

【Step5】如图 14-32 所示，指定此规则应用的协议和端口。选择该规则应用于 TCP 或 UDP，选 TCP；选择特定端口，并录入"135，137-139，445"，单击"下一步"。

【Step6】如图 14-33 所示，选择符合指定条件时应该执行的操作。

三种选择为允许连接、只允许安全连接和阻止连接。选择"阻止连接"，单击"下一步"。

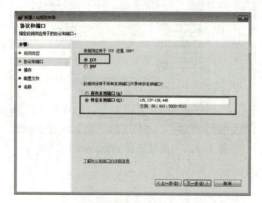

图 14-32 新建入站规则向导—协议和规则

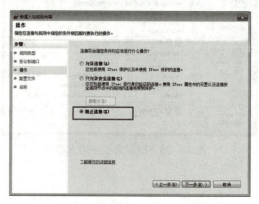

图 14-33 新建入站规则向导—操作

【Step7】如图 14-34 所示,配置文件。
选择何时应用此规则,即域、专用和公用。全部选中,单击"下一步"。
【Step8】如图 14-35 所示,指定此规则的名称和描述。
输入规则名称和描述,单击"下一步"。

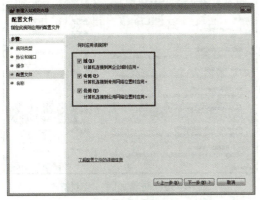

图 14-34　新建入站规则向导—配置文件

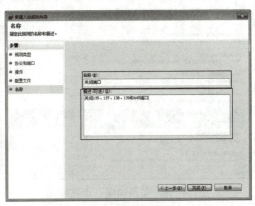

图 14-35　新建入站规则向导—规则名称

【Step9】如图 14-36 所示,关闭端口成功。

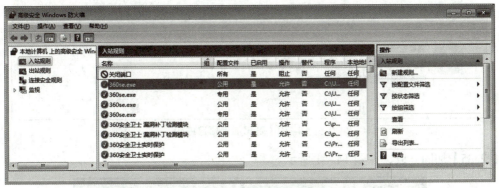

图 14-36　关闭端口成功

2. 用第三方软件对系统加固(360)

【Step1】启动 360 防黑加固程序。360 防黑加固程序位于"360 杀毒软件"(或"360 安全卫士")中的"功能大全""系统安全""防黑加固"中。启动防黑加固软件,如图 14-37 所示。

图 14-37　启动防黑加固程序

【Step2】开始检测。如图14-37所示，单击"立即检测"后出现如图14-38所示的界面。

【Step3】检测结果。检测过程如图14-38所示，检测结果如图14-39所示，出现"请注意！您的电脑防御黑客入侵能力很弱"。

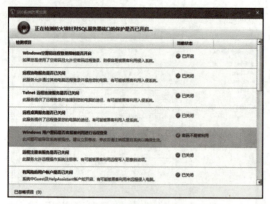

图14-38　防黑加固：正在检测

图14-39　防黑加固：检测结果

【Step4】立即处理。如图14-39所示，选择需要处理的检测项目后，单击"立即处理"，系统会出现如图14-40的提示。

图14-40　防黑加固项目提示

【Step5】加固完成，如图14-41所示。

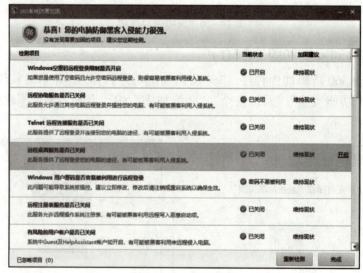

图14-41　加固完成

3. 用第三方软件对系统打补丁（360安全卫士的系统修复功能）

【Step1】打开系统修复程序。如图14-42，打开360安全卫士，单击"系统修复"，如图14-43所示。

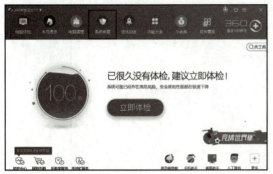

图14-42　360安全卫士

图14-43　360安全卫士补漏洞程序

【Step2】漏洞扫描。如图14-43所示，鼠标移动到"单项修复"，出现如图14-44所示的界面，选择"漏洞修复"，如图14-45所示，开始扫描漏洞。

图14-44　正在扫描漏洞

图14-45　扫描漏洞

【Step3】漏洞修复。如图14-46所示，漏洞扫描结束，可以开始进行漏洞修复，如图14-47所示，选择需要修复的漏洞，单击"修复可选项"，开始修复，如图14-48所示，一般修复时间根据项目可能较长，可以单击"后台修复"。

图14-46　漏洞扫描完成

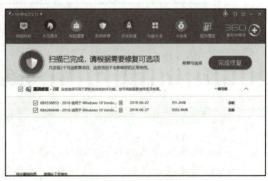

图14-47　选择修复内容

图 14-48 开始修复

【Step4】修复完成。如图 14-49 所示，最后给出修复报告。

图 14-49 修复完成

|||||||||||| 巩固练习 ||||||||||||

简答题

（1）简述数据可以恢复的原理。

（2）简述"SmartScreen 筛选器"的作用。

项目15

综合训练

- ■ 计算机综合采购
- ■ 计算机综合组装
- ■ 计算机综合维护

> **知识学习目标**
> 1. 掌握正确的计算机采购思路；
> 2. 了解计算机综合组装基本知识；
> 3. 掌握对计算机进行综合维护的方案的设计要点。
>
> **技能实践目标**
> 1. 台式计算机综合采购训练；
> 2. 笔记本电脑采购训练；
> 3. 掌握计算机组装综合训练；
> 4. 设计计算机综合维护方案。

15.1　计算机综合采购

15.1.1　任务分析

计算机的采购一般根据用户的需求和经济实力决定。

本节主要完成以下几方面任务。

（1）为某主流游戏组装一台兼容机。

（2）为图形处理用户采购计算机。

（3）为程序开发人员采购一台笔记本电脑。

15.1.2　知识储备

1. 正确的采购思路

对于购买计算机，外观最好、容量最大、速度最快并不一定是最好的选择。由于 CPU、内存、硬盘等电脑配件是要共同配合工作的，而不同芯片、不同型号、不同品牌产品之间的兼容性又都不相同，因此即使全部采购最好的配件组合在一起，最终得到的机器也未必就是性能最好的，这是因为存在系统优化和兼容的问题。另外，性能过剩会造成资源和能源上的浪费。例如，有些人喜欢买大容量的硬盘，但实际上又用不了这么多，并且在使用时由于硬盘容量增大，系统往往需要花费更多的时间搜寻某个文件或程序，这就造成了资源上的浪费。

购机时应注意以下几方面问题。

（1）选购品牌机，在价格方面商场往往比专卖店贵，专卖店又比电脑城商铺贵，这是因为让利的幅度不一样。但是考虑到服务，专卖店是最好的选择，当然商场可能会送货上门，对有送货上门需求的用户就比较方便。

（2）选购电脑配件前最好通过互联网、本地电子市场了解最新价格，做到心中有数。到电脑城后不要急着购买，货比三家之后再确定购买。

（3）电脑产品的价格波动频繁。多了解行情的变化，尽量做到在价格最合适时出手。

（4）不同产品所拥有的利润不同，所能砍价的幅度也不同。但需要注意的是，利润大小和比例与产品本身大小和价格高低并不成正比。一般而言，CPU、硬盘、内存、光驱、软驱由于价格太过明朗，利润往往较低，利润大的配件主要是显示器、显卡、声卡、主板、音箱等。

（5）货比三家。多看多问，质量第一、服务第二、价格第三。

（6）索要发票，如果没有发票，也要有盖章的收据，并在收据上写明所购产品具体品牌的型号和数量、价格、日期，最好写明换货和保修时间。

（7）任何产品都要打开包装仔细查看，重点查看配件是否齐全，外观新旧及有无损伤，以及驱动程序、说明书、保修单等附件是否齐全等。

2. 计算机配件选择要求

计算机配件选择要求见表 15-1。

表 15-1 计算机配件选择要求

项 目	要 求
CPU	可超性（稳定性）＞价格＞标称频率
主板	稳定性＞价格＞速度
硬盘	稳定性＞容量＞速度
显示卡	兼容性＞速度＞画面质量
显示器	质量＞价格＞显示面积
内存	稳定性＞容量＞速度
光驱	读盘能力＞速度
声卡	兼容性＞音质＞价格
音箱	音质＞功率
路由器	稳定性＞速度＞功能
机箱	外形美观、做工精细、手感好
键盘	外形美观、做工精细、手感好
鼠标	外形美观、做工精细、手感好

3. 软件采购要求

计算机软件选择要求见表 15-2。

表 15-2 计算机软件选择要求

软 件	用户需求
操作系统：Windows 7、Windows 10	家庭用户、企业用户、程序员
杀毒软件：360	单用户、网络版
办公软件	Office/WPS /PS

4. 服务

品牌机在近几年内能迅速占领市场的主流，这与其提供的售后服务是密不可分的。对于用户来说，在购买计算机时，售后服务同时成了一项必不可少的参考标准，而能否提供良好的售后服务决定了消费者对计算机品牌的认同度。

国内计算机市场发展到现在，已经不再仅仅只是价格或者配置上的优劣比较，而更多的是以个性化的理念设计，以及人性化、标准化的售后服务为中心，同时售后服务所隐含的巨大附加利润也是各厂家无法舍弃的。

早期使用计算机的人大部分是从事与计算机相关行业的人员，对于计算机多多少少都有点概念，一些简单的故障也可以自行处理。时至今日，越来越多的中国普通老百姓对计算机使用不仅仅是局限在打字制图方面，更多的是赋予计算机娱乐的概念，并且将计算机当成一种家电产品，或者说一种高档家电。而这部分人对计算机的认识相当少，其中有人甚至连最基本的鼠标操作都还没有学会，更不要说故障处理。一旦计算机出现问题，就只能依靠维修人员进行解决。

目前，品牌机的售后服务主要分为以下几个方面。

（1）质保期限。每个厂家对计算机的质保期限各不相同，甚至是同一厂家不同型号的产品质保期限也不一样。部分厂家是一年包换，三年保修，也就是说自购买日起一年内免费负责更换。也有的厂家是主要配件一年包换，其余配件三年内包换。不同的质保方式决定了处理不同的维修案例采取的维修方式有所不同。

（2）维修方式。不同的厂家维修方式是不同的，有的是厂家负责维修，如七喜、联想等，有的是厂家设立特约维修站（维修中心）。特约维修站（维修中心）一般来说就是该品牌的经销商出面进行维修，然后厂家根据维修量对这些维修站给予维修经济方面的补贴，采取这种方式的有宏碁、方正等。

如果由维修中心负责，则维修方式可能更灵活、速度更快；如果由厂家负责，可能维修质量更能得到保障，但时间可能会长一些，一般情况下是两个工作日。两种维修方式各有利弊，因此不能说哪一种更好。普通的客户在计算机出现问题以后，打电话到维修点报修。如果工作人员有充足的证据认为是硬件损坏，会申请备件，然后上门更换。

这里面又衍生出了很多细节。首先，维修有上门维修和送修之分，不是所有的维修都要上门的，超过了质保期限一般来说是可以不上门的。其次，维修还涉及全国联保与地区性的问题。

如果在本地买的计算机由于某些原因到了异地，并且所购买的计算机又是由特约维修站质保的，很有可能面临无人维修的困境，这种情况下也只有拿到厂家在当地的办事处或分公司进行维修。

（3）是否免费。质保期内的维修不一定都是免费的。大部分厂家对软件的维护都是收费的，这是因为误操作或者上网浏览带有恶意代码的网页可能造成系统崩溃或者软件损坏，厂家对此类问题的维护是要收费的。例如，某厂家标明：软件维护上门收费100元，送修40元。另外，由于天气原因、电路原因和人为损坏的也不在免费范围之内。计算机工作在一个电压非常不稳定的环境内，导致电源被烧坏，或者是用户不小心打翻茶杯、键盘进水等，这样的维修多半是要收费的。

（4）维修过程。维修过程一般要根据备件情况而定。例如，光驱、主板等对厂家本身来说更新换代比较慢的产品，备件比较充足，而硬盘、CPU等，如果用户买的计算机超过了两年或更长的时间，有可能就会遇到无同型号备件可更换的窘境。在这种情况下，厂家一般来说会以补差价升级的方式进行处理。

（5）良好的教育素质和心理素质应该是服务人员所必备的条件之一。计算机故障产生的原因有时候很复杂，不容易界定出是哪方面的，如果不亲自操作，仅凭电话描述是无法解决问题的。

产生服务纠纷的另一个主要原因是用户对售后服务条款不了解甚至是根本不明白所造成的。以 Acer（宏碁）为例，其服务条款如下。

"感谢您选购宏碁台式机或服务器电脑产品！凭此质保书，宏碁讯息有限公司全国各分公司和代理商将为您提供下列服务：

"36 个月全免费质保服务的硬件包括主板、内存、硬盘、显卡、电源、软驱、显像管显示器（不含显像管）；12 个月全免费质保服务的硬件包括 CPU、光驱、键盘、鼠标、显像管、液晶显示器、其他板卡等其余部件。

"下列情况，不属免费服务范围：

"不能出示本质保书，或经涂改，或与产品不符；电脑部件上所粘贴的条形码或易碎标签破损、缺失；液晶显示屏表面划伤，以及漏液、破裂等；计算机病毒、意外因素或使用不当造成损坏；未经我公司许可，自行修理造成损坏；非宏碁原厂所配置的部件和软件；软盘、光盘或背包等赠品；软件安装服务、软件故障排除或清除密码；代理商承诺的服务及附加的配置，由代理商负责服务。

"本质保书是唯一质保凭证，请您妥善保存。本质保书仅在中国大陆有效，宏碁讯息有限公司保留最终解释权。

"宏碁讯息有限公司（以上说明仅供参考，以产品附带的质保书为准）。"

销售人员在向用户讲解售后服务条款时，对具体细节肯定有所夸大，或者有含混不清的地方。而这也是造成服务纠纷的一个最主要原因。用户认为当初在购买时销售人员已经做出承诺，任何问题都可以上门免费维修，而服务人员则认为一切按质保书上的条例为准，分歧很大。因此，用户在购买之前应认真阅读质保书，在对质保条例有比较深刻的认识之后再决定是否购买。

了解质保书内容的途径很多，既可以在经销商那里了解，也可以在网上了解。一般来说，质保书一式三份，一份由客户保留，一份由经销商保留，剩下的一份返回厂家。在购买前完全可以要求经销商出示一份先前客户留下来的质保书，不明确的地方还可以当场询问。

另外，在网上也可以了解到详细的质保条例。每个厂家基本上都有官方网站，对于产品与服务都有较详细的说明。

国内的品牌机市场发展到现在已经颇具规模，并且竞争日趋激烈。目前国内 PC 市场的增长已趋于相对稳定，增长幅度有限，厂商如何开拓市场，不能只依靠产品更新换代，更多的还是要靠实实在在的服务，只有认真搞好服务，提高服务人员的素质，开拓市场是水到渠成的事情。

这种情况下，更多的厂家推出了各具特色的售后服务方式，如"阳光服务""蜂巢工程""零距离服务""星光使者""社区服务"等，根据不同客户群，满足人性化、个性化的需求。

目前，服务已经从单纯承诺竞争阶段、承诺兑现竞争阶段，发展到今天的服务体验竞争阶段。也就是说，谁最能切实接近客户、理解客户，谁能将最全面的客户需求切实贯彻到企业运作的各个环节，谁就能在新一轮的服务竞争中取胜。

以联想的"阳光服务"为例，其解释是，联想"阳光直通车"具有"一站式"和"全程化"的特点。这意味着全国任何地方的客户购买联想的产品,只需要登录联想阳光网站或拨打咨询电话进行用户注册,就可以在任何时间就地享受到专业的咨询服务,而不必再东奔西走。

另外,拨打"阳光热线","阳光直通车"就会自动为客户寻找相应的客户服务代表,调配离客户最近的"阳光工程师"实施服务,并有专门的服务管理人员对服务的全过程进行监控,以便对可能出现的问题快速解决。

与"蓝色快车"类似,国内大部分厂家已经把售后服务按照经营一个品牌的方式去做,目的就是争取把服务标准化、专业化、人性化。而这恰恰是一种发展趋势,在提供更好的服务的同时,也扩大了品牌的知名度。另外,服务也是潜在的利润来源之一。以"蓝色快车"为例,它每年为 IBM 公司带来的利润可达到 10 亿美元以上,这让所有厂家都无法忽视这一巨大利润。

"三包"政策的出台,更加明确了经销商或厂家与消费者之间的权利关系,使用户与经营者之间有了法律上的约束力,用户对质量或服务进行投诉有了法律的依据,同时让经营者对用户的服务终于有了"限度"和"标准",经营者的利益也有了保障。另外,由于"三包"对保修做出了较严格的规定,更多的是以滚动式的保修为主,加重了厂家对保修的成本负担。因此,部分厂家已经对保修条款做出了相应的调整。

15.1.3 任务实现

1. 为游戏用户或图形处理用户购买计算机

【Step1】根据需求,填写配件采购计划表,具体内容见表 15-3。

表 15-3 配件采购计划表

配 件	厂 家	型 号			服务条款
		高	中	低	
机箱					
机箱电源					
显示器					
键盘					
鼠标					
主板					
CPU					
内存					
显卡					
硬盘					
光驱					
音箱					
桌椅					
其他					

【Step2】综合考察市场计算机各种配件的趋势,填写各种配件价格趋势表,具体内容见表 15–4。

表 15–4 配件价格趋势表

配件名称	价 格	涨跌情况			备 注
		涨	跌	稳定	
机箱					
机箱电源					
显示器					
键盘					
鼠标					
主板					
CPU					
内存					
显卡					
硬盘					
光驱					
音箱					
桌椅					
其他					

(1)网上查询报价,如到 www.zol.com.cn、www.it168.com、天猫(http://www.tmall.com)等查询。

(2)本地市场询价。

(3)分析配件报价,填写计划表与趋势表。

【Step3】确定合理的采购方案。

【提示】

(1)填写最终方案配置表,表 15-5 为游戏用计算机配置表、表 15-6 为图形用户用计算机配置表,不需要的配件选择无。

(2)填写服务条款,如此类型计算机配件均为全新配置,质保一年等。

表 15-5 游戏用计算机配置表

配件名称	所选配件	选择原因	参考价格
CPU			
主板			
内存			
显卡			

续表

配件名称	所选配件	选择原因	参考价格
显示器			
硬盘			
机箱			
光驱			
风扇			
键盘			
鼠标			
声卡			
网卡			
合计			

表 15-6　图形用户用计算机配置表

配件名称	所选配件	选择原因	参考价格
CPU			
主板			
内存			
显卡			
显示器			
硬盘			
机箱			
光驱			
风扇			
键盘			
鼠标			
声卡			
合计			

【Step4】制定售后服务条款，包括技术服务期限和技术服务范围两项内容。

【注意】

技术服务期限举例如下。

（1）所有保修服务年限都从售出之日计，以发票或保修证书为准。

（2）因故障维修、更换的部件的保修期限为该整机售出原配的部件的保修截止日为准。

（3）预装软件和随机软件服务：发生预装软件和随机软件的性能故障时，提供自购机之日起预装软件一年之内的服务，以及随机光盘中提供的软件三个月内的送修服务。

技术服务范围举例如下。

（1）免费维修范围。保修期内您按照产品使用说明书规定的要求使用时出现的硬件部件损坏；保修期外收费维修后一个月内出现同样的硬件故障现象。

（2）收费维修范围。超过保修期的机器故障部件；修整、改变配置或误操作；未按操作手册使用或在不符合产品说明书规定的使用环境下使用而造成的故障；因使用不适当或不准确的操作（如带电插拔等）或使用不合格物品（如坏盘）所造成的部件损坏；使用的软件、接口和病毒引起的故障；在不符合产品所需的环境情况下操作、使用；在不适当的现场环境、电源情况（如用电系统未能良好接地、电压过高或过低等）和工作方法不当造成的故障；因自然灾害等不可抗拒力（如地震、火灾等）和其他意外因素（如碰撞）引起的机器故障；自行安装的任何部件以及由此产生的任何故障不承担保修责任。

【Step5】购买后的工作。
①应当场检验，根据清单对所有物品进行清点。
②设定封条：在质保签上标注产品的出货单位与时间。

2. 笔记本电脑采购

【Step1】调查用户需求，询问并填写笔记本电脑用户需求表，见表15-7。

表15-7 笔记本电脑用户需求表

询问项目	备选问题	选择原因	备 注
需求	游戏、画图、办公；便于携带	性能：游戏＞画图＞办公	
重量	携带是否方便	经常出差选小的，玩游戏选大的	
尺寸	携带是否方便		
颜色	一般有银色、白色、黑色等	喜好	
接口	RJ45	有线网络接入	
	HDMI+VGA	投影仪的接入	转接头
	USB接口数量	外接USB设备较多	
屏幕	对光线的要求		
电池	续航时间		
保修情况			注意保修条款
CPU	游戏＞画图＞办公		
硬盘	机械、固态		
显卡	独立还是集成		
正版软件预装	是否预装操作系统和办公系统		
环境要求	湿度	南北方是有区别的	
	温度	是否有低温和高温（炼钢）环境要求	
	灰尘	防尘设计是否有要求	
	震荡		
其他	网上购买还是实体店购买		

【Step2】与用户沟通需求，然后根据用户需求确定购买笔记本的厂商和型号，并阅读选定笔记本的详细信息，确定用户是否有添加内存、更改存储的意向等特殊需求。

15.2　计算机综合组装

15.2.1　任务分析

对于综合组装本节需要完成以下几方面任务。
（1）整机组装。
（2）计算机安装检查与测试。

15.2.2　知识储备

1. 计算机综合组装规范

计算机综合组装是一项系统工作，是前面所学配件知识和安装技能的一次检验课程。通常有以下几方面规范。
（1）良好的个人素质，丰富的知识、动手能力、综合能力。
（2）配件的完整保护，特别是机箱、显示器、键盘、鼠标、光驱等外露部件。
（3）用电规范、静电预防。
（4）正确的安装方法和安装流程。

2. 综合组装项目与要求

组装与设置项目和要求，见表 15-8。

表 15-8　组装与设置项目和要求

项　目	要　求
计算机的保护情况	
对机器内外部美观度的保护，如有无划伤	保护配件，如果因人为因素损坏，由本人按市场价赔偿
有无注意到对各部分零件防静电措施	安装配件时应做好防静电措施，因不慎损坏的，由本人按市场价赔偿
主机内部的安装与整理情况	
主板安装	1. 在机箱外固定 CPU 2. CPU 涂硅胶，注意均匀 3. CPU 风扇安装正确（包括电源线） 4. 内存：插在离 CPU 最近的位置 5. 至少使用六颗螺钉固定（不要漏钉）
硬盘、光驱固定	1. 每个设备至少使用四颗螺钉固定（免螺钉的除外） 2. 注意位置的选择
显卡、网卡固定	固定螺钉要适中

续表

项 目	要 求
硬盘、光盘数据线连接	1. 注意电源线的方向（防呆口）
	2. 硬盘使用数据线正确（防呆口）
电源线连接	1. 主板电源线连线
	2. 光驱、硬盘、CPU 电源线连接正确
机箱面板线连接	1. PC 喇叭
	2. 电源按钮
	3. Reset 按钮
	4. 电源指示灯
	5. 硬盘指示灯
电源线与数据线的整理	整理干净、利索
启动方式	利用光盘启动、U 盘
对硬盘进行分区（可以根据个人情况自选）	分区软件不加以限制，可以根据个人情况自选。1T 硬盘共分为三个区，分别为 300 G（系统区）、400 G（工作区）、300 G（生活区）
	每个分区都格式化
Windows 7 安装	从光盘上将 Win7 目录拷贝到硬盘 D:\win7 下，从硬盘安装 Windows 7
	采用典型安装
	计算机名为 tszjzx，工作组为 diy
	用户名为"技术训练"（用中文）
驱动安装	
主板驱动的安装	要求第一项安装，安装完后要求重新启动
显卡驱动程序的安装	显卡驱动程序包
声卡驱动的安装	主板驱动程序包
网卡驱动的安装	网卡驱动程序包
DirectX 安装	可以下载最新版本
网卡设置	1. 安装 IPX/spx 协议
	2. 安装 TCP/IP 协议
	3. 文件及打印共享
	4. 设置 IP 地址：192.168.0.X；子网掩码：255.255.255.0。注意：X 为计算机序号，一般为 1 和 2 等
显示设置	显示器分辨率设置（根据显示器说明书进行设定）
	显示器颜色为真彩色 32 位
	显示器刷新率至少为 75 Hz

续表

项 目	要 求
应用软件安装	1. 安装 Office WPS
	2. 安装 WinRAR 压缩软件
	3. 安装其他应用软件
驱动、应用软件安装程序备份	1. 位置：D：\ 备份
	2. 文件夹要求中文名
C 盘系统用 Ghost 备份	备份文件在 D：\system.gho 下

3. 计算机配置测试

配置测试一般是指计算机硬件测试，由于普通用户对计算机硬件了解有限，因此需要借助专用的计算机硬件检测工具实时监测，避免产生不必要的损失。

配置测试方法是指通过对被测系统软硬件环境的调整，了解各种不同环境对系统性能影响的程度，从而找到系统各项资源的最优分配原则。

配置测试主要是针对硬件而言的，其测试过程是测试目标软件在具体硬件配置情况下，会不会出现问题，从而发现硬件配置隐藏的问题。

测试配置管理包含在软件配置管理中，是软件配置管理的子集，测试配置管理作用于软件测试的各个阶段，贯穿于整个测试过程中，它的管理对象包括测试方案、测试计划或者测试用例、测试工具、测试版本、测试环境、测试结果等，它们构成了软件测试配置管理的全部内容。

14.2.3 任务实现

1. 综合组装测试

【Step1】开始装机前必须对材料的数量和质量做初步检查，如果有问题应立即提出。

【Step2】硬件安装时必须以尽量快的速度装出最合理的机器，同时在安装过程中要以安装计算机的正确方法和流程进行操作。

【Step3】硬件安装完成后，检查安装情况，记录硬件安装时间。

【Step4】软件安装和设置完成后，检查安装情况，记录安装时间。

> 【注意】
> （1）整个安装必须独立完成，不得求助任何资料。
> （2）测试过程中必须绝对遵守纪律。
> （3）注意安全。

2. 计算机安装检查与测试

【Step1】机箱内部检查。

【Step2】机箱外部检查。

【Step3】开机系统启动速度测试：记录从按下电源开关到直到出现 Windows 桌面，并加载完所有启动项，硬盘灯不再闪为止的时间。一般测试记录为三次以上，取平均值即可。

【Step4】关机系统启动速度测试：记录从按下关机按钮到电源关闭时的时间。一般测试记录 3 次以上，取平均值即可。

开关机速度，尤其开机速度是使用电脑的第一体验。如果电脑开机速度很慢，则使用起来也会产生卡顿，直接影响工作效率。查找拖慢开机速度的原因时，首先要看硬件，如果配置过低，无论后期如何优化效果也十分有限。很多软件都提供计算机开机时间测试结果。

【Step5】测试系统显示配件特征，并填写其与实际装机配置清单的比较。

参考系统测试：dxdiag，如图 15-1 所示。（可以用第三方软件对计算机进行测试，如电脑管家、wegame、360、驱动之家，图 15-2 为 DirectX 诊断工具界面。）

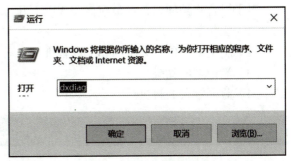

图 15-1　输入测试命令

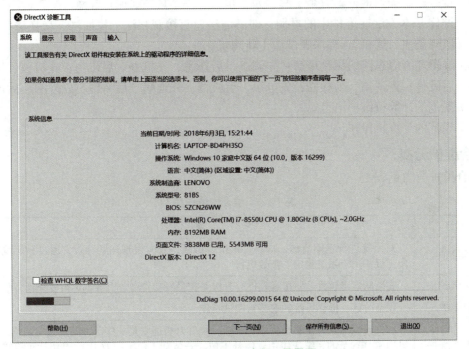

图 15-2　DirectX 诊断工具界面

15.3　计算机综合维护

15.3.1　任务分析

计算机在使用过程中为保证良好的状态需要进行保养维护。如果用户定期清理硬件、维护软件，便可获得更加流畅的游戏体验，并且系统错误也会更少。用户无须花费很多时间即可条理清晰地处理所有事项；只需要遵照以下建议，并在恰当的时间有效执行这些任务即可。

计算机在不断使用过程中，因为添加、删除软件或上网等，硬盘中会产生各种各样的垃圾文件，而随着这些垃圾文件的不断增加，它们不但会吞噬硬盘空间，而且会影响计算机的运行速度，因此需要定期清理。

对于综合维护项目，本节应该完成以下几方面任务。

（1）优化系统。

（2）制定某单位计算机与相关设备维护方案。

（3）笔记本电脑维护。

（4）蓝屏错误的解决。

15.3.2 知识储备

1. 综合维护技能要求

（1）扎实的专业技术知识与技能。

（2）良好的维护习惯，即五个了解、四个步骤、三个环节、两点注意。

（3）维修基本方法在维护中的贯彻，即清洁法、直接观察法、拔插法、交换法、振动敲击法、升温降温法（烤机）、程序测试法（新购机）。

（4）维护与维修思路的深刻理解：先调查、后熟悉，先机外、后机内；先机械、后电气，先软件、后硬件；先清洁、后检修，先电源、后机器；先通病、后特殊，先外围、后内部。

（5）规范的计算机维护语言。

（6）规范的计算机操作。

2. 综合维护分类

综合维护分类见表 15-9。

表 15-9 综合维护分类

项　　目	要　　求
定期维护	对系统进行定期清洁、检查、维护、诊断，及时发现问题隐患，通过系统调整等手段，保护用户系统稳定、高效运行
安全维护	安装防病毒软件、防黑客软件，升级系统最新病毒库，对数据进行安全性备份
系统维护	硬盘分区、操作系统的安装与调试工作
系统升级维护	硬件升级与软件（驱动程序）升级。硬件升级通常是一些部件的更换与调整；软件升级通常是有新的系统或应用软件补丁包，安装补丁包（PATCH），升级后可以消除系统中的安全问题与应用软件中的错误
外围设备维护	打印机等外围设备驱动程序的安装与维护

3. 更新驱动程序的作用

更新 GPU 驱动程序十分简单，如果用户想获得稳定、快速的游戏体验，那么更新驱动程序极其重要。

【注意】
更新驱动前要确认该驱动是否符合电脑的需求，错误的驱动会导致系统崩溃，或硬件不能正常使用建议使用官方提供的驱动。

4. 清除硬件灰尘的重要性

简单清理设备灰尘是简单、快速且有效的维护工作。

5. 系统病毒等全面扫描

只要用户开启病毒防护功能并使之处于有效状态，就不必过于担心每周或日常扫描的问题。一般来说，检测到病毒后，防病毒软件会立即提示用户，便于用户及时采取应对措施。但这并不表示用户的防病毒软件对有害文件的防护是密不透风的。应按时在每月月底运行完整的系统扫描。其中许多程序都支持设置自动定时，因此用户甚至无须单击开始即可自动进行扫描。

6. 不间断的数据备份

在计算机使用过程中要时常进行数据备份，因为无论任何品牌的硬盘都有发生故障的可能，所以进行数据备份是十分重要的（对于其中的大部分程序，用户都可以用于设置定期自动备份）。

7. 为企业或学校制订综合维护方案

计算机维护方案是一份合同，是一种解决计算机及其相关产品服务的一种解决方案。它可以及时且更加专业地帮助企业或学校发现并解决软硬件故障。

8. 蓝屏错误

蓝屏错误也可以称为保护性错误。通常当遇到某个问题导致用户的计算机意外关机或重启，则可能会发生停止错误（也称为蓝屏错误）、蓝屏错误或蓝屏死机，蓝屏错误是微软 Windows 系列操作系统在无法从一个系统错误中恢复过来时，为保护电脑数据文件不被破坏而强制显示的屏幕图像。当遇到此类错误时，在打开用户的计算机后，用户将无法在屏幕上看到"开始"菜单或任务栏等内容。相反，用户可能会看到一个蓝屏，同时显示消息"你的计算机遇到了问题，需要重启"。同时，还会出现一些停止错误代码，如 0x0000000A、0x0000003B、0x000000EF、0x00000133、0x000000D1、0x1000007E、0xC000021A、0x0000007B、0xC000000F。常见的原因为系统发生小故障、安装了一些更新系统、软件的兼容性、硬盘故障、计算机过热、病毒、内存接触不良、其他原因。

15.3.3 任务实现

1. 优化系统

（以 Windows 7 操作系统为例，要求驱动全、稳定强、速度快、无插件。）

【Step1】关闭计算机电源，切断电源。

【Step2】备份重要数据文件。一般可以备份在其他设备上并抽查备份数据的完整性，同时为保证安全性，建议拷贝两份以上。

【Step3】更新（备份）驱动程序。一般根据系统提示即可，也可以用第三方软件完成驱动程序的更新操作。

【Step4】定期全面扫描。

【Step5】监控 CPU 和 GPU 温度。

【Step6】更换 CPU 隔热胶。

【Step7】深度清洁计算机。

2. 制订维护方案——针对一所小学的计算机与网络制订维护方案

【Step1】考察维护对象的设备与用户群体特点。可以参考表15-10，填写学校计算机与网络情况分析表。

表 15-10 学校计算机与网络情况记录表

设　备	位　置	数　量	备　注
计算机	教室	40	接电视
计算机	计算机教室	20	Windows 7
计算机	电子阅览室	2	Windows 7
服务器	网络中心	2	Windows 2008 server
计算机	办公室	30	Windows 7、windows 10
电子教室软件	计算机教室	1	是否开展培训
打印机	办公室、计算机教室		
科利华校长办公系统	网络中心	1	
鹏博士教学软件	网络中心	1	
交换机	网络中心	1	
交换机	计算机机房	1	
软件、网线及其他			

【Step2】确定维护内容。根据考察维护对象的设备与用户群体特点，确定并填写维护内容清单（表15-11）。

表 15-11 维护对象内容清单

设　备	对　象	备　注
计算机	包括CPU、主板、硬盘、内存、显示器、键盘、鼠标等硬件和操作系统，以及应用软件的安装与调试	
服务器	包括CPU、主板、硬盘、内存、显示器、键盘、鼠标、操作系统与应用软件	
交换机	包括模块	
打印机	包括硒鼓	
UPS	包括电池	
网络系统	包括布线部分、网络调试，以及故障的检修与排除	
其他设备	复印机或一体机等设备	
定期系统巡检与维护	全系统巡检，实时处理问题	

【Step3】确定维护或是维修方式。对故障机器进行故障定位，并根据情况确定维修或是更换配件。

①对在保修期内（并在厂家上门期内）的计算机硬件损坏处理办法：联系厂家指定维修中心上门服务。

②对在保修期内但过了上门期的计算机硬件损坏处理办法：送到厂家指定维修中心维修或更换配件。

③对过了保修期的计算机硬件损坏处理办法：自主维修，如果需更换配件应该先报价，后更换。

【Step4】确定维护响应时间。

①确定定期维护时间：以每周、每月或季度定期为电脑进行体检和清理系统垃圾。

②确定故障响应时间：分加急、紧急、一般响应时间，可以在合同中约定。

【Step5】确定用户自我系统维护与保养学习建议。

①计算机的正确开关机知识。

②不要在计算机工作时移动机箱和其他外部设备。

③注意数据的备份。

④经常检测，防止计算机传染上病毒。

3. 笔记本电脑维护

【Step1】保持笔记本的清洁，主要是键盘和屏幕的清洁。

经常清洁键盘，防止颗粒物掉进键盘，当有较多灰尘时，可用小毛刷清洁缝隙，或是使用一般用于清洁照相机镜头的高压喷漆罐，将灰尘吹出，或使用掌上型吸尘器清洁键盘上的灰尘和碎屑，清洁表面，可用略湿的布，在关机并取下电池的情况下轻轻擦拭键盘表面。

保证屏幕干净，可以用屏幕专用清洁布进行清理，勿使用化学清洁剂（包括酒精）。

【Step2】避免液体进入笔记本。液体进入笔记本的处理办法：强行关机（按下电源开关3 s）；直接拔掉充电电源线；卸下电池。

【Step3】电池的维护。可以下载电池维护软件，如 Battery Bar 或 Battery Doctor（金山电池医生），以对电池进行维护。

【Step4】尽量在平稳的状态下使用，避免在容易晃动的地方操作。

4. LCD 亮点的判定（Windows 10）

屏幕亮点一般是指液晶显示器出现的不可修复的单一颜色点，在黑屏的情况下仍然呈现 R、G、B（红、绿、蓝）的点。其出现原因多为加工过程中的震动或灰尘落入晶体结构，根据国家标准，液晶屏亮点个数应少于三个。

【Step1】在桌面右击，如图 15-3 所示，单击"显示设置"。

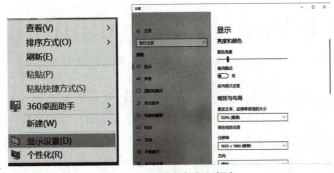

图 15-3　更改亮度和颜色

【Step2】调整亮度和颜色。如图 15-3 所示，移动更改亮度滑块至最左端，可以观察屏幕是否有亮点。

其他系统，如"显示设置""外观设置"，把背景色选定成全黑画面，检查是否有发亮的色点。

5. 解决安装更新后蓝屏错误（Windows 10，允许访问桌面）

【Step1】查看已经安装的更新。在任务栏上的搜索框中键入"查看已安装的更新"，然后选择"查看已安装的更新"。

【Step2】查看安装日期，然后选择要卸载的更新。

【Step3】"卸载"更新。

> 【注意】
> 如果卸载某个更新修复了停止错误，请暂时阻止该更新再次自动安装。

【Step4】卸载软件。删除最近安装的软件或不必要的软件，然后查看是否能够解决问题。

> 【注意】
> 如果开机不允许访问桌面时，一般计算机会多次启动并进行自动修复，并选择安装更新的点作为还原点进行还原。

6. 安全模式下卸载最近安装更新（Windows 10）

【Step1】自动修复后，在"选择一个选项"屏幕上，依次选择"疑难解答"—"高级选项"—"启动设置"—"重启"。

【Step2】在计算机重启后，用户将看到一列选项。按"4"或"F4"键进入"安全模式"。要访问 Internet，请按"5"或"F5"键进入"网络安全模式"。

【Step3】在用户的电脑处于"安全模式"下时，依次选择"开始"—"设置"—"更新和安全"—"Windows 更新"。

【Step4】卸载更新。

据所安装的 Windows 10 版本，执行以下操作之一。

①在 Windows 10 版本 1607 和更高版本中，依次选择"更新历史记录"—"卸载更新"。

②在 Windows 10 版本 1511 中，依次选择"高级选项"—"查看更新历史记录"—"卸载更新"。

巩固练习

> **简答题**
> （1）根据所在学校的计算机教室、办公室与网络系统实际情况，制订一个综合维护方案。
> （2）制订笔记本定期保养的方案。
> （3）如何释放笔记本上的残余电量？

参考文献

[1] 贾林,韩桂林,张洪彬. 计算机选购组装维护维修实训教程[M]. 北京：海洋出版社,2002.

[2] 赵俊卿. 计算机组装与维修[M]. 上海：华东师范大学出版社,2006.

[3] 韩桂林,叶春波. 计算机组装与维护[M]. 北京：高等教育出版社,2008.

[4] 周广刚. 计算机组装与维修[M]. 北京：中国传媒大学出版社,2006.

[5] 张彬,刘怡然,冯夫健. 计算机组装与维修技术[M]. 上海：上海交通大学出版社,2017.